普通高等教育机电类系列教材

机械制造工艺学课程设计指导书

第3版

主　编　李大磊　杨丙乾
副主编　牛鹏辉　周　洋
参　编　徐广涛　刘兰荣

机械工业出版社

本书对机械加工工艺规程制订和专用机床夹具设计的内容进行了综述，以一个生产实际中的零件——推土机铲臂右支架为例，详细介绍了制订机械加工工艺规程和设计专用机床夹具的具体内容、方法和步骤，旨在为学生完成机械制造工艺学课程设计提供必要的帮助。

本书配套的教学资料包括：实例零件、选做题目零件、用于加工实例零件的三套专用机床夹具的3D模型以及PDF格式的工程图，还包括了三套精美、逼真的专用机床夹具工作过程动画，便于学生理解、学习。需要的任课教师可登录机工教育服务网（www.cmpedu.com）以教师身份注册后下载。

本书基于二十大报告中关于“深入实施人才强国战略”，“坚持尊重劳动、尊重知识、尊重人才、尊重创造”的要求，本次编写在详细讲授基础理论知识的同时融入探索性实践内容，以增强学生的自信心和创造力，即用学科理论知识促进学生活跃思维、敢于创新，尽可能地将新思路在实践中进行创造性的转化，推动科学技术实现创新性发展。

本书可供机械类专业学生进行机械制造工艺学课程设计使用，也可供机械加工工艺人员参考。

图书在版编目（CIP）数据

机械制造工艺学课程设计指导书/李大磊，杨丙乾主编．—3版．—北京：机械工业出版社，2019.9（2024.11重印）
普通高等教育机电类系列教材
ISBN 978-7-111-62872-9

Ⅰ.①机…　Ⅱ.①李…②杨…　Ⅲ.①机械制造工艺-课程设计-高等学校-教材　Ⅳ.①TH16

中国版本图书馆CIP数据核字（2019）第103514号

机械工业出版社（北京市百万庄大街22号　邮政编码100037）
策划编辑：余　皞　责任编辑：余　皞　王海霞
责任校对：董艳蓉　封面设计：张　静
责任印制：任维东
唐山三艺印务有限公司印刷
2024年11月第3版第11次印刷
184mm×260mm·12.25印张·303千字
标准书号：ISBN 978-7-111-62872-9
定价：36.80元

电话服务　　　　　　　　　　网络服务
客服电话：010-88361066　　机　工　官　网：www.cmpbook.com
　　　　　010-88379833　　机　工　官　博：weibo.com/cmp1952
　　　　　010-68326294　　金　　书　　网：www.golden-book.com
封底无防伪标均为盗版　　机工教育服务网：www.cmpedu.com

前　言

本书第 2 版自 2014 年 8 月出版以来，在 4 年多的时间内重印了 7 次，在对学生顺利完成机械制造工艺学课程设计任务起到了积极作用的同时，受到了众多授课教师的欢迎，这对于全体编者是很大的肯定和鼓舞。

本书第 2 版以工程实际中的零件为实例，不但详细介绍了机械制造工艺学课程设计的内容、方法和步骤，而且利用现代信息技术为读者制作了三套用于加工实例零件的专用机床夹具的虚拟演示动画，这些动画精美逼真、金属质感强，生动地展现了专用机床夹具的实际工作过程，便于理解专用机床夹具的组成和工作原理。

2018 年 9 月下发的《教育部关于狠抓新时代全国高等学校本科教育工作会议精神落实的通知》(以下简称《通知》) 明确指出“严格本科教育教学过程管理”“加快用信息技术改造传统教学”。为了顺应《通知》的要求，也应机械工业出版社再次修订之邀，我们对《机械制造工艺学课程设计指导书》第 2 版进行了修订。

此次修订仍然沿用第 2 版的体系架构，保留了原有的基本内容、风格和特色。在修订工作中，对第 2 版全书正文、插图、公式、计算过程，以及数据的来源、所查阅的文献表格等进行了全面、认真、精心的审核，力求完美，对读者负责。

具体修订内容主要体现在以下几个方面：

1. 对不符合语法的语句、易于引起误解的文字进行了更正。

2. 对插图中遗漏、不当之处进行了更正或完善，如补充漏标的表面粗糙度值、修改不正确的线型等。

3. 对来源于不同参考文献的公式中符号的一致性进行了说明，以避免读者在阅读过程中产生疑惑。例如，在铣削力计算公式中关于每齿进给量符号的说明。

4. 更新了相关的国家标准，如关于铸件的标准（表 5-1 ~ 表 5-4)。

本书由郑州大学李大磊、河南科技大学杨丙乾担任主编，并主持本次修订工作。郑州大学牛鹏辉、周洋担任副主编，徐广涛、刘兰荣任参编。郑州大学刘洋、曹振阳、刘建华、丁勇杰也对本书的修订工作提供了支持。

由于编者水平有限，书中难免存在不当之处，敬请广大读者批评指正。

编　者

目　录

第一章 Chapter 机械制造工艺学课程设计指导

一、目的

机械制造工艺学课程设计是在学完了机械制造工艺学课程，并完成了生产实习之后进行的一个教学环节。它要求学生综合地运用所学过的专业知识，针对一个具体的工程实际零件进行机械加工工艺规程制订及专用机床夹具设计，使学生初步具备制订机械加工工艺规程及设计专用机床夹具的能力，为随后的毕业设计进行一次综合训练和准备，也为以后所从事的机械工程工作打下基础。通过本次课程设计，使学生在以下几个方面得到锻炼：

1）熟练运用机械制造工艺学课程中的基本理论，正确地解决零件在加工过程中的定位、夹紧以及工艺路线的安排、工序尺寸的确定等问题，制订出保证该零件质量的机械加工工艺规程。

2）针对机械加工工艺规程中的某一道工序，选择合适的定位、夹紧、导向等元件，组成合理的定位、夹紧、导向方案，设计出适合该工序的专用机床夹具，进一步提高结构和机构的设计能力。

3）熟练运用有关手册、标准、图表等技术资料。

4）进一步提高撰写设计计算说明书的能力。

二、题目及原始资料

1）机械制造工艺学课程设计的题目均定为：

××零件机械加工工艺规程制订及××工序的专用机床夹具的设计

2）设计的原始资料及依据为：

① 产品的装配图。

② 零件图。

③ 零件的生产纲领。

④ 假定具有正常的加工生产条件。

⑤ 必要的工艺资料、手册、国家标准等。

三、内容及要求

本次课程设计要求学生针对某一具体零件，制订出其机械加工工艺规程以及设计其中某一道具体工序所使用的专用机床夹具，并撰写设计计算说明书。学生应在教师的指导下，自觉、认真、有计划地按时完成设计任务。学生必须以负责的态度对待自己的技术决定、数据和计算结果，注意理论与实践的结合，以使整个设计在技术上是先进的、在经济上是合理的、在生产中是可行的。

课程设计具体内容如下：

1）确定生产类型，分析零件工艺性。

2）确定毛坯种类及制造方法，绘制毛坯图。

3）拟定零件的机械加工工艺规程，包括：选择各工序加工设备及工艺装备（刀具、夹具、量具和辅具）；确定工序尺寸及公差；计算各工序切削用量；计算时间定额；绘制工序简图等。

4）填写工艺文件。

5）设计某一道工序所使用的专用机床夹具，绘制夹具装配图。

6）撰写设计计算说明书。

最终应完成以下几项具体的任务：

1）机械加工工艺规程（包括毛坯简图），折合 A0 图纸 1 张或若干张工序卡。

2）专用机床夹具装配图 A1 图纸 1 张。

3）专用机床夹具主要零件图（选做）。

4）设计计算说明书一份。

学生必须完成上述任务，才具备参加课程设计答辩的资格。

四、一般方法和步骤

（一）机械加工工艺规程制订

1. 零件分析

1）确定生产类型及生产纲领。

2）分析研究零件图。

2. 毛坯设计

1）确定毛坯的类型和制造方法。

2）确定毛坯的加工余量及尺寸公差。

3）绘制毛坯简图。

3. 拟定机械加工工艺路线

1）选择零件定位时的粗、精基准。

2）确定各加工表面的加工方法及合理安排加工顺序(包括热处理、检验等工序的安排)。

3）考虑工序的集中与分散及加工阶段的划分，拟定工艺路线。

4. 工序设计

1）绘制工序简图（工艺附图）。

2）选择加工设备（机床类型及型号）和工艺装备（刀具、量具、通用夹具和辅具）。

3）确定各表面工序余量、各工序尺寸。

4）计算并确定切削用量、时间定额。

5）填写工艺文件。

（二）专用机床夹具设计

1）明确设计任务，查找并收集资料。

2）拟定结构方案，绘制结构草图。

① 确定工件定位方案。

② 确定工件夹紧方案。

③ 选择并设计夹具元件。

④ 合理布置夹具元件，确定夹具总体结构。

3）绘制夹具总装图（必要时绘制夹具主要零件图）。

（三）撰写设计计算说明书

（四）答辩

五、撰写设计计算说明书

设计计算说明书是整个课程设计的重要组成部分，也是审核设计合理与否的重要技术文件。因此，在进行课程设计时，应及时对所做过的各项工作进行整理和总结，为撰写课程设计的设计计算说明书做好准备。

在撰写设计计算说明书时要注意以下几个方面：

1）设计计算说明书应概括介绍课程设计的全貌，全面叙述设计意图、设计成果及理论根据，重点要对各种方案进行全面的分析和论证，充分表达设计者进行决策的依据。同时，还应包括必要的工艺计算和说明。

2）设计过程中所引用的数据和公式应注明来源、出处，正文之后列出必要的参考文献。设计计算说明书应力求文字通顺、语言简明、字迹工整、图表清晰，封面应采用统一印发的格式。

3）设计计算说明书的撰写应与设计同步进行，不要完全集中在设计后期完成，以便能及时发现错误和不妥之处，提高设计效率。

设计计算说明书主要包括以下内容：

（1）封面

（2）目录

（3）设计任务书

（4）机械加工工艺规程制订的详细过程　主要包括：

1）零件的工艺性分析。

2）生产类型的确定。

3）毛坯的选择与毛坯简图的绘制。

4）工艺路线的拟定（如定位基准的选择、表面加工方法的选择、加工阶段的划分和工序的合理组合、加工顺序的安排、通用机床和通用工艺装备的选择等）。

5）加工余量及工序尺寸的计算和确定。

6）切削用量的计算和选择。

7）时间定额的计算和确定。

（5）专用机床夹具设计的详细过程　主要包括：

1）明确夹具的功用，选择夹具类型。

2）定位方案的选择、分析、比较和确定。

3）夹紧方案的选择、分析、比较和确定。

4）对定方案的选择、分析、比较和确定。

5）夹具各部分元件的选择及设计。

6）夹具的精度分析。

7）夹具使用说明、特点及有待改进处。

（6）设计心得

（7）参考文献

六、时间安排

传统的机械制造工艺装备及自动化专业的教学计划规定，机械制造工艺学课程设计的学时数一般为4周，最低不能少于3周。但按目前的教学计划，课程设计时间一般仅为2周。而且因双休日每周又减少2天，加之学生考研、补考、找工作的干扰，学生在10个工作日内完成前述工作量是困难的。其解决方法如下：首先，设计中的双休日仅休息1天，保证设计时间为12天；其次，在满足基本要求的前提下，减少一些重复性的工作，如不要求对所有工序中的切削用量、时间定额进行计算。

在12天的设计时间内，大致的任务安排如下：

1）机械加工工艺规程制订　（5天）

2）专用机床夹具设计　（4天）

3）整理完善设计计算说明书（2天）

4）答辩　（1天）

七、纪律要求

为切实保证课程设计的质量，必须严格保证有效的设计时间，杜绝单纯抄袭、“友情客串”等不良现象。因此，特做如下纪律要求：

1）学生必须在规定时间内在指定教室进行课程设计。

2）每天定时点名进行考勤，缺勤一次者成绩降一等，缺勤三次者取消答辩资格。

3）原则上不允许请假。若有事必须请假，请假时间在一天之内由指导教师批准，两天以上（含两天）报主管院长批准，同时成绩降等。

4）凡找他人代做的，一经核实，取消答辩资格。

5）图样、设计计算说明书一律采用手工绘制、书写。

八、成绩评定

为客观、公平、公正地反映学生学习机械制造工艺学课程设计的质量，指导教师应根据学生遵守纪律情况、独立完成情况、图样文件完成质量以及答辩情况等几个方面综合评价。教师应在保证有效指导时间的前提下，对自己所指导学生的平时工作情况做到心中有数，还要把学生在课程设计过程中的主动性和积极性、深入程度、独立工作能力作为评定其成绩的重要依据。

课程设计成绩定为优、良、及格和不及格四等。

第二章 Chapter 机械制造工艺学课程设计必备知识

学生在进行课程设计时，一开始往往不知如何下手，一两天过后可能没有任何进展，而且在设计过程中常会产生某些概念模糊的情况，出现一些共性的问题，甚至是错误。这些情况严重地影响了学生课程设计的进度和质量。因此，有必要对机械制造工艺学课程中与课程设计直接有关的专业知识，如机械加工工艺规程的制订和专用机床夹具的设计，进行综合的阐述。

传统的机械制造工艺学是以机械制造中的工艺问题为研究对象的一门应用性技术学科，其内容均来自生产实际和科研实践，上升为工艺理论后反过来指导生产实践，其显著特点是实践性强。在复习和回顾机械加工工艺规程制订和专用机床夹具设计相关内容时，应着重理解和掌握基本概念及其在实践中的应用。

机械制造工艺学课程设计的主要内容是机械制造工艺学中的机械加工工艺规程制订和专用机床夹具的设计，不仅实践性强，而且对学生的专业素质要求较高。如果学生不了解车、铣、刨、磨的工艺特点和适用范围，不了解零件的精度和公差的相关概念，就不可能进行机械加工工艺规程制订工作；如果学生不能进行正确的受力分析，不了解车床、铣床、刨床等机床的结构特点，就不可能进行专用机床夹具的设计工作。

第一节　机械加工工艺规程制订必备知识

一、概述

（一）生产过程、工艺过程和机械加工工艺过程及其组成

任何一种产品都必须经过一定的生产过程。生产过程是指由原材料转变为产品的全过程，包括生产准备、原材料的运输和保管、毛坯制造、机械加工、热处理、装配和调试、检验和试车、涂装和包装等。这里必须说明的是原材料和产品是一个相对的概念，一家工厂的原材料可能是另一家工厂的产品。如对于轮胎厂来说，橡胶是原材料，轮胎是产品；而对于

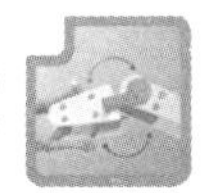

汽车厂来说，轮胎是原材料，汽车是产品。这种生产上的分工有利于专业化生产，可以使工厂生产趋于专门化、简单化，有利于提高生产率、保证产品质量、降低生产成本。

工艺过程是指在生产过程中，改变生产对象的尺寸、形状、性能（物理性能、化学性能、力学性能）以及形成零件相互位置关系的过程，如铸造、锻造、冲压、焊接、机械加工、热处理、装配等工艺过程。

机械加工工艺过程是指在生产过程中，用机械加工方法，直接改变毛坯的形状、尺寸和各个表面之间相互位置及表面状况，使之成为合格零件的全部过程。机械制造工艺学课程中的研究内容，包括零件的机械加工工艺过程和机器的装配工艺过程，而在本课程设计中主要研究机械加工工艺过程。

一个零件的机械加工工艺过程往往是比较复杂的，为了便于组织和管理生产，必须把机械加工工艺过程划分为若干工序，即机械加工工艺过程是由一系列工序所组成的，毛坯依次通过这些工序就被加工成合乎图样规定要求的成品零件。而工序又可划分为若干个安装、工位、工步和走刀。

1. 工序

一个（或一组）工人，在一个工作地点（一台机床），对一个（或同时对几个）工件所连续完成的那部分工艺过程称为工序。可见，工序由“定工人、定地点、定工件和连续完成”四个要素构成，其中任何一个要素发生改变将成为不同的工序。只要四个要素中没有一个要素改变，所完成的那一部分工艺过程都仍属于同一工序。工序是工艺过程的基本单元，又是生产计划和成本核算的基本单元。

2. 安装

工件在加工前，在机床或夹具中相对刀具应有一个正确的位置并给予固定，这个过程称为工件的装夹。工件经一次装夹所完成的那部分工序内容称为安装。安装是工序的一部分，每一个工序可能有一次安装，也可能有多次安装。在同一个工序中，安装次数应尽量减少，这样既可以提高生产率，又可以减少由于多次安装带来的误差。

3. 工位

为减少工序中的安装次数，常采用回转工作台或回转夹具，使工件在一次安装下，可先后在机床上占有不同的位置进行加工。在每一个位置所完成的那部分安装内容，称为一个工位。采用多工位加工，有助于提高生产率和保证加工表面间的相互位置精度。

4. 工步

工步是指在一个工位中，被加工表面、切削刀具以及切削用量中的切削速度和进给量均保持不变的情况下所完成的那部分工位内容。当其中有一个因素变化时，则为另一个工步。划分工步的目的，是便于分析和描述比较复杂的工序，更好地组织生产和计算工时。

需要注意的是，把用多把刀具或复合刀具对一个零件的几个表面同时进行的加工，称为复合工步，如使用复合钻头钻阶梯孔。有时为了简化工艺文件，往往把在同一工件上钻若干相同直径孔的过程看作一个工步。如加工振动筛筛板上几百个直径相同小孔的工序，如果严格按工步的定义，势必会划分为数百个工步，不但会使工艺文件极为繁琐，而且完全没有必要。

5. 走刀

在一个工步内，由于被加工表面要切掉的金属层很厚，余量较大，可分几次切削，每切削一次称为一次走刀。

可见，工艺过程的组成是很复杂的，一个零件的工艺过程由许多工序组成，一个工序中可能有几次安装，一个安装中可能有几个工位，一个工位可能有几个工步，一个工步又可能有几次走刀。

（二）机械加工工艺规程的类型、作用和制订原则

机械加工工艺规程是机械加工工艺过程的文件表现形式。在机械加工中，一个同样要求的零件可以采用几种不同的机械加工工艺过程，但其中总有一种工艺过程在一定的生产条件下是最合理的，把与该过程相关的内容，如所采用的机床、刀具、夹具、切削用量、工时定额等，用文件的形式固定下来用于指导生产，这种文件就是机械加工工艺规程。机械加工工艺规程是指导、组织和管理生产的重要文件和依据，企业相关人员必须认真、严格地执行经审批的工艺规程。只有按照机械加工工艺规程中所规定的内容进行生产，才能稳定生产秩序，保证加工质量。

在生产中，机械加工工艺规程常以表格或卡片的形式体现。在我国，机械加工工艺规程的表格尚未制定国家标准，各制造企业所使用的表格形式也不尽相同，但可以参考机械行业标准 JB/T 9165.2—1998 中的两种格式：机械加工工艺过程卡片和机械加工工序卡片。在实际生产中，还有一种机械加工工艺卡片格式。这三种格式的工艺规程所包含的工艺内容详细程度是不一样的，分别适用于不同的生产类型，如机械加工工艺过程卡片中甚至没有可供操作工人参考的工序简图。一般情况下，单件小批生产多采用机械加工工艺过程卡片；中批生产多采用机械加工工艺卡片；要求严密、工作组织细致的大批量生产多采用机械加工工序卡片。

机械加工工艺规程的作用如下。

1. 生产准备工作的主要依据

在产品投入生产以前，必须根据工艺规程进行有关的技术和生产准备工作。如原材料和毛坯的供应，专用工艺装备（刀具、夹具、量具及辅具）的设计、制造及采购，生产作业计划的编排，劳动力的组织以及生产成本的核算等。只有根据机械加工工艺规程，制订出产品的进度计划和相应的调度计划，才有可能使生产顺利进行。

2. 指导生产的主要技术性文件

一切从事生产的人员都必须严格执行机械加工工艺规程，以稳定生产秩序，保证产品质量，获得较高的生产率和较好的经济性。

3. 新建或扩建工厂、车间时的原始资料

在新建或扩建工厂、车间时，只有根据机械加工工艺规程和年生产纲领，才能准确地确定生产所需机床的种类和数量，车间的面积，生产工人的工种、等级及数量，投资预算安排等。

必须指出的是，在一定的时期内，机械加工工艺规程是一个稳定的技术文件，工厂中的任何工人和技术人员都不可以随意更改，有必要更改时必须履行严格的审批手续。但是机械加工工艺规程也不是一成不变的，随着先进制造技术的发展，原来的工艺规程可能无法满足生产的要求。此时，工艺规程的制订者必须及时吸取合理化建议，采用新的技术和新的工艺等技术成果，对现行工艺规程进行不断的完善和改进，以更好地发挥其作用。

在制订机械加工工艺规程时要遵循的原则是：在一定的生产条件下，以最少的劳动消耗

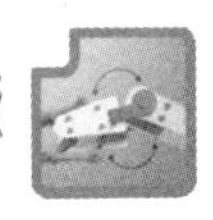

和最低的费用，按计划规定的进度，可靠地加工出符合图样要求的零件。

（三）生产纲领、生产类型及其工艺特点

1. 生产纲领

生产纲领是企业在计划期内应当生产的产品产量和进度计划。如果产品的计划期以年度计算，此时的生产纲领称为年生产纲领，也称年产量。产品中某零件的生产纲领除了预计的生产计划数量，还需考虑一定的备品率和废品率。产品中的零件的年生产纲领通常按下式计算

$$N = Qn(1 + \alpha\% + \beta\%)$$

式中 N——零件的年生产纲领，单位为件/年；

Q——产品的年产量，单位为台/年；

n——每台产品中该零件的数量，单位为件/台；

$\alpha\%$——备品率；

$\beta\%$——废品率。

2. 生产类型及其工艺特点

社会对于机械产品的需求是多种多样的。有些产品结构复杂，有些简单；有些产品技术要求高，比较精密，有些则不那么精密；有些产品社会需求量大，有些则需求量小。生产类型是指企业（或车间、工段、班组、工作地）生产专业化程度的分类。根据零件的年生产纲领和零件本身的特性（轻重、大小、结构复杂程度、精密程度等），可将零件的生产类型划分为单件小批生产、中批生产、大批量生产三种。

生产类型不同，其工艺特点也有很大差异，在生产组织和管理、车间机床布置、毛坯制造方法、机床种类、工艺装备、加工或装配方法以及工人技术要求等方面均有所不同。如中批生产工艺的特点是工序相对分散，尽量选用通用机床，通用与专用夹具相结合，大部分采用通用量具，必要时配以小部分专用量具等。所以，在制订机械加工工艺规程和机器产品的装配工艺规程时，都必须考虑不同生产类型的特点，以取得最大的经济效益。

（四）工艺系统

在对零件进行机械加工时，必须具备一定的条件，即要有一个系统——机械加工工艺系统来支持。机械加工工艺系统通常由机床、夹具、刀具和工件四个环节组成，其中工件是机械加工的对象；机床是对工件进行机械加工的必要设备，为机械加工提供切削加工所需要的运动和动力；刀具是直接对工件进行加工的工具，直接切除工件毛坯上预留的材料层；夹具是装夹工件的重要工艺装备，以实现对工件的定位和夹紧，使工件在加工时相对于机床或刀具保持一个正确的位置，并在加工过程中保持这个位置不变。如果加工时将工件直接装夹在机床工作台上，也可以不使用夹具。因此，一般情况下，工件、机床和刀具是必不可少的。研究机械加工工艺系统的组成及其内在规律的目的是在机床、夹具、刀具和工件的共同作用下，确保工件能够获得合格的尺寸精度、形状精度及表面质量，并最终达到零件的设计要求。

二、机械加工工艺规程制订步骤及内容

（一）分析零件

对零件图进行分析的目的有两个：一是明确零件在产品中的功用，各加工表面的作用、

精度、表面质量等；二是审查图样上的视图、尺寸和技术要求是否完整、正确、统一，并对零件进行工艺审查。

（1）分析产品的装配图和零件图　此步骤主要是熟悉产品的用途、性能及工作条件，明确被加工零件在产品中的位置与功用，进而了解零件的各项技术要求并找出主要技术要求，研究零件在加工过程中可能产生的变形及需要采取的工艺措施；同时审查设计图样的正确性、合理性，包括各项技术要求制订的依据及合理性、图样的完整性等。

（2）审查零件的结构工艺性　结构工艺性是指在能满足使用要求的前提下，制造所设计零件的可行性和经济性。零件的结构工艺性对其机械加工工艺过程影响很大，使用功能相同但结构不同的两种零件，它们的制造成本可能有很大的区别。所谓“结构工艺性好”，是指这种结构在同样的生产条件下能够比较经济地制造出来。不同生产规模或具有不同生产条件的工厂，对零件结构工艺性的要求是不同的。在进行零件的结构工艺性审查时，应注意以下几个方面：

1）加工时是否便于进刀、退刀。

2）是否有利于减少加工表面数量和减小加工表面面积。

3）是否便于工件装夹，减少装夹次数。

4）是否便于采用标准刀具和通用量具，减少刀具和量具种类。

在具体的课程设计过程中，当学生拿到零件图后，看到零件图上标注着密密麻麻的尺寸，往往不知如何下手。这时要善于抓住主要矛盾，首先要将零件中的所有表面分成机械加工表面与非机械加工表面两类。本次课程设计的任务之一是制订机械加工工艺规程，主要针对的是机械加工表面，而非机械加工表面及其相应尺寸不是讨论的重点。如对毛坯为铸件的零件，若采用普通砂型铸造，则模样设计人员不但要重点分析其机械加工表面，同时还要重点分析其非机械加工表面，以便制造模样。假想把零件图中非机械加工表面的相应尺寸隐去，零件图的复杂程度便降低了很多，机械加工要求也会一目了然。其次，在机械加工表面中找出作用最重要、尺寸精度最高、表面粗糙度值最小的一组表面，一切机械加工工作均是围绕这一组重要表面的加工而进行的。具体的做法，可将零件所有机械加工表面的尺寸精度、位置精度、表面粗糙度和技术要求列成表格，同时也可作为进一步确定加工方法的参考。

（二）毛坯的选择

在制订机械加工工艺规程时，正确地选择毛坯的种类和形式有着重大的技术、经济意义。毛坯种类的选择，不仅影响着毛坯制造的工艺、设备及制造费用，而且对零件的机械加工工艺、设备和工具的消耗以及工时定额有很大的影响。毛坯的种类和质量与零件加工的质量、生产率、材料消耗以及加工成本有着密切的关系。一般来说，提高毛坯质量可以减少机械加工劳动量、提高材料利用率、降低机械加工成本，但同时也增加了毛坯的制造成本，两者是互相矛盾的。实际生产中，需要根据生产类型和毛坯制造的具体情况综合考虑。

1. 机械加工中常见的毛坯形式

毛坯种类很多，同一种毛坯又可能有不同的制造方法。

（1）铸件　适于制造形状复杂的毛坯。常用的铸件材料有灰铸铁、球墨铸铁、可锻铸铁和铸钢等。目前生产中的铸件大多数是用砂型铸造的，少数尺寸较小的优质铸件可采用特种铸造，如金属型铸造、离心铸造和压力铸造等。造型方法有手工造型和机器造型。模型有

木模和金属模之分。

(2) 锻件　适合制造强度高、形状比较简单的毛坯。锻件分为自由锻件和模锻件等。自由锻件是在锻锤或压力机上由人工多次操作而逐步成形的。这种锻件加工余量大，精度、生产率低，锻造时不需要专用模具，适用于单件和小批生产中结构简单或大型的零件。模锻件是用一套专用的锻模，在吨位较大的锻锤或压力机上锻压出的锻件，其精度、表面质量比自由锻件好，加工余量较小。模锻件内部有较好的纤维组织分布，机械强度较高，生产率也高，适用于批量较大的中小型零件。

(3) 钢板和型材　钢板和型材是生产中最常见的毛坯形式，来源广泛，不需要准备周期。型材按截面形状可分为方钢、圆钢、角钢、槽钢等，按供货状态分热轧和冷轧两类。热轧型材适用于尺寸较大、精度较低的一般零件的毛坯；冷轧型材多用于尺寸较小、毛坯精度要求较高的中小型零件的毛坯。

(4) 焊接件　焊接件是指由钢板或型材焊接而形成的零件毛坯，其主要优点是制造简单、生产周期短，不需要专用的装备。通过焊接形成大型件和形状较复杂的毛坯，还可以弥补工厂毛坯制造能力的不足。但焊接件存在较大的残余应力，容易变形，精度不稳定，故一般需要进行退火或时效处理。

在生产中，还可以使用组合形式的毛坯，即通过焊接的方法将铸件、锻件、型材或经局部机械加工的半成品组合在一起。如大型曲轴，可以先分段锻出并粗加工各曲拐，然后将各曲拐按规定的分布角度焊接成整体毛坯，热处理后再进行精加工。

2. 选择毛坯

(1) 毛坯选择趋势　一般来说，毛坯选择有两种方向：一种是使毛坯的形状和尺寸尽量与零件接近，零件制造的大部分劳动量用于毛坯，而机械加工多为劳动量和费用都比较少的精加工；另一种是毛坯的形状及尺寸与零件相差较大，机械加工中需要切除较多材料，其劳动量及费用也较多。根据近年来绿色制造的理念，应积极采用精度较高的毛坯，以减少加工余量，降低后续机械加工的难度以及工人的劳动强度，减少材料浪费，提高资源利用率，达到低碳环保的目的。

(2) 毛坯选择应考虑的因素

1) 生产类型。生产类型在很大程度上决定了采用哪一种毛坯制造方法是经济的。对于大批量生产，应选择精度和生产率都比较高的毛坯制造方法，这样虽然用于毛坯制造的设备及装备费用比较高，但是可以减少材料消耗和降低机械加工费用。单件小批生产时，则应选择精度和生产率较低的毛坯制造方法，如自由锻件和手工造型生产的铸件等。

2) 零件的结构形状和外形尺寸。选择毛坯时应考虑零件结构的复杂程度和尺寸的大小。例如，常见的各种阶梯轴，若各台阶直径相差不大，可直接选取圆棒料；若各台阶直径相差较大，为节约材料和减少机械加工的劳动量，则宜选择锻件毛坯。形状复杂的薄壁零件毛坯，往往不采用金属型铸造，尺寸较大的毛坯也往往不采用模锻和压锻。箱体零件一般采用铸造的方法来生产毛坯。某些外形复杂的小型零件，由于机械加工困难，还可采用精密铸造的方法。

3) 零件材料的力学性能。毛坯的制造方法将影响其力学性能，如锻件的力学性能高于型材。对于重要的零件，不论其结构形状如何复杂，均不宜直接选用型材而要选用锻件。

4) 零件材料的工艺性能。如铸铁和青铜只能铸造，不能锻造。对于机器的底座等基础件，在满足使用要求的基础上，尽量不用铸钢件而使用铸铁件，以利用铸铁件所具有的优良铸造性能和切削加工性能，同时，铸铁件底座在使用中还有良好的减振性能。

（3）毛坯形状与尺寸 毛坯的形状与尺寸主要由零件表面的形状、结构、尺寸和加工余量等因素确定，并应尽量与零件相接近，以减少机械加工的劳动量，力求达到少切削或无切削加工。但是，由于现有毛坯制造技术及成本的限制，以及产品零件的加工精度和表面质量要求越来越高，毛坯的某些表面仍需留有一定的加工余量，以便通过机械加工达到零件的技术要求。毛坯尺寸和零件尺寸的差值称为毛坯加工余量，毛坯尺寸的公差称为毛坯公差。毛坯加工余量及公差同毛坯的制造方法有关，生产中可参照有关工艺手册和部门或企业的标准确定。

毛坯的形状和尺寸的确定是将毛坯加工余量附加在零件相应的加工表面上，同时还要考虑毛坯制造方法、机械加工以及热处理等诸多工艺因素的影响。确定毛坯形状和尺寸时应注意：

1）加工时为了工件装夹的方便，一些铸件的毛坯需要铸出必要的工艺凸台。这种工艺凸台在零件的工作过程中并不起作用，加工后一般应切去。

2）为了提高零件机械加工的效率，对于需经锻造的小零件，可将多个零件先合锻成一个整体的毛坯，经加工后再切割分离成单个零件。如短小的轴套、垫圈和螺母等零件，在选择棒料、钢管及六角钢等作为毛坯时都可采用上述方法。

3）对于一些薄壁环类零件，也应多件合成一个毛坯。毛坯装夹后，经过车外圆、内孔和切槽后再分离成单件，不但提高了生产率，零件加工中变形也很小，有利于保证加工精度。

4）对于一些零件，如磨床主轴部件中的三瓦轴承、车床进给系统中的开合螺母、发动机中的连杆等，为保证其加工精度且便于加工，常将这些分离零件先合成一个整体毛坯，加工到一定阶段切割分离，再进行加工。本次课程设计的实例零件——东方红-75 推土机铲臂右支架，就采用了这种毛坯形式。

（4）毛坯尺寸公差与加工表面总余量的确定 GB/T 6414—2017 规定了铸件尺寸公差，代号“DCTG”，分 16 级。铸件尺寸公差的大小取决于铸件尺寸公差等级以及毛坯铸件公称尺寸的大小和生产铸件批量，见表 5-1、表 5-2，其中铸件公称尺寸是指机械加工前毛坯铸件的尺寸，包括必要的机械加工余量。铸件尺寸公差等级 DCTG 取决于铸件的材料和铸造方法，见表 5-2。

铸件的机械加工余量（RMA）取决于铸件的机械加工余量等级和经最终加工后铸件的最大极限尺寸。机械加工余量等级有 10 级，即 A、B、C、D、E、F、G、H、J 和 K 级，取决于铸件的材料和铸造方法，见表 5-3。机械加工余量（RMA）的具体数值见表 5-4，该数值即为传统的加工总余量。

（5）毛坯简图

1）毛坯简图的作用。毛坯简图即简化了的毛坯图或毛坯示意图，其作用是简洁地表明零件与毛坯在形状和尺寸上的区别，清楚地表示出要进行机械加工的表面及其余量大小，同时也可向毛坯制造单位表明工艺人员对毛坯的期望，以作为正式设计毛坯的依据。

2）毛坯简图的画法。毛坯简图实际上是一个特殊的叠加图，是以简化的零件图为基础，在各个加工表面上加上相应表面的加工总余量而形成的。该简图着重表示出零件的总体

外形以及主要的机械加工表面，忽略次要表面和一些细节，如实体上的槽和孔。在绘制毛坯简图时要注意：视图的位置应取与零件视图位置相同；视图的数量取一个或两个，以表达清楚为原则；视图的比例没有严格规定，推荐选取机械制图国家标准中规定的比例，如 1∶1 或 1∶2；工件轮廓用粗实线绘出，用细实线绘出表示总余量的网状线叠加在各机械加工表面上；在毛坯简图上还应标出毛坯的轮廓尺寸、主要尺寸及其公差。

（三）定位基准的选择原则

基准就其一般意义来说，是用来确定生产对象上几何要素间几何关系所依据的那些点、线、面。对一个机械零件而言，基准就是用于确定某些点、线、面的位置所依据的另外的一些点、线、面。在零件的设计和制造过程中，根据作用和应用场合的不同，基准可分为设计基准和工艺基准两大类。设计基准是零件的设计工作图上采用的基准。工艺基准是在零件的制造过程中所采用的基准。在制订零件的机械加工工艺规程时，为了加工和测量方便，需要研究、分析和选择工艺基准。机械加工中的工艺基准有工序基准、定位基准、测量基准和装配基准。工序基准是零件工序图上用来确定本工序所加工表面加工后的尺寸、形状和位置的基准；定位基准是在加工中用于定位的基准，在后面还将详细叙述；测量基准是测量工件时采用的基准；装配基准是用来确定零件或部件在产品中的相对位置时采用的基准。

需要说明的是，作为基准的点、线、面在工件上不一定存在，如孔的中心线、槽的对称中心平面等。若选作定位基准，则必须由某些具体的表面来体现，这些表面称为基准面，如轴类零件的中心孔，它所体现的定位基准是中心线。

在制订零件的机械加工工艺规程时，正确选择定位基准，对保证零件的加工精度、合理安排加工顺序以及夹具结构有着至关重要的影响。定位基准分为粗基准和精基准。在第一道工序或最初几道工序中，只能用毛坯上的毛面——未经加工的表面作为定位基准，这种定位基准称为粗基准。在以后的工序中，则应使用光面——经过加工的表面作为定位基准，这种基准称为精基准。可见，粗基准并不是在粗加工过程中所使用的基准，精基准也不是只能在精加工过程中使用。在粗加工阶段，可以使用粗基准，也可以使用精基准；同样，在精加工阶段，可以使用精基准，也可以使用粗基准。粗基准、精基准有各自不同的选择原则，这些原则都是从不同的角度分析问题得来的。针对一个具体的零件，根据这些原则选择粗基准或精基准时，有时会出现互相矛盾的情况，此时应根据具体情况具体分析，结合零件实际情况进行选择。

1. 粗基准的选择原则

选择粗基准的出发点是合理分配加工余量，注重保证加工面与非加工面的相互位置精度。具体应注意以下几个原则：

1）为保证工件上非加工表面与加工表面之间的位置精度要求，应选不加工表面作为粗基准。如果工件上有多个不需要加工的表面，则应选其中与加工表面的相互位置精度要求较高的表面作为粗基准。

2）为保证工件上某重要表面的加工余量均匀，应选该表面作为粗基准。例如，床身导轨面不仅要求有较高的尺寸和形状精度，还要有均匀的金相组织和较高的耐磨性，此时应先选择导轨面作为粗基准加工床腿底面，然后再以床腿底面作为基准加工导轨面，从而保证导轨面的加工余量小而均匀。

3）粗基准应尽量避免重复使用，在同一尺寸方向上一般只允许使用一次。因为粗基准是毛面，表面粗糙、形状误差大，如果第二次安装仍以该基准定位，被加工零件将不可能再准确地占据第一次安装时的位置，所加工的表面与在第一次安装中所加工的表面之间就会产生较大的位置误差。

4）尽量选平整、光滑、尺寸较大、无飞边、无冒口或浇口的表面作为粗基准，确保定位准确、夹紧可靠。

2. 精基准的选择原则

选择精基准的出发点是保证加工精度要求，同时要考虑使工件装夹方便、夹具结构简单。主要有以下几个原则：

1）基准重合。尽可能选用设计基准作为精基准，以避免由于基准不重合而引起的加工误差，尤其是在最后的精加工时，更应遵循这一原则。在实际的工作中，由于使用设计基准定位有困难或有可能使夹具的结构变得复杂，也常会遇到基准不重合的情况，但要求由此而造成的加工误差为相应公差的1/5~1/3。

2）基准统一。尽可能选择统一的精基准加工工件的各个表面，以保证各加工表面的相互位置精度，避免基准变换所产生的加工误差，有利于简化工艺规程的制订和夹具的结构。例如，轴类零件的加工常采用两端顶尖孔作为统一的精基准；箱体类零件的加工常采用"一面两孔"作为统一的精基准。

3）互为基准。当两个表面相互位置精度要求很高时，可以相互作为精基准，反复多次进行加工。如对于高精度齿轮的加工，当磨削淬硬的齿面时，因淬硬层较薄，要求磨削余量小而均匀，此时应先以齿面为基准磨内孔，再以磨过的内孔为基准磨齿面，以保证齿面磨削余量均匀，且内孔与齿圈有较高的同轴度。

4）自为基准。当某些精加工表面要求余量小而均匀时，可选择该加工表面本身作为精基准。例如，精磨床身导轨时，为保证磨削余量小而均匀，可在磨头上装上百分表，以导轨面本身作为精基准，移动磨头来找正工件，或直接观察磨削时的火花来找正工件。另外，对于使用定尺寸刀具的加工，如采用浮动镗刀块镗孔、铰孔、珩磨孔及拉孔等，也体现了自为基准的原则。

（四）获得加工精度的方法

零件的加工质量是保证产品质量的基础。加工质量包括零件的加工精度和表面质量两个方面。加工精度是指零件经过机械加工后的实际几何参数与理想几何参数的符合程度，包括尺寸精度、形状精度和相互位置精度。表面质量则是指零件经过机械加工后表面的几何误差和表面层材料的物理化学性能，其中几何误差主要指的是表面的微观几何误差，包括表面粗糙度、波纹度、纹理方向和表面缺陷；物理化学性能包括表面层的加工硬化、金相组织变化及残余应力状况。

对于由机床、刀具、工件和夹具组成的机械加工工艺系统，其各个环节应该保持正确的相对位置关系。在实际的加工过程中由于受到很多因素的影响，系统的各个环节会产生一定的偏移，使工件和刀具之间的正确相对位置受到影响，从而引起加工误差，影响加工精度。把工艺系统的各种误差称为原始误差，原始误差是"因"，加工误差是"果"。机械加工的目的是使工件得到一定的尺寸精度、形状精度和位置精度，并达到预定的表面质量要求。工件的装夹方式决定了机械加工工艺系统中各个环节的相对正确位置，不但直接影响工件的加工精度，而且对工艺系统的刚度有影响，也是影响工件表面质量的重要因素。

1. 获得工件尺寸精度的方法

（1）试切法　先试切出工件很小的一部分待加工表面，测得试切后的尺寸，按照加工要求做适当的调整，然后再试切，再测量，如此经过多次试切和测量，当被加工尺寸达到要求后，再切削整个待加工表面。这种方法生产率低，只适用于单件小批生产。但试切法有可能获得较高的精度，这与操作工人的技术水平有关。

（2）调整法　按试切好的工件、标准样件或对刀块等，调整确定刀具相对于夹具的准确位置，在保持此位置不变的情况下对一批零件进行加工的方法称为调整法。与试切法相比，调整法可以保证稳定的加工精度，生产率高，对机床操作工人的要求不高，但对机床调整工的要求高，适用于中批或大批量生产。

（3）定尺寸刀具法　定尺寸刀具法是用刀具尺寸来保证工件尺寸的加工方法，这类刀具包括麻花钻、铰刀、拉刀、槽铣刀等。这种方法具有较高的生产率，加工精度主要取决于刀具本身的尺寸精度和刀具的磨损及工艺系统的刚度。

（4）自动控制法　利用自动控制系统对加工过程中的刀具进给、工件测量和切削运动等进行自动控制，获得要求的工件尺寸的方法。这种方法生产率高，能够加工形状复杂的表面，适应性好，工件获得的尺寸精度取决于控制元件的灵敏度、系统的稳定性及机械装置的精度。

2. 获得工件形状精度的方法

（1）轨迹法　轨迹法是指利用切削运动中刀尖的运动轨迹形成被加工表面的形状。这种加工方法所能达到的形状精度主要取决于这种成形运动的精度。车削外圆或端面、刨削平面等都属于轨迹法。

（2）成形法　成形法是利用成形刀具切削刃的几何形状切削出工件形状的方法。这种加工方法所能达到的精度主要取决于切削刃的形状精度与相关的成形运动精度。用成形刀具或砂轮完成的车、铣、刨、磨等都属于成形法。

（3）展成法　展成法是利用刀具和工件做展成切削运动时，切削刃在被加工表面上的包络面形成成形表面的方法，也称范成法。这种加工方法所能达到的精度主要取决于机床展成运动的传动链精度与刀具的制造精度等因素。滚齿、插齿等齿形加工方法都属于展成法。

3. 获得工件位置精度的方法

在机械加工中，可以通过以下方法确定工件相对于刀具的正确位置，以保证图样上所规定的尺寸精度和位置精度。

（1）直接找正装夹　将工件直接放在机床上，用百分表、划线盘、金属直尺等工具对被加工表面进行找正，确定工件在机床上相对于刀具的正确位置后再进行夹紧。这种装夹方法找正困难且费时，找正的精度取决于操作工人的技术水平和量具的精度，多用于单件小批生产或某些相互位置精度要求很高、应用夹具装夹又难以达到精度要求的情况。

（2）划线找正装夹　工件在切削加工之前，预先在毛坯表面上划出位置线、找正线和加工线，然后按所划的线将工件在机床上找正、夹紧。这种装夹方法适用于单件小批生产，尤其是形状较复杂的大型铸件或锻件的机械加工。由于增加了划线工序，且所划的线条本身有一定的宽度，因此装夹精度较低。

（3）在夹具中装夹　利用夹具中的定位和夹紧装置，使工件获得相对于刀具及成形运动的正确位置。这种装夹方法方便、迅速，加工精度稳定，广泛用于中批生产和大批量生产中。对于某些零件，如连杆、曲轴等，即使批量不大，但是为了达到某些特殊的要求，仍需要设计制造专用夹具。

（五）表面加工方法的选择

无论多么复杂的零件，都是由若干种简单的几何表面组成的。对于一种具有一定技术要求的加工表面，一般都不能只通过一次加工就达到图样要求。对于精密零件的主要表面，往往需要通过多次加工才能达到精度要求，而且达到同一精度要求的加工方法也是多种多样的。在选择加工方法时，一般根据零件主要表面的技术要求和工厂的具体设备条件，先选择最终加工方法，然后再逐一选定各有关前道工序的加工方法。例如，加工一个公差等级为IT6、表面粗糙度 Ra 值为 0.2μm 的外圆表面，其最终工序的加工方法可选用精磨，其前道工序可分别选为粗车、半精车、精车、粗磨和半精磨。当主要表面的加工方法确定以后，再选定次要表面的加工方法。

零件表面的加工方法取决于加工表面的技术要求，包括加工精度和表面质量。在确定表面的具体加工方法时，要了解各种加工方法的特点及适用场合，如扩孔有进一步提高孔中心线位置精度的能力，铰孔只能保证尺寸、形状精度和减小孔的表面粗糙度值，不能纠正孔中心线的位置误差；研磨、珩磨、超精加工、抛光等光整加工主要是为了去掉前面加工所留下的表面痕迹，进一步降低表面粗糙度值。除此之外，还要考虑以下几方面的因素：

（1）加工经济精度　一般来说，任何一种加工方法所能获得的加工精度和表面粗糙度都有一个相当大的范围，但只有在某一个较窄的范围内才是经济的，这个经济的加工范围就是加工经济精度。具体地说，加工经济精度是在正常的加工条件下所能保证的加工精度。所谓正常的加工条件，即指三个方面：一是采用符合质量标准的设备、工艺装备；二是使用标准技术等级的工人；三是合理的时间定额。若加工条件不同，则所能达到的精度及其加工成本也不相同。例如，若选择较小的切削用量进行精细操作，则所得的加工精度提高，但加工时间延长，生产率降低，加工成本增加。反之，若增大切削用量，则生产率提高，加工成本降低，但加工误差增大，使加工精度降低。不同的加工方法，其加工经济精度也不同。如粗车外圆表面时的经济精度的公差等级为 IT11～IT13，半精车外圆表面时的经济精度的公差等级为 IT8～IT10，精车外圆表面时的经济精度的公差等级为 IT7～IT8。

（2）工件材料和物理力学性能　不同的材料，其加工方法是不相同的。即使是同一种材料，若热处理状态不同，其加工方法也不同。例如，对非淬火钢件，既可采用切削也可采用磨削；对于淬火钢件常采用磨削加工；对于非铁金属及其合金，一般采用金刚镗削或高速车削，而不宜采用磨削，以避免堵塞砂轮。

（3）工件的结构形状和尺寸　一般回转类工件可以采用车削或磨削等加工方法。箱体上 IT7 精度的孔，一般不宜采用车削或磨削，而通常采用镗削或铰削加工。孔径小时宜采用铰孔，孔径大或孔的轴向长度较短时宜用镗孔。

（4）生产类型　为了满足生产率和经济性要求，大批量生产时，应采用高效率的先进工艺，如平面的加工采用拉削代替普通的铣、刨等加工方法。单件小批生产则一般采用通用机床加工的方法。

（5）现有设备条件　选择加工方法时应考虑充分利用现有设备，挖掘企业潜力，发挥工人与技术人员的积极性和创造性，不断改进现有的加工方法和设备，采用新技术和提高工艺水平。

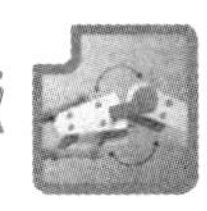

（六）加工阶段的划分与工序的合理组合

1. 加工阶段的划分

零件加工时，往往不是一次加工完成各个表面，而是将各个表面的粗、精加工分开进行。为此，一般都需要将整个工艺过程划分为若干个加工阶段。

（1）划分加工阶段的目的

1）粗加工阶段。粗加工阶段的作用是在尽可能短的时间内，切去各表面的大部分加工余量，使毛坯在形状、尺寸方面尽量接近成品，主要目的是提高生产率。

2）半精加工阶段。半精加工阶段的主要作用是修正粗加工带来的误差，并达到一定的尺寸精度，提供合适的精加工余量，为精加工做准备，并完成次要表面的加工。

3）精加工阶段。精加工阶段的主要作用是保证零件各主要表面达到图样规定的技术要求。

当零件有很高的尺寸精度和很小的表面粗糙度值时，还须增加光整加工阶段。其主要目的是进一步提高工件的尺寸精度和降低表面粗糙度值，但一般不能纠正工件精加工后的形状误差和位置误差。

对于余量特别大或表面十分粗糙的毛坯，在粗加工前还需进行去黑皮、飞边、浇口、冒口等的荒加工阶段。荒加工阶段一般在毛坯准备车间完成。

上述划分加工阶段的方法仅是一般原则，并非所有的工件都须如此。对于加工精度和表面质量要求不高、工件刚度足够、毛坯精度较高、加工余量小的工件，可不划分加工阶段。有些刚度好的重型工件，由于装夹及运输费时费力，常在一次装夹下完成全部加工。这时为了弥补不分阶段加工带来的缺陷，应在粗加工后松开夹紧机构，并停歇一段时间，使工件的变形得到充分恢复，然后再用较小的夹紧力重新夹紧工件，继续进行精加工，以保证最终的技术要求。

（2）划分加工阶段的原因

1）保证加工质量。由于粗加工时加工余量较大，产生的切削力和切削热都较大，功率的消耗也较多，所需要的夹紧力也大，从而在加工过程中工艺系统的受力变形、受热变形和工件的残余应力变形也都较大，不可能达到高的精度和表面质量。因此，需要先进行各表面的粗加工，再通过半精加工和精加工逐步减少切削余量、切削力和切削热，逐步修正工件的残余变形，提高加工精度和改善表面质量，最后达到图样规定的技术要求。同时，粗加工也能及时发现毛坯的缺陷，及时报废或修复，以免在继续加工时造成更大的浪费。

2）合理使用机床设备。粗加工阶段的主要任务是提高生产率，可采用功率大、精度不高、刚度好的高生产率设备。而精加工阶段的主要任务是保证加工精度，应采用相应的高精度设备。加工阶段划分后，可发挥粗、精加工设备各自的性能特点，避免“以精干粗”，做到合理使用设备，也有利于保持精加工设备的精度、延长其使用寿命。

3）便于安排热处理工序。为了便于在机械加工工艺中插入必要的热处理工序，并充分发挥热处理的作用，使冷热工序更好地配合，也要求将工艺过程划分成不同的阶段。如粗加工后，工件残余应力大，一般要安排去应力的热处理工序；精加工前可安排淬火等最终热处理，其变形可以通过精加工予以消除。

2. 工序的组合

确定加工方法以后，就要对各个工序进行合理的组合，确定最终工艺过程的工序数。而工序的组合有两种不同的原则，即工序集中原则和工序分散原则。

工序集中原则就是要求零件各表面的加工集中在少数几个工序中完成，每个工序所安排的加工内容尽可能多，最集中的程度就是在一个工序中加工出所有的表面。工序集中可以减少工件装夹次数，有利于保证各加工面间的相互位置精度，有利于采用高效机床和工艺装备，提高生产率，减少生产面积和操作工人数量，使生产计划和生产组织得到简化。

工序分散原则就是使零件各表面的加工分散在尽可能多的工序中完成，每个工序所包含的加工内容少，工艺过程变长，最分散的程度就是一个工序中只含有一个工步。工序分散可以使机床、夹具等工艺设备和装备比较简单，易于调整和掌握；生产技术准备工作量较少，易于变换产品，生产适应性好；还有利于选用最佳的切削用量。

工序的集中和分散各有特点，必须根据生产类型、零件的结构特点和技术要求、现有生产条件等进行合理的选择，从而确保工序的合理组合。一般来说，对于单件小批生产，宜用通用机床按工序集中原则组织工艺过程；而大批量生产既可采取工序集中原则，也可采取工序分散原则。随着加工中心等先进加工设备的出现，工序组合的发展方向是工序集中。

（七）加工顺序、热处理工序的安排

1. 加工顺序的安排

一个零件上往往有多个表面需要加工，这些表面本身和其他的表面总是存在着一定的技术要求，为了达到精度要求，这些表面加工顺序的安排必须遵循以下原则：

（1）先粗后精　从整体加工过程来看，应先安排粗加工工序，后安排精加工工序。对于一个精度要求较高的具体零件，必要时可按荒加工、粗加工、半精加工、精加工和光整加工安排加工顺序。

（2）先面后孔　对于箱体、连杆和支架等工件，应先加工平面后加工孔。这是因为平面作定位基准时，定位比较稳定、准确，若先加工好平面，就能以平面定位加工孔，保证平面和孔的位置精度。同时，由于平面先加工好，也给平面上孔的加工带来了方便，使刀具的起始工作条件得到改善。

（3）先主后次　根据零件的功用和技术要求，先将零件的主要表面和次要表面分开，然后安排主要表面的加工顺序，再将次要表面的加工适当地穿插在主要表面的加工工序之间。由于次要表面的精度要求较低，一般安排在粗加工和半精加工阶段进行加工。但对于那些与主要表面有相对位置要求的表面，通常多安排在主要表面的半精加工之后、精加工或光整加工之前进行加工。

（4）基面先行　作为精基准的表面的加工，应安排在工艺过程中前面的工序中来完成，以便为后续的加工提供统一、可靠的定位基准。对于高精度的零件，在主要表面精加工之前，可再次安排定位基准的精加工或修正加工。

2. 热处理工序的安排

退火、正火可作为预备热处理工序，主要是为了改善工件材料的力学性能和加工性能，应安排在粗加工以前，或安排在粗加工后、半精加工前进行。对于高碳钢材料，应采用退火以降低其硬度；对于低碳钢，则采用正火提高其硬度。正火与退火的明显区别是正火的冷却速度较快：正火在空气中冷却，而退火随炉冷却或埋入灰中缓慢冷却。

淬火主要用来提高零件的硬度和耐磨性。常把淬火工序安排在半精加工之后、磨削加工之前。淬火后还需回火，以获得所需要的硬度和组织。如淬火后低温回火，不但能保证零件

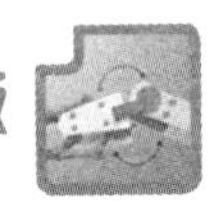

具有高硬度，而且能消除应力、稳定组织，常用于各种工具、定位元件的热处理；淬火后中温回火，不但可使硬度、脆性降低，而且有较高的韧性，常用于弹簧等零件的热处理。

调质即淬火后高温回火，可以使钢的强度和韧性之间有良好的匹配，以获得良好的综合力学性能，常安排在粗加工之后和半精加工之前。调质也常作为需要渗氮的预备热处理，对于某些用合金钢制成的重要零件，为保证得到要求的组织和获得良好的综合力学性能以便于加工，调质有时也作为预备热处理安排在机械加工之前。

渗碳淬火是常用于低碳钢和低碳合金钢的热处理工艺，工件表面硬度可达 55~63HRC，渗碳层厚度一般为 0.3~1.6mm。渗碳淬火工序安排在半精加工之后、磨削加工之前进行。当工件需要进行渗碳淬火处理时，为避免渗碳过程中工件产生较大的变形，常将渗碳安排在次要表面加工之前进行，这样可以提高次要表面与淬硬表面间的位置精度。

渗氮是一种表面化学热处理工艺，能有效提高零件表面硬度、耐磨性、疲劳强度和耐蚀性。与渗碳相比，渗氮温度较低，工件变形较小，且渗氮层硬度更高，但厚度较薄，一般小于 0.6mm，故安排在磨削之后、光整加工之前。渗氮处理前应调质。

镀铬、镀锌、氧化处理等表面处理工序一般安排在工艺过程的最后，主要是为了提高工件表面的耐磨性、耐蚀性并起到装饰的作用。

应注意的是，零件在进行装配之前，一般应安排清洗工序；切削加工之后，应安排去毛刺工序；在经用磁力夹紧的工序之后，要安排去磁工序，不让带有剩磁的工件进入装配线。此外，零件表面的强化工序，如滚压、喷丸等也应安排在精加工之后进行。

3. 检验与辅助工序的安排

检验工序一般包括加工质量检验和特种检验。为确保加工的质量，避免浪费工时，各工序操作者应该自检，并且在零件粗加工阶段结束之后、从一个工作地点送往另一个工作地点的前后、重要工序的前后、零件全部加工结束之后应安排检验工序。特种检验包括用于检查工件内部质量的 X 射线检查、超声波探伤检查等，一般安排在工艺过程的开始；用来检查工件表面质量的荧光检查、磁力探伤，通常安排在精加工阶段；密封性检查、工件的平衡及质量检查，一般安都安排在工艺过程的最后。清洗、涂防锈漆等辅助工序一般安排在工序最后。

（八）机床与工艺装备的选择

机床与工艺装备是零件加工的物质基础，是加工质量和生产率达到要求的重要保障。机床与工艺装备包括机械加工过程中所需要的机床、夹具、量具、刀具和辅具。机床与工艺装备的选择是制订工艺规程的一个重要环节，对零件加工的经济性也有重要影响。实际上，确定了工序集中或工序分散原则后，基本上也就确定了设备的类型。当采用工序集中时，选用加工中心等先进设备；当采用工序分散时，则可选用通用设备。

1. 机床的选择

在工件的加工方法确定以后，加工工件所需的机床就已基本确定。由于同一类型的机床中有各种规格，其性能也并不完全相同，所以加工范围和质量各不相同。只有合理地选择机床，才能加工出理想的产品。在对机床进行选择时，除应对机床的基本性能有充分了解之外，还要综合考虑以下几点：

1）机床的加工尺寸范围应与工件的外形尺寸相适应。

2）机床的工作精度应与工序要求的精度相适应。机床精度较低，则不能满足零件加工精度的要求；机床精度过高，则不仅浪费，也不利于保护机床精度。当加工高精度零件而又缺乏精密机床时，可通过旧机床改装及一定的工艺措施来实现。

3）机床的生产率应与工件的生产类型相适应。一般单件小批生产选择通用机床，大批量生产可选择高生产率的专用机床。

4）机床的选择应与现有设备条件相适应，应考虑工厂现有设备的类型、规格及精度状况、设备负荷的平衡状况及设备的分布排列情况等。当工件尺寸太大，精度要求过高，没有相应设备可供选择时，就需要改装设备或设计专用机床。

2. 工艺装备的选择

工艺装备的选择将直接影响机床的加工精度、生产率、经济性和工艺范围，应根据不同情况适当选择。

（1）夹具的选择　在中、小批量生产中，应尽量选用通用夹具或组合夹具。在大批量生产中，为提高生产率，应根据工序要求设计专用高效夹具。

（2）刀具的选择　刀具的选择主要由工序所采用的加工方法、加工表面的尺寸、工件材料、所要求的加工精度和表面粗糙度、生产率及经济性等决定，一般情况下应尽量选用标准刀具。

（3）量具的选择　选择量具的主要根据是生产类型和要求检验的精度。单件小批生产中，应尽量采用通用量具、量仪；而在大批量生产中，则应采用极限量规等高效的检验仪器。

（4）辅具的选择　工艺装备中还要注意辅具的选择，如吊装用的起重机、运输用的叉车和运输小车、各种机床附件、刀架、平台和刀库等，以便于生产的组织管理以及工作效率的提高。

（九）加工余量及工序尺寸的确定

为了达到零件图规定的技术要求，一般要对毛坯进行若干次切削加工，切除一层层的金属，最后才能获得所要求的零件。工件上留作加工用的金属层厚度称为加工余量。加工余量又有加工总余量和工序余量之分。

1. 加工余量的确定

（1）加工总余量和工序余量　加工总余量也称毛坯余量，即毛坯尺寸与零件图相应设计尺寸之差。工序余量即相邻两工序的工序尺寸之差。显然，某个表面加工总余量为该表面各加工工序余量之和。除了总余量和工序余量的概念之外，还有基本余量、最大余量、最小余量、单边余量、双边余量等与余量有关的概念。

1）基本余量。由于毛坯制造和各个工序尺寸都存在误差，加工余量是变动值，当工序尺寸用公称尺寸计算时，所得到的加工余量称为基本余量。

2）最大、最小余量及余量公差。由于毛坯制造和各个工序加工后的工序尺寸都不可避免地存在误差，加工余量也是变动值，有最大余量、最小余量之分，余量变动范围称为余量公差。例如，对于被包容面来说，基本余量是前道工序和本道工序公称尺寸之差；最小余量是前道工序最小工序尺寸和本道工序最大工序尺寸之差，是保证该工序加工表面的精度和表面质量所需要切除的金属层最小厚度；最大余量是前道工序最大工序尺寸和本道工序最小工序尺寸之差。

3）单边余量。非对称的加工表面的加工余量称为单边余量。

4）双边余量。内孔、外圆等回转表面的加工余量称为双边余量。

（2）影响加工余量的因素　加工余量的大小对于工件的加工质量和生产率有较大的影响。余量较大时，加工时间增加，生产率降低，能源消耗增大，成本增加；余量较小时，则难以消除前道工序的各种误差和表面缺陷，甚至会产生废品。因此，应合理确定各工序或工步的加工余量。影响加工余量的因素主要有加工表面上前一道工序留下的表面粗糙度和表面缺陷层深度、加工前或上道工序的尺寸公差、工件各表面间相互位置的空间偏差、本工序加工时的装夹误差等。

（3）确定加工余量的方法　确定加工余量的方法通常有计算法、经验法和查表法三种。计算法是利用加工余量计算公式进行相应的计算，必须有可靠的实验数据资料，目前应用较少。经验法主要靠经验确定。为防止余量不够而产生废品，所估余量一般都偏大，只适用于单件小批生产。查表法是指参考有关标准或工艺手册确定总余量和半精加工、精加工工序余量，然后结合实际情况对查得的数据加以修正，而粗加工工序余量由总余量减去各半精加工和精加工工序余量得到。该法应用比较广泛。

2. 工序尺寸大小计算

工件从毛坯加工至成品的过程中，要经过多道工序，每道工序都将得到相应的工序尺寸。制订合理的工序尺寸及其公差是确保加工工艺规程、加工精度和加工质量的重要内容。工序尺寸是指某工序加工后应保证的尺寸，其公差即为工序尺寸公差。各个工序的加工余量确定后，即可确定工序尺寸。工序尺寸可根据加工过程中定位基准的使用情况分别予以确定。

当定位基准与设计基准重合时，对于一次加工即可达到要求的情况，该道工序的尺寸即是零件图上所对应的设计尺寸；对于需多次加工才能达到要求的情况，包容面或被包容面的工序尺寸可由前道工序尺寸加上或减去相应的公称余量而得到。

对于定位基准与设计基准不重合，或在零件加工过程中定位基准需要多次转换，或需要在继续加工的表面上标注工序尺寸等较为复杂的情况，则需通过工艺尺寸链的分析、计算得到有关工序的工序尺寸。工艺尺寸链的分析和计算方法可参考机械制造工艺学教材相关的内容。

3. 工序尺寸公差的确定

工序尺寸公差按各种加工方法的经济精度确定，并按“入体”（也称“向体”）原则进行标注，对于包容面标注单向正偏差，对于被包容面标注单向负偏差。例如，半精车ϕ50mm 的外圆，其经济精度公差等级约为 IT11，由此可查得工序尺寸的公差为 0.16mm，则最终工序尺寸应为 $\phi 50_{-0.16}^{\ 0}$mm。

孔距工序尺寸公差一般按对称偏差标注，而毛坯的公称尺寸公差一般采用双向对称标注。

4. 工序简图（工艺附图）

（1）工序简图的作用　工序简图可直观、简洁地表示出工件加工时的位置、定位基准及相应限制的自由度数，夹紧力的方向和作用点，加工后应该达到的尺寸精度、位置精度、表面粗糙度及其他技术要求。其作用是以简明的方式指导工人进行加工，可以省去大量的、繁琐的文字叙述。如果能用简图、符号表示清楚工序内容，则尽量不用文字进行说明。

（2）工序简图的绘制　工序简图是经过简化的图形，它反映了工件在本工序完成后的总体轮廓，重点表明了本工序所要加工的表面及要达到的质量要求，同时还表示出本工序所使用的定位基准、夹紧力的位置和方向。工序简图应该是工件在本工序完成之后所具有的形状和尺寸。需要指出的是，随着加工的不断进行，零件毛坯越来越趋近于零件图的要求，那么对在本道工序中尚未加工的表面，则不应绘出。如在本道工序之前，零件上的某孔尚未加工，则在此工序图中就不应将其表示出来，而且还应注意不要把加工余量绘制上去。关于工序简图的绘制方法还应注意以下几个方面：

1）视图的位置与数量。主视图的位置应取实际加工时工人平视面对的位置，而且要反映出工件的总体特征。如在卧式车床上车削轴，轴的轴线在主视图中应水平放置，且都认为左边是实际加工时卡盘的位置，右边是尾座顶尖位置。对于钻孔工序，工序图中工件加工孔中心线应处于竖直位置。工序简图应在表达清楚的前提下，尽可能选用较少的视图。对于孔系，必须使用一个垂直于孔系中心线的视图，或两个以上视图表示出不同方向的尺寸要求，不允许用文字说明。

2）视图的比例。同毛坯简图一样，工序简图中视图的比例没有严格的规定，尽量选取机械制图国家标准中推荐的比例即可，常用的比例有 1∶1、1∶2 等。在实际工作中，应尽量选用统一的比例。对于局部放大视图，可采用不同的比例。

3）视图的线型。工件轮廓及特征表面用细实线绘出，本道工序的加工表面用粗实线或红色细实线绘制。

（3）工序简图的标注

1）工序尺寸标注。工序尺寸应标注本道工序完成之后工件应达到的尺寸精度、形状精度、位置精度和表面粗糙度。

2）定位及夹紧符号的使用。定位及夹紧符号的使用规定见表 5-5。

传统的工序简图绘制方法是手工绘制，二维 CAD 工具的使用只是大大提高了绘图效率。基于特征技术的三维 CAD 设计软件的出现，为自动生成工序图提供了可能。例如，以 SolidWorks 为平台，采用面向制造的设计思想，使零件的机械加工过程与特征造型过程建立对应的关系，最后利用 SolidWorks 强大的工程图功能，在预先自定义好的工序卡片模板中快速生成工序简图。

利用 SolidWorks 快速生成工序简图的过程，就是利用其配置功能，以“拉伸切除”或“旋转切除”命令去除毛坯材料，模拟车、铣、刨、磨等机械加工的过程，一个配置对应于一个特征，一个特征对应于一道工序。针对一道具体的工序，可以建立一个特征，生成一个配置，并将配置的名称更新为工序的名称。这样，在 SolidWorks 设计树的配置管理器中，各配置的名称就是各工序的名称，一系列的配置就构成了零件的机械加工工艺过程。生成工序图时，选择一个配置，也就是选择一道工序，然后执行生成工程图命令，即可生成相应的工序简图。类似地，依次选中各个配置，即可生成与各个配置相对应的工序简图。若在生成配置时将诸如定位符号、尺寸和表面粗糙度等工序要求作为注解进行标注，则可最终一次生成完整的工序简图，不再需要另行标注。为了避免所生成的视图方位不能满足工序图的要求，可以在生成与各工序对应的配置时，利用 SolidWorks 中的“移动/复制”命令，将零件的三维模型调整到工人操作时面对的位置。

（十）切削用量的计算与确定

选择切削用量，就是要在已经选择好刀具材料和几何角度的基础上，合理地确定背吃刀

量、进给量和切削速度。合理的切削用量能够充分利用刀具的切削性能和机床性能，在保证加工质量的前提下，获得高的生产率和低的加工成本。在单件小批生产中，通常不具体规定切削用量，而是由操作工人根据具体情况自己确定，以简化工艺文件。在大批量生产中，则应科学、严格地选择切削用量，以充分发挥机床和刀具的作用。

针对不同的加工性质，在选择切削用量时，考虑的侧重点也应有所区别。粗加工主要是为了尽可能多地切除余量，为精加工做准备。因此，应尽量保证较高的金属切除率和必要的刀具使用寿命，故一般优先选择尽可能大的背吃刀量，其次选择较大的进给量，最后根据刀具使用寿命要求和机床剩余的功率，利用切削用量手册选取或用公式计算来确定合适的切削速度。精加工阶段的主要任务是达到图样的要求，因此精加工时，首先应保证工件的加工精度和表面质量的要求，故一般选用较小的进给量和背吃刀量，而尽可能选用较高的切削速度。

1. 背吃刀量的选择

总的来说，应根据工件的加工余量确定背吃刀量。但针对不同的加工性质又有所区别。粗加工时，除留下精加工余量外，一次进给应尽可能切除全部余量。但是，如果加工余量过大、工艺系统刚度较低、机床功率不足、刀具强度不够或断续切削的冲击振动较大，可分多次进给。当铸锻件的切削表面层有硬皮时，应尽量使背吃刀量大于硬皮层的厚度，以保护刀尖。半精加工和精加工的加工余量一般较小，可一次切除。但有时为了提高工件的加工精度和表面质量，也可采用两次进给。

此外还应注意，不论是粗加工还是精加工，多次进给时，应尽量将第一次进给的背吃刀量取大些，一般为总加工余量的2/3~3/4。一般情况下，在中等功率的机床上，粗加工时的背吃刀量可达8~10mm；半精加工时，背吃刀量取为0.5~2mm；精加工时，背吃刀量取为0.1~0.4mm。

2. 进给量的选择

确定背吃刀量后，应尽可能选用较大的进给量。粗加工时，由于作用在工艺系统上的切削力较大，进给量的选取受到机床—刀具—工件系统的刚度、机床进给机构的强度、机床有效功率与转矩、断续切削时刀片的强度等因素的限制。半精加工和精加工时，最大进给量主要受工件加工后表面粗糙度的限制。实际生产中，进给量一般多根据经验或通过查表法进行选取。

3. 切削速度的选择

在背吃刀量和进给量选定以后，在保证刀具具有合理使用寿命的条件下，根据机床剩余的功率，可用计算法或查表法确定切削速度。在具体确定切削速度时，要考虑以下因素：第一，粗车时选择较低的切削速度，精车时选择较高的切削速度；第二，工件材料的加工性较差时，选择较低的切削速度，如加工灰铸铁的切削速度应较加工中碳钢低，而加工铝合金和铜合金的切削速度则较加工钢高得多；第三，刀具材料的切削性能越好，切削速度可选得越高，因此，硬质合金刀具的切削速度可选得比高速工具钢刀具高，而涂层硬质合金、陶瓷、金刚石和立方氮化硼刀具的切削速度又可选得比硬质合金刀具高。

此外，在确定精加工、半精加工的切削速度时，应注意避开易产生积屑瘤和鳞刺的中速范围；在加工带硬皮的铸锻件、大件和断续切削时，应选用较低的切削速度。

（十一）时间定额的计算与确定

在机械加工工艺规程中，必须规定每道工序的时间定额。时间定额是安排作业计划、进行成本核算、确定设备数量与人员编制和规划生产面积的主要依据。制订合理的时间定额是调动工人积极性的重要手段，可以促进工人技术水平的提高，从而不断提高生产率。

1. 时间定额及其组成

时间定额是在一定的生产条件下，规定生产一件产品或完成一道工序所消耗的时间，用 t_d 表示。时间定额主要利用计算或经验来确定。时间定额由以下五部分组成：

（1）基本时间 t_j　直接改变生产对象的形状、尺寸、相对位置、表面状态或材料性能等工艺过程所耗费的时间，也称机动时间。它包括刀具的趋近、切入、切削加工和切出等时间。基本时间通常可用计算的方法求出。

（2）辅助时间 t_f　为实现工艺过程所必须进行的各种辅助动作所消耗的时间。如装卸工件、起动或停止机床、试切和测量工件等所消耗的时间。辅助时间可根据统计资料来确定，也可以按基本时间的百分数来估算。

基本时间与辅助时间的总和称为作业时间。

（3）布置工作地时间 t_b　为使加工正常进行，工人照管工作地，如更换刀具、修磨刀具、润滑机床、清理切屑、收拾工具等所消耗的时间。布置工作地时间一般按作业时间的百分数计算。

（4）休息和生理需要时间 t_x　工人在工作班时间内为恢复体力和满足生理上的需要所消耗的时间。休息和生理需要时间一般也按作业时间的百分数估算。

（5）准备与终结时间 t_z　工人为生产一批数量为 N 的产品或零部件，进行准备和结束工作所消耗的时间，简称准终时间。如研究零件图样，熟悉工艺文件，领取毛坯、材料、工艺装备，安装刀具和夹具，对机床和工艺装备进行必要的调整、试切，在加工一批工件结束后，拆下和归还工艺装备，送交成品所消耗的时间。需要明确的是，准备与终结时间是对一批工件而言的，工件批量越大，则分摊到每个工件上的这部分时间就越少。

单件时间定额：$t_d=t_j+t_f+t_b+t_x+t_z/N$

大批量生产时的单件时间定额：$t_d=t_j+t_f+t_b+t_x$

2. 缩减单件时间定额的方法

劳动生产率是以工人在单位时间内所生产的合格产品数量来评定的。提高劳动生产率涉及与产品有关的各种因素，如产品设计、制造工艺、组织管理等。单件时间定额从机械加工方面反映了劳动生产率的高低。因此，制订工艺规程时，主要考虑从工艺途径来提高生产率。

（1）缩减基本时间 t_j　通过提高切削速度、进给量和背吃刀量来提高切削用量；减少加工余量；缩短刀具的工作行程；采用复合工步和多件加工使各工步的基本时间全部或部分重合；采用新工艺、新技术。

（2）缩减辅助时间 t_f　尽量使辅助动作实现机械化或自动化，如采用先进夹具，提高机床的自动化程度；使辅助时间与基本时间部分或全部地重叠起来，如采用多工位夹具或多工位工作台；采用适时主动测量或数字显示自动测量装置，减少加工过程中的停机测量时间。

（3）缩减布置工作地时间 t_b　采用使用寿命较长的刀具或砂轮，采用各种快换刀夹、刀具微调装置、专用对刀样板和样件以及自动换刀装置。

（4）缩减准备与终结时间 t_z　采用成组工艺生产组织形式，使夹具和刀具调整通用化；减少夹具在机床上安装找正的时间；采用准备与终结时间较短的先进设备及工艺装备。

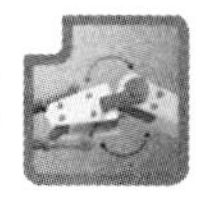

（十二）填写工艺文件

工艺文件主要是指各种机械加工工艺规程卡片，如前所述根据生产类型可以分为机械加工工艺过程卡片、机械加工工艺卡片和机械加工工序卡片三种。将前面叙述的内容、经过计算得出的结果以及工序简图一并填入相应的机械加工工艺规程卡片，形成最终的机械加工工艺规程，以指导工人操作和用于生产、工艺管理。

第二节 专用机床夹具设计必备知识

一、概述

机床夹具是机械制造中一种重要的工艺装备，是机械加工工艺系统中一个重要的组成部分。在机床上对工件进行加工时，必须保证工件在机床上占有正确的位置，这个过程称为定位。同时，还要保证这一正确位置不因外力的作用而破坏，这个过程称为夹紧。工件定位和夹紧两个过程称为装夹，完成工件装夹过程的工艺装备称为机床夹具，简称夹具。只有工件在机床上实现了正确的定位和夹紧——即装夹，才能保证工件在机床上相对刀具或成形运动处于正确的位置，从而保证工件加工表面相对其他表面的尺寸和位置精度，最终保证该工序的加工要求。

定位和夹紧是夹具设计中两个重要的概念。定位的作用就是使同一批工件逐个放置到夹具中都能占据同一正确位置，它是依靠定位元件、定位装置在工件夹紧之前或夹紧过程中实现的。工件正确定位后，还须对其进行夹紧，以保证该正确位置在加工过程中受到切削力、惯性力和重力的作用而不发生改变，不至于损坏刀具和机床、伤害操作工人。必须指出的是，工件定位了，不一定得到了夹紧；工件夹紧了，不一定得到了定位。装夹过程一般是先定位后夹紧，但定位和夹紧也可以同时进行。

（一）机床夹具在机械加工中的作用、分类及组成

（1）机床夹具在机械加工中的作用

1）易于保证加工精度。由于工件在夹具中的定位、夹具在机床上的定位以及夹具相对刀具的位置都由专门的元件来保证，不受操作工人技术水平的影响，因此在夹具中装夹工件可以较容易地、稳定地保证工件的尺寸精度和位置精度。

2）缩短辅助时间，提高劳动生产率。采用机床夹具装夹工件，能迅速实现工件在机床上的定位和夹紧，省去划线、找正、试切等工作，且容易实现多件、多位、快速、联动等夹紧方式，从而可大大缩短辅助时间，提高劳动生产率。

3）减轻劳动强度，降低对工人的技术要求。采用机床夹具，特别是采用专用机床夹具装夹工件，工人操作简便，省时省力，从而减轻了工人的劳动强度，并降低了对工人的技术要求。

4）扩大机床的加工范围。采用专用夹具可扩大机床的加工范围，使机床实现一机多能。如卧式车床装上拉削夹具可进行拉削加工，装上靠模夹具可车削成形表面；车床或钻床装上镗模夹具可镗孔。

（2）机床夹具的分类　机械制造行业中，夹具的概念很广。按照工艺特点可分为机床夹具、装配夹具、焊接夹具等。在机床夹具中，按照所使用的动力又可分为手动夹具、气动

夹具、液压夹具、电动夹具等。按照加工类型和所使用的机床进行分类时，机床夹具可分为车床夹具、铣床夹具、钻床夹具、镗床夹具、磨床夹具等。按照机床夹具的使用范围又可分为：

1）通用夹具。通用夹具是指结构、尺寸已标准化，在一定范围内具有一定通用性的夹具，常由专业工厂生产，作为机床附件供应给用户。如车床上的自定心卡盘、单动卡盘、顶尖和鸡心夹头；平面磨床上的磁力工作台；铣床上的平口虎钳、分度头和回转工作台等。这类夹具的特点是适应性强，无需调整或稍做调整就可以装夹一定形状和尺寸范围的工件。采用这类夹具可以减少夹具种类，缩短生产准备周期，从而降低零件的加工成本。但是，用通用夹具夹紧形状复杂或加工精度要求较高的工件比较费时，生产率低，故主要用于单件小批生产。

2）专用夹具。专用夹具是指专为某一工件某道工序的加工而专门设计制造的夹具。这类夹具的特点是针对性强，装夹工件迅速，操作简单、方便，操作效率高。但专用夹具需要专门的设计与制造周期，且当产品变更时往往不能再继续使用。因此，这类夹具适用于产品固定、生产批量较大的场合。专用机床夹具的设计是机械制造工艺学课程中重点讲授的内容之一，也是本次机械制造工艺学课程设计要完成的两项任务之一。

3）组合夹具。组合夹具是指按某一工件某道工序的加工要求，由一套预先制造好的标准元件组装而成的专用夹具。它在使用上具有专用夹具的优点，且当产品变更时不存在“报废”的问题，用完之后其元件可拆卸、清洗入库，并可重复使用。由于元件不需要专门设计和制造，可缩短生产准备周期，尤其适用于新产品试制和单件小批生产。其缺点是精度不高、刚度较差。

4）成组夹具。当批量较小时，为某一工件的某一工序设计专用夹具不经济，通用夹具又不能达到规定的加工质量或生产率，此时可以采用成组加工工艺，将尺寸、形状、结构以及工艺特征相似的工件分为一组，再为每组工件设计出该组内通用的专用夹具。使用时，只需调整或更换个别元件，就可用于组内不同工件的加工。

5）自动线夹具。自动线夹具是指用于大批量生产的自动生产线上的夹具。它可分为两类：一类为固定式夹具，与一般专用夹具类似；另一类为随行夹具，装夹工件时，除完成对工件的定位和夹紧外，还载着工件随输送装置送往各机床。

（3）机床夹具的基本组成　机床夹具虽然可分成各种不同的类型，但它们的工作原理基本上是相同的，可以对各种不同类型夹具中作用相同的元件或装置进行分类。机床夹具主要由以下几部分组成：

1）定位装置。定位装置包括定位元件及其组合，用来确定工件在夹具中的位置，如支承钉、支承板、V 形块、定位销等。

2）夹紧装置。夹紧装置的作用是将工件压紧夹牢，以保持工件定位后的正确位置，使其在加工过程中不因外力的作用而产生位移，如各种压板、螺旋夹紧机构、夹紧气缸等。

3）对刀或引导装置。对刀装置用来确定刀具相对于夹具的位置，如高度对刀块、直角对刀块等；引导装置用来引导刀具进行加工，如钻套、镗套等。

4）连接元件。连接元件用来确定夹具相对于机床的正确位置，如铣床夹具中的定位键、车床夹具中的过渡盘等。

5）夹具体。夹具体用来连接夹具各元件及装置，使其成为一个整体的基础件，并用于

与机床有关部位进行连接，以确定夹具相对于机床的位置。

6）其他装置。其他装置是根据工件的某些特殊加工要求而设置的装置，如分度装置、靠模装置、上下卸料装置等。

当然，不是每个夹具都必须完全具备上述各组成部分。但一般来说，定位装置、夹紧装置和夹具体是夹具的基本组成部分。

（二）对专用机床夹具的基本要求

（1）稳定地保证加工精度　稳定地保证工件的加工精度是夹具设计最基本的要求。专用夹具应有正确的定位方案、夹紧方案和刀具导向方式、合理的公差和技术要求，并进行必要的精度分析和计算。

（2）操作方便、安全省力　专用夹具应以人为本，符合工人的操作习惯，尽量采用电动、气动、液压等夹紧方式，以降低工人劳动强度。必要时可设置安全防护装置和排屑结构。

（3）具有良好的工艺性　专用夹具的结构应简单、合理，便于加工、装配、检验和维修。

（4）夹具的复杂和先进化程度应与生产批量相适应　在大批量生产时，应尽量采用快速、高效夹具结构，以缩短辅助时间，提高劳动生产率；在中、小批量生产时，应尽量使夹具结构简单、制造方便，以降低生产成本。

（三）机床夹具常用元件的材料及其热处理

如前所述，专用机床夹具通常由定位元件、对刀或引导元件、分度元件、夹紧元件、连接元件和夹具体等组成。对于其中的定位元件、对刀或引导元件、分度元件，要求有较高的精度，足够的强度和刚度，较高的硬度和耐磨性，常用的材料及其热处理方式如下：

1）碳素工具钢 T7A、T8A、T10A 等，整体淬火，硬度要求达到 60~65HRC，多用于尺寸较小的元件。

2）优质碳素结构钢 20 钢或合金结构钢 20Cr，表面渗碳淬火，硬度要求达到 55~65HRC，淬硬层深度 0.8~1.2mm，多用于尺寸较大的元件。

另外，当硬度要求不是很高时，也可以使用优质碳素结构钢 45 钢，淬硬至 43~48HRC。

例如，外径小于或等于 18mm 的定位销、直径小于或等于 12mm 的支承钉、用于对刀的平塞尺常用 T7A、T8A 钢制造；外径大于 18mm 的定位销、直径大于 12mm 的支承钉、支承板和 V 形块等常用 20 钢制造；对于固定钻套，当内径小于 26mm 时常用 T10A，内径大于 26mm 时常用 20 钢制造；镗套及对刀块材料常采用 20 钢；直径大于 45mm 的定位心轴、铣床夹具上的定位键等常采用 45 钢制造。

夹紧装置主要承受夹紧力，保证工件的既定位置，对于夹紧装置中起辅助作用的元件，如把手、手柄等，采用普通碳素结构钢（如 Q235）即可满足使用要求。但对于直接起夹紧作用的元件，如压板、压块等，要保证具有足够的强度和耐磨性，通常采用优质碳素结构钢（如 45 钢），并进行调质等热处理以达到性能要求。

镗杆的材料常选 45 钢或 40Cr 钢，淬火硬度为 380~440HBW；也可用 20 钢或 20Cr 钢渗碳淬火，渗碳层厚度为 0.8~1.2mm，淬火硬度为 720~775HBW。

夹具体要求有适当的精度和尺寸稳定性，有足够的强度和刚度，当夹具体形状较复杂时，常采用铸件，材料可采用灰铸铁（如 HT200）。要求强度高时用铸钢，如 ZG270-500；

要求质量小时可用铸铝，如 ZL104，热处理可采用时效处理。此外，夹具体还可采用焊接件、锻造件并进行相应的热处理以达到性能要求。

二、专用机床夹具设计步骤及内容

（一）明确设计任务书

设计任务书是进行专用机床夹具设计时最基本、最原始的依据。作为工艺装备的一种，专用机床夹具的设计应符合 JB/T 9167.4—1998《工艺装备设计管理导则　工艺装备设计程序》的要求，设计任务书可参考 JB/T 9167.3—1998《工艺装备设计管理导则　工艺装备设计任务书的编制规则》。按照 ISO 9000 认证的规范化设计要求，生产企业应当提供完整的夹具设计任务书。但在实际生产中，我国大部分制造企业往往是以简略的文档甚至是口头形式下达设计任务，虽然简化了任务下达过程，但不符合规范化设计要求。设计人员设计出的夹具必须满足夹具设计任务书上提出来的各项要求。在本次课程设计中，课程设计任务书中的要求即为专用机床夹具设计的原始依据。

（二）熟悉设计任务，收集资料

设计夹具时应具备的原始资料如下：

1）设计任务书。

2）零件图。

3）机械加工工艺规程。

4）现有生产条件。

5）相应的工艺资料、手册、机床夹具图册、行业标准和国家标准等。

通过熟悉设计任务这一步骤，可进一步明确设计任务，了解任务的内容、工作量、难易程度等。对以上原始资料进行分析和研究时，需重点明确以下几方面内容：

1）零件的结构形状、尺寸大小和有关技术要求，如加工精度、表面粗糙度、材料硬度等，本次设计要设计的机床夹具用于加工零件的哪些表面和部位。

2）本工序处于机械加工工艺规程的哪个阶段，有哪些表面已加工，已加工表面的精度、表面粗糙度能否满足工件定位的要求。

3）了解相关设计条件，如使用的设备型号、状况；有无相应的压缩空气站、液压站等附加设备。还应了解夹具制造单位的制造技术水平以及所允许投入的最大资金、具体的工期要求、操作工人的技术水平等。

上述三个方面不清楚时，应及时向设计任务下达者进行询问和了解。

（三）专用机床夹具种类的选择

在机械加工工艺规程中，已明确了本夹具所在工序使用的设备类型，显然夹具种类已经确定了，如车床专用夹具或钻模等。机床夹具种类的选择应在保证零件加工质量的前提下，与生产纲领相适应，有较高的生产率，较低的生产成本。

（四）六点定位原理和定位方案

从机械加工工艺系统的角度来看，要保证加工精度，必须使工艺系统中的工件、机床、夹具、刀具四个环节之间具有正确的相对位置，如工件与夹具的相对正确位置，以及夹具与机床、刀具的相对正确位置。这里所讨论的定位主要是指工件在夹具中的正确位置。

要使工件在夹具中的位置得到确定，必须解决两个问题或矛盾：首先要解决工件在夹具

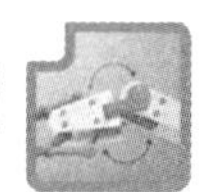

中“定与不定”的矛盾，即对工件的定位进行定性分析，此时所使用的是六点定位原理。应用六点定位原理对工件进行定位分析，以提出正确的定位方案，使一批工件中的每一个工件都能在夹具中占据一个统一的、正确的位置。其次，即使工件定位满足了六点定位原理，也不一定能够保证加工要求，还必须解决工件在夹具中定位时“准与不准”的矛盾，即对工件的定位进行定量分析，此时所使用的是定位误差的分析与计算。只有在正确定位的前提下，所计算出的定位误差满足定位误差不等式，最终才能保证工件的加工精度。

（1）六点定位原理　工件在夹具中定位的实质，就是要使工件在夹具中占有一个正确的、统一的位置，这个正确的位置是通过定位支承限制相应的自由度来实现的。对于单个工件来说，定位的任务就是使该工件准确占据定位元件所规定的位置；对于一批工件来说，定位的任务就是使一批工件逐个放入夹具中时，都能占据一个统一的、一致的位置。因为专用机床夹具通常用于加工一批工件，所以设计夹具时，就要保证一批工件在夹具中位置的一致性。

六点定位原理：工件在空间直角坐标系中，有分别沿三个坐标轴的移动自由度和分别绕三个坐标轴的转动自由度，共六个自由度。这六个自由度需要用按一定要求布置的六个支承点一一消除，其中每个支承点相应地消除一个自由度。要使工件在夹具中占有正确的、统一的位置，就必须在空间直角坐标系中，通过定位元件限制工件的这六个自由度。应用六点定位原理，工件在夹具中的定位分析，就可转化为在空间直角坐标系中用相应的定位支承点限制工件自由度的方式来进行。一个定位支承点只能限制工件的一个自由度，为保证工件定位的稳定性，在一个完整的定位方案中，定位支承点的数目一般应与所加工零件要求限定的自由度个数相同。

需要指出的是，六点定位原理中所说的自由度，严格地说应该是“不定度”，有别于力学中自由度的概念。工件在某个方向上的不定度指的是工件在该方向上位置的不确定性，习惯上称“自由度”。

（2）工件在夹具中的定位情况　在实际加工中，由于工件的形状特点、加工要求特点和精度特点，通常有如下几种定位情况：

1）完全定位和不完全定位。工件定位时，其六个自由度全部被限制的定位方式称为完全定位。工件采用这种定位方式使其在空间占有一个完全确定的位置。有时根据工件的形状特点和工序要求，可以不限制某些方面的自由度，仍能满足加工要求，这种定位方式称为不完全定位。如对于完整的回转体零件，绕其本身轴线旋转的自由度可不必限制。在工件上加工通孔、通槽时，沿通孔中心线、槽长方向上的自由度可以不限制，仍能满足加工要求。但在实际的定位方案中，这些沿通孔中心线、槽长方向上的自由度也是被限制的，否则可能会使刀具切削空行程增大，甚至还会导致夹具结构复杂和加工的安全问题。

2）欠定位。当工件实际定位所限制的自由度数目少于该工序所必须限制的自由度数目时，称为欠定位。欠定位的结果将导致应该限制的自由度未被限制，从而无法保证加工要求。显然，欠定位在实际加工过程中是绝不允许出现的。

3）过定位。定位时，如果工件某个方向上的自由度被重复限制两次以上，称为过定位，也称重复定位。过定位往往会造成三种恶果：增加了一批工件定位的不确定性、影响工件顺利装入夹具、导致工件和夹具变形。因此，一般情况下过定位是不允许的。但是在精加工中，如果工件定位表面的加工精度比较高、定位表面之间的相互位置精度也比较高，则允许出现过定位，这时的过定位有助于增加工件安装后的稳定性。例如，当工件以平面定位时，若使用平面作为定位元件的工作表面，此时工作表面相当于无数个支承点。若工件的定位平面是毛面，由于三点决定一个平面，则必然会产生过定位的现象；若工件的定位平面是光面，则不会产生过定位的现象。可见，对于定位方案中是否出现过定位，不能仅以所设置的支承数来判定，而应该以工件的定位方式是否有利于加工要求来判定。

根据工件的加工要求、形状特点，利用六点定位原理对工件进行定位分析，确定工件所必须限定的自由度数，可以是完全定位，也可以是不完全定位，但不允许出现欠定位。是否允许过定位应按实际加工情况来确定。工件应限制的自由度确定后，下一步就是提出合理的定位方案。

（3）定位方案的确定　定位基准的选择和定位方案的确定是夹具设计中至关重要的环节。实际上，在制订零件加工工艺规程时，就已经完成了定位基准的分析与选择。零件的定位基准应与该零件工艺规程中的定位方案相一致。一般情况下，不应更换定位基准，除非工艺规程中已选取的定位基准确有问题时才做改动。定位基准确定后，要选择合适的定位元件组成合理的定位方案。定位方案是否合理，将直接影响加工质量，同时它还是夹具上其他装置的设计依据。因此，确定定位方案时，要选择或设计合理的定位元件或装置，不但要定性、定量地解决一批工件的定位问题，使它们在夹具中占有正确的、统一的位置，而且要保证定位方案有足够的定位精度，最终确保加工要求。

（五）根据定位方案选择定位元件

工件在夹具中位置的确定实际上是通过各种类型的定位元件来实现的。在机械加工中，虽然工件的种类繁多、形状各异、大小不一，但从它们的基本结构来看，加工表面不外乎是由平面、内外圆柱面、圆锥面及各种成形面所组成。工件在夹具中定位时，可根据各自的结构特点和加工精度要求，选取工件上的相应表面或组合表面组成定位方案。

（1）工件以平面定位　在机械加工中，大多数工件都以平面作为定位基准，如箱体、机座、支架、圆盘、板状类零件等。工件以平面定位所用到的定位元件，可分为主要支承和辅助支承。主要支承起限制工件自由度的作用，也称基本支承。根据结构特点和适用场合，主要支承分为固定支承、可调支承和自位支承。辅助支承不起限制工件自由度的作用，只是为了增加工件定位时的刚度。

1）主要支承。

① 固定支承。在夹具体上，支承点的位置固定不变的支承称为固定支承，已成为标准件，有支承钉和支承板两种形式。根据国家标准，支承钉分为平头 A 型、圆头 B 型和网纹 C 型；支承板分为无清屑槽的 A 型和带有清屑槽的 B 型。

对于支承钉，平头 A 型常用于已加工平面的定位，以减小定位基准与支承钉间的单位接触压力，避免压坏工件基准面，减少支承钉的磨损；圆头 B 型常用于未加工的粗糙毛坯表面的定位，以保证接触点的位置相对稳定，但容易磨损；网纹 C 型常用于侧面定位，有利于增大工件与支承钉的摩擦力，以防止工件受力后发生滑动。当生产批量大，支承钉需要经常更换时，可加衬套。当使用几个平头 A 型支承钉时，为了保证它们的等高性，可在装配后一次磨出顶面。

支承板适用于精基准。A 型支承板没有清屑槽，不便于清屑，常用于侧面和顶面定位。B 型支承板带有清屑槽，利于清屑，常用于底面定位。支承板用螺钉紧固在夹具体上，当受

力较大或支承板有移动趋势时，应增加圆锥销或将支承板嵌入夹具体槽内。采用两个以上支承板进行定位时，可在装配后一次磨出顶面，以保证等高性。

② 可调支承。支承点位置可以调整的支承称为可调支承，适用于毛坯（如铸件）分批制造，形状和尺寸变化较大的粗基准定位，也可用于同一夹具加工形状相同而尺寸不同的工件。应当注意，可调支承在使用时，在加工前只需对一批工件调整一次，调整后用锁紧机构锁紧，以防止在使用过程中定位支承位置发生变动。在同一批工件的加工过程中，可调支承的作用相当于固定支承。

③ 自位支承。自位支承也称浮动支承，是指在工件定位过程中，支承点可以自动调整位置以适应工件定位表面的变化的支承。自位支承的作用相当于一个固定支承，但它只限制一个自由度，即实现一点定位。由于增加了与定位基准面接触的点数，故可提高工件的安装刚度和稳定性。自位支承适用于毛坯表面、断续表面及阶梯平面的定位及刚度不足的场合。

2）辅助支承。在夹具中，只起增加工件定位刚度而不起消除自由度作用的支承，称为辅助支承。辅助支承不起定位作用，只是在工件完成定位以后才与工件定位表面接触并参与支承。使用辅助支承的目的是提高零件加工部位的刚度并使加工过程平稳。但辅助支承的使用会使整个夹具结构及操作复杂，在手动夹紧的夹具结构中，还会影响零件的装夹效率。应当注意，辅助支承在使用时，对一批工件中的每一个工件都要操作、调整一次，以避免出现过定位或辅助支承不起作用的情况。

（2）工件以圆柱孔定位　在生产中，经常遇到以孔作为定位基准的零件，如套筒、法兰盘等，常用的定位元件有定位销、定位心轴。

1）定位销。定位销可分为圆柱定位销、圆锥定位销和削边销三种类型，有固定式和可换式两种形式。在大批量生产中，由于定位销磨损较快，为保证工序加工精度，需定期维修更换，此时常采用便于更换的可换式定位销。为了便于对可换式定位销进行定期更换，定位销与夹具体之间应装有衬套，定位销与衬套之间采用间隙配合，而衬套与夹具体之间采用过渡配合。由于可换式定位销与衬套之间存在装配间隙，故其位置精度比固定式定位销稍低。定位销的定位端部均加工出倒角，以便于工件的顺利装入。圆柱定位销一般限制工件的两个自由度。圆锥定位销常用于套筒、空心轴等工件的定位，一般限制三个自由度。削边销常与圆柱定位销和平面组合使用，即“一面两孔”的定位形式，常用于加工箱体类零件。

2）定位心轴。定位心轴主要用于车、铣、磨、齿轮加工等机床上加工套筒类和盘类零件。常见的有间隙配合心轴、过盈配合心轴、花键心轴和小锥度心轴等。对于间隙配合心轴，其心轴部分按基孔制制造，装卸工件较方便，但定心精度不高。过盈配合心轴制造简单、定心准确，常在压力机上将其压入工件的定位孔中，装卸工件不方便，且易损伤工件定位表面，多用于定心精度要求较高的场合。花键心轴用于以花键孔为定位基准的工件。小锥度心轴的锥度为1：5000~1：1000，工件安装时轻轻敲入或压入即可。小锥度心轴可以消除工件与心轴的配合间隙，提高定心定位精度，适用于定心精度较高的场合，如精车和磨削。小锥度心轴通过孔和心轴接触表面的弹性变形来夹紧工件，因此传递的力矩较小。

除上述心轴以外，生产中还经常采用弹性心轴、液塑心轴、自动定心心轴等。这些心轴在工件定位的同时将其夹紧，定心精度高，但结构复杂。

定位心轴一般限制工件的四个自由度，即两个移动自由度和两个转动自由度。小锥度心轴由于锥度较小，也限制四个自由度。

(3) 工件以外圆表面定位　工件以外圆表面定位有定心定位和支承定位两种形式。工件以外圆表面定心定位的情况与工件以圆柱孔定位的情况类似，只不过工件的定位表面由圆柱孔表面改换为外圆表面，定位元件的定位表面由外圆表面改换为圆柱孔表面。工件以外圆表面定心定位时，还可以采用半圆套，一般下半部分用于定位，上半部分用于夹紧，常用于不便轴向安装的工件，如加工曲轴时，以主轴颈定位磨削连杆轴颈。

工件以外圆表面支承定位时，常用的定位元件是 V 形块。V 形块定位不仅对中性好，还可以用于非完整外圆表面的定位。V 形块两工作斜面之间的夹角通常有 60°、90°和 120°三种，其中 90°夹角的应用最广。

V 形块可分为长 V 形块和短 V 形块。长 V 形块用于较长外圆表面的定位，限制工件的四个自由度，而短 V 形块只限制工件的两个自由度。实际生产中，可以用两个短 V 形块代替一个长 V 形块。用两个高低不等的短 V 形块组成的定位方案，可以实现对阶梯轴两段外圆表面中心线的定位。V 形块还有固定 V 形块和活动 V 形块之分。活动 V 形块只限制一个自由度，在可移动方向上对工件不起定位作用。

(4) 工件以特殊表面定位　工件除了以平面、圆柱孔和外圆表面定位外，有时也以其他形式的表面定位。以特殊表面定位的形式很多，例如，以 V 形导轨槽定位、以燕尾导轨面定位和以齿形表面定位等。

(5) 工件以组合表面定位　上述定位元件均为单一表面定位的情况。在实际生产中，通常都是以工件上两个或两个以上表面作为定位基准，称为组合表面定位，如平面与平面的组合、平面与孔的组合、平面与外圆表面的组合、平面与其他表面的组合等。采用组合表面定位时，一定要注意避免出现过定位。

在组合表面定位方式下，各表面在定位中所起的作用有主次之分。一般称限制自由度数最多的定位表面为第一定位基准面，称限制自由度数次多的表面为第二定位基准面，只限制一个自由度的定位表面称为第三定位基准面。在分析组合表面定位方式下各表面限制的自由度时，应该首先确定第一定位基准面。

“一面两孔”定位方式是组合表面定位中的一种，主要用于加工箱体、盖板类零件。此时，工件的定位表面为一个大平面和两个垂直于该平面的圆柱孔。夹具上相应的定位元件是“一面两销”。其中的“一面”可以是一个完整的定位平面，也可以是由三个支承钉或两块支承板组成的定位平面。为了避免出现过定位，“两销”中的一个应采用削边销。由于工件上的定位大平面限制三个自由度，个数最多，故为第一定位基准面。与圆柱销配合的圆柱孔限制两个自由度，为第二定位基准面。另一个孔与削边销配合，限制一个自由度，为第三定位基准面。

在选取定位元件时，应首先选取符合国家标准的定位元件。确无国家标准时，可参考行业推荐标准或者进行专门设计。

（六）工件在夹具中加工的精度分析

(1) 影响加工精度的因素和加工误差不等式　工件在夹具中加工时，能否保证工件的加工要求，取决于工件与刀具间的相互位置。引起此位置误差的因素有工件安装、夹具的对定和加工过程。工件安装误差是指在装夹过程中产生的加工误差，包括定位误差和夹紧误差。定位误差是指工件在夹具中定位不准确所造成的加工误差，原因是工件没有准确占据夹具定位元件所规定的位置。夹紧误差是指夹紧时工件和夹具变形所造成的加工误差。在正常

加工过程中，夹具定位元件和夹具体刚度较大，变形较小，夹紧误差一般可以忽略不计。夹具对定误差是指夹具相对刀具及切削成形运动的位置不准确所造成的加工误差，包括对刀误差和夹具位置误差。对刀误差是指夹具相对刀具位置不准确所造成的加工误差。夹具位置误差是指与夹具相对成形运动的位置有关的加工误差。加工过程误差是指在加工过程中因受力变形、热变形、机床磨损及各种随机因素所造成的误差。

在上述三项误差中，安装误差和对定误差直接与夹具的设计和使用有关，加工过程误差与夹具本身无关。显然，为了保证规定的加工精度，必须采取措施减少这些误差，使各项加工误差之和小于或等于相应的工件公差，即满足加工误差不等式

$$\Delta_{AZ} + \Delta_{DD} + \Delta_{GC} \leqslant T$$

式中 Δ_{AZ}——安装误差；

Δ_{DD}——对定误差；

Δ_{GC}——加工过程误差；

T——工件公差。

在对夹具进行精度分析时，既要考虑到工件的安装和夹具的制造与调整，又要给加工过程误差留有余地。在初步计算时，通常可粗略地把工件公差平均分配给三项误差，使每一项误差都不超过相应公差的1/3。当这种单项分配不能满足要求时，可以综合考虑使安装误差和对定误差之和不超过公差的2/3。

在夹具设计中，对加工误差不等式进行验算是保证加工精度不可缺少的步骤，有助于分析加工过程中产生误差的原因，进而探索控制各项加工误差的途径，还可为制订、验证、修改夹具的技术要求提供依据。

加工过程中由受力变形和热变形等引起的加工误差，必要时可以通过相关力学公式和热变形公式进行估算。对于加工过程中的随机性因素，如毛坯余量不均匀和硬度不一致、机床多次调整及残余应力等引起的变形造成的加工误差，可用数理统计的方法进行分析，以发现误差的规律，进而提出保证加工精度的措施。在夹具设计中，通常是将相应公差的1/3预先留给加工过程误差，不对其进行具体的计算。

夹具的对定误差受机床的种类及对刀、导向元件的制造精度等因素的影响，如在铣床夹具中加工时，对定误差受塞尺的制造误差和对刀块工作面至定位元件尺寸误差的影响。采用对刀元件对刀时，加工表面的尺寸公差等级一般不会超过IT8。对刀精度较高时，则应采用试切法来确定夹具定位元件工作表面相对刀具的位置，而不设置对刀元件。在钻模上加工孔时，对定误差受钻套内外圆的同轴度、刀具与钻套的配合间隙等因素影响。在镗床夹具上镗孔时，对定误差受镗模的制造精度等因素影响。由此可见，影响对定误差的因素较多，应针对具体情况进行具体分析。

定位装置是各类机床夹具不可缺少的组成部分，对加工精度的影响很大。定位误差的计算与校核是夹具设计的主要内容之一，它的结果关系到夹具的定位方案、定位基面、定位元件的选择是否合理，也是实际生产中夹具设计能否通过审核的重要依据之一。下面对定位误差的分析和计算进行综述。

（2）定位误差的分析和计算　定位误差是一批工件在夹具中定位时，因定位不准确所引起的加工误差。定位误差是一个重要的概念，必须明确以下几点：一是只有用“调整法”加工一批工件时，才存在定位误差，用“试切法”加工工件时不存在定位误差，或者说讨

论定位误差没有意义。二是从误差的性质来看，定位误差属于随机性误差。对于定位误差，虽然可以计算出具体的数值，但它是一批工件因定位而可能造成的最大加工误差。对于一批工件中的某一个工件来说，其定位误差有可能没有计算出的数值大，也可能恰好为零。三是定位误差产生的原因在于一批工件在定位过程中，定位基准位置发生了变化或定位基准与工序基准不重合，导致工序基准在加工要求方向上产生了变动。可见，定位误差在本质上就是一批工件定位时工序基准在加工要求方向上的最大变动量，这也是计算定位误差的基本依据。常用的定位误差计算方法有合成法、定义法和微分法三种。

1）合成法。造成定位误差的因素可分为两方面：一是由于工件的定位表面或夹具上的定位元件制造不准确，导致工件在定位时定位基准本身的位置发生了变动而引起的定位误差，称为基准位置误差；二是由于工件的定位基准与工序基准不重合而引起的定位误差，称为基准不重合误差。因此，可分别计算出基准不重合误差和基准位置误差，然后在加工要求方向上进行合成，即

$$\Delta_{DW} = \left|\Delta_{JB}\cos\alpha \pm \Delta_{JW}\cos\beta\right|$$

式中　Δ_{DW}——定位误差；

Δ_{JB}——基准不重合误差；

Δ_{JW}——基准位置误差；

α——基准不重合误差与加工方向的夹角；

β——基准位置误差与加工方向的夹角。

注意式中“±”号的选取：当某种因素引起的 Δ_{JB}、Δ_{JW} 变动方向相同时，取“+”号；当 Δ_{JB}、Δ_{JW} 变动方向相反时，取“-”号。如一批轴件在 V 形块上定位铣键槽，保证槽深尺寸。若槽深尺寸以轴的轴线为工序基准，此时可认为定位基准与工序基准重合，定位误差中只有基准位置误差一项，即

$$\Delta_{DW} = \Delta_{JW} = \frac{T_d}{2\sin\dfrac{\alpha}{2}}$$

式中　T_d——轴径公差；

α——V 形块夹角。

若槽深尺寸分别以轴的上素线或下素线为工序基准，则定位误差包含基准位置误差和基准不重合误差两项，具体表达式为

$$\Delta_{DW} = \left|\Delta_{JB} \pm \Delta_{JW}\right| = \frac{T_d}{2}\left(\frac{1}{\sin\dfrac{\alpha}{2}} \pm 1\right)$$

其中，“±”号的解释为：当轴的直径由小变大时，造成的定位基准（轴线）位置的变动趋势显然是由下向上，而造成基准不重合误差的变动趋势分别是由下向上（以上素线为工序基准）或由上向下（以下素线为工序基准），与基准位置误差的变动趋势相同或相反。因此，分别要取“+”号和“-”号。

2）定义法。定义法是根据定位误差的本质来计算其数值的一种方法。采用定义法时，要明确加工要求的方向，找出工序基准，画出工件的定位简图，并在图中夸张地画出工序基准变动的极限位置，运用初等几何知识，求出工序基准的最大变动量，然后向加工要求方向

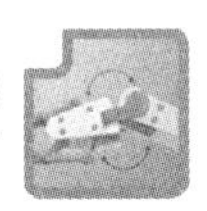

上进行投射，即为定位误差。这样，只要概念清楚，即可使复杂的定位误差计算转化为简单的初等几何计算。在许多情况下，定义法是一种简明有效的计算方法。

要注意的是，对于加工要求方向是某一固定的方向，如尺寸要求、对称度要求的情况，可将工序基准的最大变动量向该方向投射；对于加工要求方向是任意的方向，如同轴度的情况，工序基准的最大变动量就是定位误差，不必进行投射。此外，当有多个独立的因素影响工序基准变动时，可采用“各个击破”的方法，即固定其他因素，只分析其中的一个因素对工序基准造成的变动量，然后将各个独立因素所造成的工序基准的变动量简单相加即可。

3）微分法。根据定义，要计算定位误差，必须确定工序基准在加工要求方向上的最大变动量，而这个变动量相对于公称尺寸而言是个微量，因此可将这个变动量视为某个公称尺寸的微分。微分法是把工序基准与夹具上某固定点在加工要求方向上相连后得到一线段，用几何的方法得出该线段的表达式，然后对该表达式进行微分，再将各尺寸误差视为微小增量，取绝对值后代替微分，最后以公差代替尺寸误差，就可以得到定位误差的表达式。

在不同的加工要求、不同的定位方案下，上述三种计算方法各有利弊，都能从不同的侧面反映定位误差的本质及其产生的原因。定义法通过两个极限位置求解定位误差，既有效又简洁；合成法则避免了用极限位置求解定位误差时复杂的位移计算，还有助于正确理解定位误差产生的原因；而微分法在解决较复杂的定位误差分析计算问题时有明显的优势，但有时不易建立工序基准与夹具上固定点的关系式，无法进行计算。但是，无论采用哪种计算方法，最终得出的结果应是相同的、唯一的。对于较为复杂的定位情况，最好采用两种以上的方法进行计算，以确保计算结果正确、可靠。

上述三种定位误差的计算方法均是在二维平面上进行分析，得到定位误差表达式后代入相关数据得出计算结果，过程繁琐。三维 CAD 软件的出现为定位误差的计算提供了新的思路和途径。如在 SolidWorks 装配体环境下，可利用其中的测量工具快速得到定位误差的具体数值，其核心思想仍然是“定义法”，具体方法是：

1）将定位元件和工件装配成定位方案的三维模型。

2）建立或显示工件上作为工序基准的点、轴线或平面。若工序基准是内孔或外圆的中心线，可充分利用 SolidWorks 中的“临时轴”命令，快速显示中心线。

3）明确影响工序基准在加工方向上变动的因素，并分别以该因素的最小或最大尺寸对工件重建模型，从而得到工序基准的两个极限位置。在影响工序基准变动的多个独立因素中，尺寸因素可直接用于重建模型，同轴度等位置因素引起的工序基准变动量可简单相加。

4）利用 SolidWorks 尺寸测量工具，分别测量在两种极限位置下，工序基准沿加工要求方向至夹具体上某一固定参考位置的距离，两次测量值之差的绝对值即是定位误差。

此种方法的计算精度可在 SolidWorks 文档属性的单位选项中自行设定。随着三维 CAD 软件的普及，可以直接利用已有的夹具三维模型，省去定位方案的建模过程，快速得到定位误差。

【例】 一批轴类工件如图 2-1a 所示，尺寸 $\phi D_{-T_D}^{\ 0}=\phi 100_{-0.04}^{\ 0}$mm、$B\pm T_B/2=(40\pm0.05)$mm。现采用调整法钻一通孔，定位方案如图 2-1b 所示（$\alpha=45°$）。求在该定位方案下工序尺寸 $l\pm T_l/2=(70\pm0.03)$mm 的定位误差（$\phi d_{\ 0}^{+T_d}=\phi 10_{\ 0}^{+0.15}$mm）。

【解】 工序尺寸（70±0.03）mm 是用于确定孔 $\phi 10_{\ 0}^{+0.15}$mm 在竖直方向上的位置尺寸，它有两个箭头，分别指向两个尺寸界线，一是孔 $\phi 10_{\ 0}^{+0.15}$mm 的中心线，二是轴的下素线。

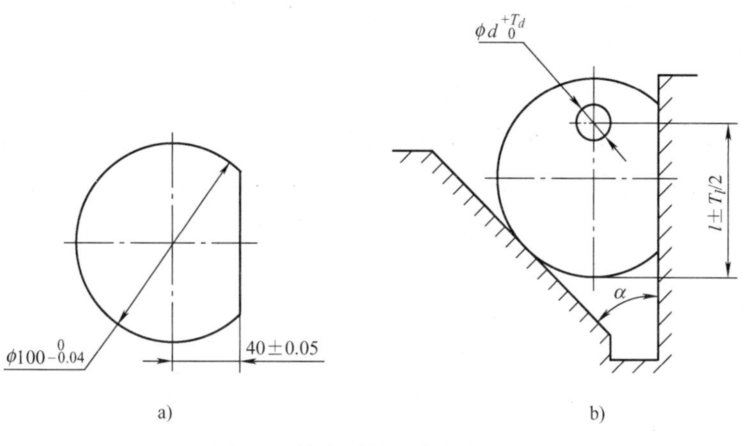

图 2-1　轴类零件及其定位方案

由于本工序采用的是调整法加工，孔 $\phi\ 10_{0}^{+0.15}$mm 的中心线位置依靠钻套保持不变（不考虑钻套的导向误差）。而该批轴的下素线位置会因为工件外径 $\phi\ 100_{-0.04}^{0}$mm、尺寸（40±0.05）mm 的变化而发生变动，且在竖直方向上的最大变动量就是工序尺寸 $l \pm T_l/2 = (70 \pm 0.03)$mm 的定位误差。下面使用三维软件的建模及测量工具进行定位误差的计算。

1）利用三维软件（如 SolidWorks）建立定位元件和工件的三维模型，如图 2-2 所示。

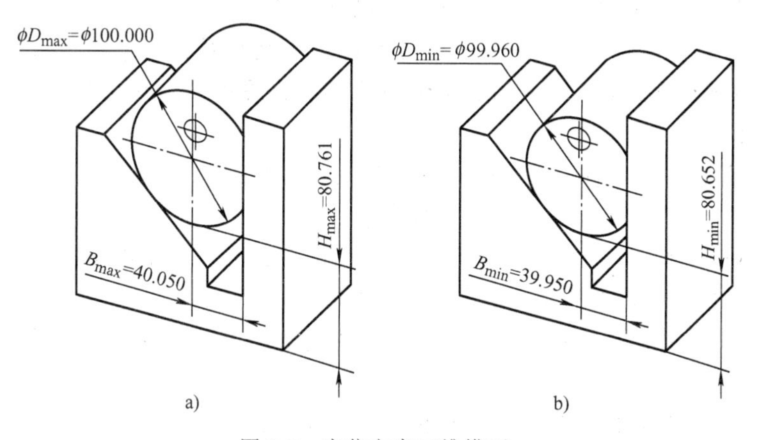

图 2-2　定位方案三维模型

2）分别以外径 $\phi\ 100_{-0.04}^{0}$mm、(40±0.05)mm 的上、下极限尺寸驱动三维模型，得到轴的下素线的两个极限位置。当外径 $\phi\ 100_{-0.04}^{0}$mm、（40±0.05）mm 均为上极限尺寸 $\phi D_{max} = \phi 100.000$mm、$B_{max} = 40.050$mm 时，轴的下素线处于左上方的位置，如图 2-2a 所示；当外径 $\phi\ 100_{-0.04}^{0}$mm、(40±0.05)mm 均为下极限尺寸 $\phi D_{min} = \phi 99.960$mm、$B_{min} = 39.950$mm 时，轴的下素线处于右下方的位置，如图 2-2b 所示。图 2-2 中夸张地画出了两个极限位置。

3）利用 SolidWorks 的尺寸测量工具，分别测量轴的下素线至夹具底面的竖直距离，两次测量值之差的绝对值即是定位误差。

$$\Delta_{DW}\big|_l = H_{max} - H_{min} = 80.761\text{mm} - 80.652\text{mm} \approx 0.11\text{mm}$$

需要说明的是，本钻孔工序还有两项工序要求。一项要求是孔径 $\phi\ 10_{0}^{+0.15}$mm，由于该

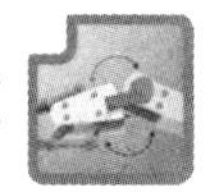

工序尺寸是由定尺寸刀具法保证（即由钻头外径尺寸保证）的，因此该尺寸不存在定位误差，或者认为定位误差为零。另一项工序要求是孔 $\phi\ 10^{+0.15}_{\ 0}$mm 在水平方向上的位置。图 2-1b中的尺寸标注形式说明，本工序要求孔 $\phi\ 10^{+0.15}_{\ 0}$mm 的中心线在水平方向上与轴 $\phi100_{-0.04}^{\ 0}$mm 的轴线重合，轴 $\phi\ 100_{-0.04}^{\ 0}$mm 的轴线即是此项工序要求的工序基准。显然，此工序基准在水平方向上的变动量取决于尺寸 $B\pm T_B/2=(40\pm0.05)$mm 的公差。最终可知，孔 $\phi10^{+0.15}_{\ 0}$mm 在水平方向上位置要求的定位误差为 0.1mm。

由加工误差不等式可知，一个合理的夹具的定位方案，其定位误差一般应小于或等于被加工零件相应尺寸公差的 1/3。如果不能满足这一要求，可采取提高工件定位基面的尺寸、形状及位置精度或提高定位元件定位表面尺寸的制造精度等措施，但同时要考虑到经济精度。若定位误差数值大大超过相应工序公差的 1/2 以上，则应重新考虑定位方案，尽量选择工序基准作为定位基准。

（七）专用机床夹具夹紧装置设计

在机械加工中，工件的定位和夹紧是两个密切相关的过程。工件定位后，就必须采用一定的机构将其压紧夹牢，使工件在切削过程中不会因为切削力、重力、惯性力或离心力等外力作用而发生位置变化或产生振动，以便保证工件的加工精度和安全生产。这种压紧夹牢工件的机构就是夹紧装置。夹具夹紧装置是否可靠及准确，对零件的加工质量、生产率及夹具的使用寿命影响极大。夹紧工件的方式是多种多样的，因而夹紧装置的结构形式也是多种多样的，根据力源的不同分为手动夹紧装置和机动夹紧装置。

（1）对夹紧装置的基本要求　夹紧装置的设计正确与否，对减轻工人劳动强度、保证工件的加工精度和提高劳动生产率等都有直接影响。要想正确地设计夹紧装置，必须满足以下几点基本要求：

1）在夹紧过程中，工件应能保持在既定位置，即在夹紧力的作用下，不能离开定位支承元件。夹紧应有助于定位，而不能破坏定位。

2）夹紧力的大小要适当、可靠。既要保证工件在加工过程中不会因外力的作用而产生移动或振动，又不能使工件产生不允许的变形或损伤。

3）自锁性能要可靠。夹紧机构，尤其是手动夹紧机构要有可靠的自锁性，以确保加工过程安全。

4）在保证生产率和加工精度的前提下，夹紧机构的复杂程度和自动化程度应与工件的生产批量相适应，夹紧动作应迅速，操作方便、安全省力，同时便于制造和维修。

（2）夹紧装置的组成　夹紧装置一般由力源装置、传力机构和夹紧元件三部分组成。

1）力源装置。力源装置是产生夹紧作用力的装置，通常是指机动夹紧时所用的液压、气动、电动等动力装置，目的是减少辅助时间，减轻工人劳动强度，提高劳动生产率。手动夹紧没有力源装置。力源部分的设计和选择应考虑到生产纲领、现场实际情况、零件加工部位尺寸大小、操作工人的劳动强度等因素。

2）传力机构。传力机构是介于力源和夹紧元件之间的机构。它把力源装置的原始作用力传递给夹紧元件，然后由夹紧元件最终完成对工件的夹紧。传力机构一般可以在夹紧过程中改变夹紧力的大小和方向，并具有一定的自锁性能，如斜楔机构、螺旋机构、偏心机构和铰链机构等。一般要求传力机构在传力的同时，还应有增力作用。传力机构的设计与零件尺寸大小、加工方式和允许空间有关。

3）夹紧元件。夹紧元件是夹紧装置的最终执行元件，它通过与工件夹紧部位的直接接触来完成夹紧动作，如压板、压头等。在一些简单的手动夹紧装置中，夹紧元件与传力机构组合在一起称为夹紧机构。由于是通过夹紧元件与工件相接触来实现整个夹紧机构的最终作用，设计时应使夹紧元件与工件保持良好的接触，同时能将传力机构的力正确地作用在工件上而不会引起变形。

（3）夹紧力的确定　设计夹具的夹紧装置时，要考虑到工件的形状、尺寸、质量和加工要求，定位元件的结构及分布形式，加工过程中工件所承受的切削力、重力和惯性力等外力因素的影响。夹紧力的确定包括三方面内容：夹紧力的大小、方向和作用点。

1）夹紧力方向的确定。夹紧力的方向主要与工件的结构形状、定位元件的结构形状和配置形式有关。由于工件的主要定位基准面面积较大，精度较高，限制的自由度多，因此，确定夹紧力方向时，首先应使夹紧力朝向主要定位基准面，工件应紧靠支承点，使夹紧力有助于定位，保证各个定位基准与定位元件接触可靠。其次，夹紧力的作用方向应有利于减小夹紧力。夹紧力作用方向应尽量和切削力、工件自身重力的方向一致，以使加工过程中所需的夹紧力尽可能小，从而有利于简化夹紧装置的结构，同时便于操作。

2）夹紧力作用点的确定。夹紧力的作用点是指夹紧元件与工件夹紧部位相接触的一小块面积。确定夹紧力作用点的位置和数目时，应尽量靠近工件的加工表面，避免工件发生位移和偏转，使工件的夹紧变形尽可能小，以提高定位稳定性和夹紧可靠性。

3）夹紧力大小的确定。夹紧力的大小直接影响夹具使用的可靠性、安全性和加工精度。因此，既要有足够的夹紧力，又不宜使其过大而导致工件变形。在一般情况下，可用类比法估算夹紧力，必要时可以用计算法来确定夹紧力的大小，即将夹具和工件看成是一个刚性系统，根据工件在加工过程中所受到的切削力、离心力、惯性力以及工件重力的作用情况，按静力平衡原理计算出理论夹紧力，再乘上一个大于 1 的安全系数即可得到实际所需的夹紧力。在大批量生产中，采用液、气压等增力机构夹紧容易变形的工件或关键精密件时，应采用试验法准确地确定所需夹紧力大小。无论采用哪一种方法来确定夹紧力，对工件夹紧状态的受力分析都是估算或计算夹紧力大小的重要依据。

（4）常用夹紧机构

1）斜楔夹紧机构。斜楔夹紧机构是利用其斜面移动所产生的压力来夹紧工件的，其结构简单、成本低，自锁性不如螺旋夹紧机构。在实际加工中，斜楔单独使用的情况较少，往往和其他装置联合使用，如气动和液压等增力装置。

2）螺旋夹紧机构。采用螺旋直接夹紧或与其他元件组合实现夹紧工件的机构，统称为螺旋夹紧机构。螺旋实际上相当于绕在圆柱上的斜楔。螺旋夹紧机构结构简单、制造容易、夹紧行程大、扩力比大、自锁性能好、应用广泛，尤其适用于手动夹紧机构。但其夹紧动作缓慢、效率低，不宜使用在自动化夹紧装置上。在实际应用中，为了克服单螺旋夹紧机构的不足，可采用各种快速螺旋夹紧机构，如开口垫圈、螺旋压板、钩头压板、快撤螺旋和快卸螺母等。

3）偏心夹紧机构。偏心夹紧机构是靠偏心轮回转时其半径逐渐增大而产生夹紧力来夹紧工件的，相当于楔角变化的斜楔，常与压板联合使用。常用的偏心轮有曲线偏心和圆偏心。曲线偏心为阿基米德曲线或对数曲线，这两种曲线的优点是升角变化均匀或不变，可使工件夹紧稳定可靠，但制造困难；圆偏心外形为圆，制造方便，应用广泛。

偏心夹紧机构的夹紧原理与斜楔夹紧机构相似，只是斜楔夹紧的楔角不变，而偏心夹紧的楔角是变化的。偏心夹紧的优点是操作方便、夹紧迅速、机构紧凑，缺点是夹紧行程小、夹紧力小、自锁性能差，因此常用于切削力不大、夹紧行程较小、振动较小的加工场合。

4）铰链夹紧机构。铰链夹紧机构是一种增力机构，优点是结构简单、动作迅速、增力倍数较大、易于改变力的作用方向，缺点是自锁性能差，在气动夹具中应用广泛。

5）定心夹紧机构。定心夹紧机构是一种可同时实现定心定位和夹紧的夹紧机构。工件在夹紧过程中，利用定位夹紧元件的等速移动或均匀弹性变形原理，来消除定位元件或工件的制造误差对定心或对中的影响。定心夹紧机构常用于以轴线或对称中心面为工序基准的工件，以保证定位基准与工序基准重合，减小定位误差，提高加工精度，如各种弹簧夹头、液塑心轴和利用等速运动原理且带有双 V 形块的虎钳式定心夹紧机构等。

6）联动夹紧机构。在机械加工中，根据工件的结构特点和生产率要求，常需要对一个工件的多个部位施加夹紧力，或者在一套夹具中同时装夹几个工件。为此生产中采用联动夹紧机构，只需操作一个手柄，就能同时从多个方向均匀地夹紧一个工件，或者同时夹紧若干个工件。前者称为单件联动夹紧机构，后者称为多件联动夹紧机构。联动夹紧机构甚至还可以在完成夹紧动作的同时完成对辅助支承的操作，以提高操作效率，减少工件的装夹时间。但联动夹紧机构的结构比较复杂，所需的原始力较大，因此设计时应尽量简化结构。

（5）其他应注意的问题　在夹紧机构设计过程中，要从满足设计要求的角度出发，充分借鉴已有的夹紧方式和机构，尽量采用标准件，必要时可通过试验来验证。夹紧机构在很大程度上影响夹具的复杂程度和使用性能，最好提出几种方案后充分分析论证，以确定最佳方案。

（八）夹具的对定

工件在夹具中的位置是由与工件接触的定位元件的定位表面来确定的。为了保证工件相对刀具和切削成形运动有正确的位置，需要夹具上与机床连接、配合所用的安装面相对刀具和切削成形运动处于正确的位置，该过程称为夹具的对定。机床夹具的对定包括三个方面：一是夹具对切削成形运动的定位，即夹具对机床的定位；二是夹具对刀具的定位，即所谓对刀或导向；三是夹具的分度和转位，只有在带有分度和转位装置的夹具中才考虑。

1. 夹具对机床的定位

（1）夹具对机床定位的目的　为了保证工件的尺寸精度和位置精度，工艺系统各环节之间必须具有正确的几何关系。一方面要使一批工件在夹具中占有一致的、确定的位置；另一方面要使夹具定位元件的定位表面相对于机床工作台或主轴轴线具有正确的位置，即夹具在机床上占有正确的位置。只有同时满足这两方面的要求，才能使夹具定位表面以及工件加工表面相对刀具及切削成形运动处于正确的位置。应注意的是，由于刀具相对工件所做的切削成形运动通常是由机床提供的，所以夹具对成形运动的定位，即为夹具在机床上的定位，其本质则是对成形运动的定位。

（2）夹具对机床的定位方式　夹具通过连接元件实现在机床上的定位。根据机床的结构和加工特点，夹具在机床上的定位通常有两种方式：一种是在机床上的工作台面上，如铣床、刨床、镗床和钻床等；另一种是在机床的主轴上，如车床，内、外圆磨床等。

1）夹具在工作台面上的定位。夹具在工作台面上的定位是通过夹具安装面及定位键来实现的。对夹具安装面的结构形式及加工质量应提出一定的要求，以保证工作台面与夹具安装面之间有良好的接触。除夹具安装面之外，对于铣床或刨床夹具，还要通过两个定位键与工作台上的T形槽相配合，以限制夹具相应的自由度，并且可承受部分切削力矩，增强夹具在工作过程中的稳定性。

为了提高定向精度，定位键与T形槽应有良好的配合，必要时定位键宽度可按机床工作台T形槽尺寸配作。两定位键之间的距离，在夹具底座的允许范围内应尽可能远些，以增加定位的精度和稳定性。在安装夹具时，应使定位键尽量靠向T形槽的同一侧，以减少因配合间隙造成的定位误差。

2）夹具在主轴上的定位。夹具在机床主轴上的连接定位方式，取决于所使用机床的主轴端部结构，常见的有以下几种连接定位方式：

① 夹具以长锥柄装夹在主轴锥孔中，锥柄一般为莫氏锥度。这种连接定位迅速方便，由于没有配合间隙，定位精度较高，可以保证夹具的回转轴线与机床主轴轴线之间有很高的同轴度。必要时可用拉杆从主轴尾部将夹具拉紧，以确保连接可靠。其缺点是刚度较差，多用于小型夹具，如刚性心轴和自动定心心轴等。

② 夹具以端面和圆柱孔在主轴上定位。这种结构制造容易，但定位精度低，适用于精度要求较低的加工。夹具依靠螺纹紧固，另外还需要设置两只起防松作用的压板。

③ 夹具以短锥面和端面定位。这种连接定位方式因没有间隙而具有较高的定心精度，并且连接刚度也较高。因为这种定位方式是一种过定位，故要求制造精度很高，不但要保证夹具体上的锥孔尺寸及锥度，还需要严格控制锥孔与端面的垂直度误差，此时可对端面和锥孔进行配磨加工，以确保锥孔与端面能同时和主轴端的锥面及轴肩面紧密接触，可见这种连接定位方式制造比较困难，应尽量避免使用。

当车床夹具经常更换时，或同一套夹具需要在不同机床上使用时，常常采用过渡盘的连接方式。过渡盘与车床主轴的连接与上述三种方式相同，结构形式应满足所用车床主轴端部结构要求。过渡盘的另一面与夹具连接，通常采用止口连接方式，即一个大平面加一短圆柱面。使用过渡盘，还有助于长期保证车床主轴的精度。

3）提高夹具在机床上定位精度的措施。在机床上安装夹具时，由于夹具定位元件对夹具安装基面存在位置误差，夹具安装基面本身也有制造误差，夹具安装基面与机床安装基面有连接误差，这些因素都会导致夹具定位元件相对机床安装基面产生位置误差。为了减少夹具在机床上的定位误差，应在夹具装配图上标出定位元件定位面对夹具安装基面的位置要求，并将其作为夹具验收标准之一。

当工序的加工精度要求很高时，夹具的制造精度及装配精度也要相应提高，有时会给夹具的加工和装配造成困难。这时可以采用找正法或就地加工法来保证定位元件定位面对切削成形运动的位置精度。

用找正法安装夹具，可使定位元件定位面相对机床成形运动获得较高的位置精度。这种方法是直接按切削成形运动来确定定位元件定位面的位置，避免了很多中间环节的影响。定位元件定位面与夹具定位面的相对位置也不需要严格要求，因而方便了夹具的制造。为了找正方便，可在夹具体上专门加工出找正基准，用以代替对定位元件定位面的直接测量，定位元件定位面与找正基准之间要有严格的相对位置要求。但是，用找正方法安装夹具需要较长的时间和较高的技术水平，适用于夹具不更换或很少更换，以及用一般方法达不到安装精度要求的情况。

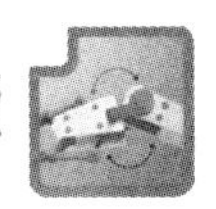

就地加工法，就是夹具在机床上初步找正位置并固定后，即对定位元件的定位面进行加工，以“校准”其位置。例如，为了保证自定心卡盘三爪定位弧面的中心与车床主轴回转中心同轴，可将其安装在车床主轴上，以直径较小的阶梯卡爪夹住一个圆柱度误差很小的圆盘，在夹紧状态下加工出其他三个卡爪的定位面，用切削成形运动本身来形成定位元件的定位面。用这种方法可以获得较高的夹具位置精度。

在切削成形运动不是由机床所提供的情况下，对夹具在机床上的位置精度自然不需要严格要求。用双支承导向镗模镗孔就属于这样的情况，加工表面由镗刀的旋转运动和直线进给运动所形成，故这两个运动是加工的成形运动。旋转运动的中心由镗套决定，直线进给方向也是沿着镗套中心线方向。因此成形运动由镗套保证，机床只提供切削的动力。这种情况下，定位元件定位面不需要对机床有严格的位置要求，夹具在机床上的安装也比较简单。

此外，对于铰孔、研孔和拉孔等加工方法，由于刀具与机床主轴呈浮动连接或者工件浮动，以加工表面本身为定位基准面，即“自为基准”，故也不需要严格限制夹具相对机床的位置。

2. 夹具对刀具的定位

将夹具安装到机床上之后，在进行加工之前，还需进行夹具的对刀操作，使夹具定位元件相对刀具处于正确的位置。对刀的方法有单件试切法和多件试切法，还可以用样件或对刀装置对刀。用样件或对刀装置对刀时，只有在制造样件或调整对刀装置时，才需要试切一些工件，而在每批工件加工前，不需要试切工件，这是最方便的方法。

（1）对刀装置　对刀装置是用来确定夹具与刀具相对位置的装置。对刀装置是由对刀块和塞尺组成的。有了对刀块，就可以迅速而准确地调整刀具与夹具之间的相对位置，常用于铣床夹具中。常见的铣床对刀装置有高度对刀装置、直角对刀装置和成形刀具对刀装置等。最常用的是高度对刀装置和直角对刀装置。

常用对刀塞尺有厚度为1mm、3mm、5mm的平塞尺和直径为3mm、5mm的圆柱塞尺。在刀具和对刀装置之间应留有空隙，并用塞尺进行检查，这样做是为了避免刀具与对刀块直接接触而造成两者的损伤，同时也便于测量接触情况和控制尺寸。使用时，将塞尺放在刀具与对刀块之间，根据抽动的松紧程度来判断对刀情况，以适度为宜。影响对刀精度的因素有测量调整误差，如用塞尺检查铣刀与对刀块之间空隙时的测量误差，还有定位元件定位面相对对刀装置的位置误差。

（2）引导装置　引导装置通常在钻模和镗模上加工孔或孔系时起刀具导向作用。引导元件主要有钻套和镗套，它们可提高被加工孔的几何精度、尺寸精度以及孔系的位置精度，还有提高刀具刚度、减少振动的作用。

1）钻套。钻套有固定钻套、可换钻套、快换钻套和特殊钻套四种类型。前三种已经标准化，特殊钻套需根据具体的加工情况自行设计。

固定钻套可分为无肩的和带肩的两种类型，以过盈配合方式直接压入钻模板或夹具体中，导向精度高，但磨损后不易更换，适用于中、小批生产。为了防止切屑进入钻套孔内，无肩固定钻套的上下端以稍凸出钻模板为宜，一般不能低于钻模板。带肩的固定钻套主要用于钻模板较薄的情况，以保持必要的引导长度。

可换钻套以间隙配合安装在衬套中，衬套以过盈配合压入钻模板或夹具体中。可换钻套由防转螺钉固定，用以防止钻套在衬套中转动，还可以防止退刀时刀具将钻套带出。可换钻套磨损后，须将螺钉拧下以更换新的钻套。可换钻套的实际功用与固定钻套一样，但其更换容易，适用于大批量生产。

快换钻套可快速实现不同孔径钻套的更换，适用于大批量生产中孔的多工步加工。当在同一道工序中，需要依次进行钻、扩、铰等多个工步的加工时，可使用快换钻套。与可换钻套不同的是，更换快换钻套时不需要松开止退螺钉，只要将快换钻套沿逆时针方向转过一定角度，使缺口正对螺钉头部即可取出。

特殊钻套是指尺寸或形状与标准钻套不同的钻套。如果由于工件结构、形状特殊，或者被加工孔的位置特殊，不适合采用标准钻套，就需要自行设计特殊钻套，如用于在斜面上钻孔的钻套、用于在凹形面上钻孔的钻套和用于钻小间距孔的多孔钻套等。

由于钻头、铰刀等都是标准的定尺寸刀具，因此，钻套导向孔径及其偏差应根据所引导的刀具尺寸按基轴制来确定，通常取刀具的上极限尺寸作为钻套导向孔的公称尺寸，以防止钻套和刀具卡住或咬死。如果钻套不是引导刀具的切削部分，而是引导刀具的导向部分，也可以按基孔制选取。

钻套高度直接影响其导向性能，同时影响刀具与钻套之间的摩擦。钻套高度大，导向性好，但摩擦大、排屑困难。钻套高度由孔距精度、工件材料、孔加工深度、刀具使用寿命、工件表面形状等因素决定。当材料强度高、钻头刚度低或在斜面上钻孔时，应采用长钻套。

钻套与工件之间一般应留有排屑间隙。若间隙过大，钻套的导向作用将降低；若间隙过小，特别是在工件为钢件时，则会导致切屑排出困难，这不仅会降低表面加工质量，有时还可能使钻头折断。

2）镗套。镗套的结构和精度直接影响到被加工孔的加工精度和表面粗糙度。镗套的结构形式根据运动形式不同，可分为固定式和回转式。

固定式镗套是指在镗孔过程中不随镗杆转动的镗套。这种镗套的结构与钻模上的可换或快换钻套相似，只是结构尺寸大些。镗套固定在镗模的导向支架上，不能随镗杆一起转动。镗杆在镗套内既有相对转动又有轴向移动，因此存在磨损，不利于长期保持精度，只适用于线速度低于25m/min的低速镗削。固定式镗套结构紧凑、外形尺寸小、制造简单，容易保证镗套的中心位置准确，从而具有较高的孔系位置精度。但固定式镗套容易磨损，当切屑落入镗杆与镗套之间时，易发热甚至“咬死”。固定式镗套分为A型和B型。A型不带油杯，需在镗杆上滴油润滑。B型自带注油装置，用油枪注油润滑。镗套或镗杆上必须开有直槽或螺旋形油槽。为了减少磨损，镗套应选用青铜、粉末冶金等耐磨材料，也可以在镗杆上镶淬火钢条，以减小镗杆与镗套的接触面积，进而减少摩擦。

回转式镗套是指在镗孔过程中随镗杆一起转动的镗套，刀杆在镗套内只有相对移动而无相对转动，适用于线速度超过25m/min的高速镗削或镗杆直径较大的情况。这种镗套与刀杆之间的磨损很小，避免了镗套与镗杆之间因摩擦发热而产生“咬死”现象，但要注意保证回转部分润滑良好。

根据回转部分安装位置的不同，回转式镗套可分为“内滚式”和“外滚式”两种。内滚式镗套的回转部分安装在镗杆上，成为整个镗杆的一部分。镗杆进给时，回转部分也随之轴向移动。安装在夹具导向支架上的导套固定不动，镗杆与导套之间只有相对移动，没有相对转动。外滚式镗套的回转部分安装在导向支架上，导套装在轴承上转动。镗杆进给时，回转部分不随之轴向移动，镗杆在导套内只做相对移动而无相对转动。这两种镗套的回转部分

可使用滑动轴承或滚动轴承，因此，又把回转式镗套分为滑动回转镗套和滚动回转镗套。

若采用外滚式镗套进行镗孔，大多都是镗孔直径大于镗套孔直径的情况。此时，如果在工作过程中镗刀需要通过镗套，就必须在镗套的旋转导套上开设引刀槽。在镗杆进入镗套时，为了使镗刀能顺利地进入引刀槽中而不发生碰撞，可以通过多种途径，如可采用主轴定位法，即使镗刀随镗杆旋转到对准镗套引刀槽的位置，然后停止转动，使镗刀以固定的方位引入或退出。此时，旋转导套上应设置弹簧勾头键，以保证镗杆退出时旋转导套始终停止在固定的方位。还可以在镗杆与旋转导套之间设置引进结构，有两种形式。一种形式是在镗套的旋转导套内装有尖头键，与引刀槽有确定的方位关系。而镗杆的前端是小于45°且对称的螺旋引导结构，并铣出长键槽，同样与镗刀有相应的方位关系。无论镗杆从任何方位进入镗套，螺旋引导结构都会通过螺旋斜面拨动尖头键，使尖头键滑入镗杆的长键槽内，使导套与镗杆之间有确定的方位关系，最终使镗刀顺利通过引刀槽。另外一种形式是回转导套内开有键槽，而镗杆的导向部分应带弹簧键，即前部带有斜面且下面装有压缩弹簧的平键。引进镗杆时，导套压迫弹簧键前部的斜面使弹簧键与镗杆一起进入导套。当镗杆旋转时，带动弹簧键自动落入导套内的键槽中，同样可使导套与镗杆有确定的方位关系。

3. 夹具的转位和分度装置

在机械加工过程中，经常遇到某些工件要求用夹具一次装夹后加工一组表面的情况，如沿圆周或径向分布的孔系。由于这些加工表面之间呈一定角度，且形状和尺寸彼此相同，因而要求夹具在工件加工过程中能进行分度。当加工好工件上的一个表面后，夹具的某些部位能连同工件转过一定角度，从而继续完成其余表面的加工。能完成上述分度要求的装置，称为分度装置，可分为回转分度装置和直线分度装置。这两类分度装置的结构原理与设计方法基本相同，在实际生产中回转分度装置应用更广泛。分度装置能使工件的加工工序集中，装夹次数减少，从而可提高加工表面间的位置精度，减轻劳动强度和提高生产率，因此广泛用于钻、铣等加工中。

分度装置有机械式、光学式、电磁式等多种类型，常见的是机械式分度装置。机械式分度装置是通过分度盘和分度定位机构实现分度的。一般分度盘与转轴相连，并带动工件一起转动，用以改变工件被加工面的位置。分度定位机构则装在固定不动的夹具体上。此外，当切削加工负荷较大时，为了防止切削中产生振动以及避免分度定位机构受力而影响分度精度，还需要有锁紧机构把分度后的分度盘锁紧到夹具体上。

用分度或转位夹具加工工件时，各工位加工获得的表面之间的位置精度与分度装置的分度定位精度有关。分度定位精度与分度装置的结构形式和制造精度有关。分度装置的关键部分是对定机构，它是专门用来完成分度、对准和定位的机构。

回转分度装置可分为轴向分度装置和径向分度装置。轴向分度装置的分度与定位是沿着与分度盘回转轴线平行的方向进行的，有钢球对定、圆柱销对定和圆锥销对定等对定形式。径向分度装置的分度和定位是沿着分度盘的半径方向进行的，有钢球对定、单斜面对定、双斜面对定和正多边体对定等形式。

钢球对定的轴向分度装置结构简单、操作方便，但锥坑较浅，深度不大于钢球的半径，适用于切削负荷很小而分度精度要求不高的场合，还可以用于精密分度装置的预定位。圆柱销对定的轴向分度装置结构简单、制造容易，防尘屑效果好，但插销与导套的配合间隙对分度精度有影响，磨损后定位精度差。在圆锥销对定的轴向分度装置中，由于圆锥销与锥孔的配合间隙为零，而且能够自动地补偿圆锥销的磨损，因此分度精度高。但当圆锥销与锥孔之间落有尘屑时，将直接影响分度精度，需要采取必要的防尘、挡屑措施。

当分度盘直径相同时，分度盘上分度孔或槽离分度盘的回转轴线越远，对定机构因存在的间隙所引起的分度转角误差也越小，故径向分度装置的精度要比轴向分度装置高。这是目前高精度分度装置常采用径向分度方式的原因之一。但从分度装置的外形尺寸、结构紧凑性和维护保养方面来说，轴向分度装置较好，故在生产中应用较多。

（九）夹具体的设计

夹具体是夹具的基础件，在其上要安装各种元件、机构和装置，并且要考虑装卸工件是否方便以及在机床上如何固定。对夹具体形状和尺寸的要求，主要取决于工件的外廓尺寸、各类元件与装置的布置情况以及机床加工性质等。所以在专用机床夹具中，夹具体的形状和尺寸大多是非标准的。

1. 对夹具体的基本要求

（1）有足够的强度和刚度　加工过程中，夹具体要承受较大的切削力、夹紧力和惯性力以及切削过程中的冲击和振动，所以夹具体应有足够的强度和刚度。夹具体应具有一定的壁厚，在刚度不足之处可设置加强肋。在不影响工件装夹的情况下，还可以采用框架式结构，不但能提高强度和刚度，而且可以减小质量。

（2）尺寸稳定，有一定的精度　夹具体上的重要表面，如安装定位元件的表面、安装对刀或导向元件的表面以及夹具体的安装基面等，应有适当的尺寸和形状精度，它们之间应有适当的位置精度。铸造夹具体要进行时效处理，壁厚变化要和缓、均匀，以免产生过大应力。焊接和锻造夹具体要进行退火处理，以使夹具体尺寸保持稳定。

（3）具有良好的结构工艺性和使用性能　夹具体应便于制造、装配和检验。铸造夹具体上用于安装各种元件的表面应铸出凸台后加工，并尽可能减小加工面积。夹具体毛面与工件之间应留有足够的间隙，一般为 4～15mm。在保证一定的强度和刚度的情况下，应开窗口、凹槽，以便减小质量。对于手动、移动或翻转夹具，其质量不宜太大。

（4）便于排屑　为防止加工过程中切屑聚积在定位元件的定位表面上，影响工件的定位精度，应考虑夹具体的排屑问题。当切屑不多时，可适当加大定位元件定位表面与夹具体之间的距离或设置容屑沟，以增加容屑空间。若用于加工时会产生大量切屑的场合，则最好在夹具体上设置排屑开口。

（5）在机床上安装稳定可靠　夹具在机床上的安装都是通过夹具体的安装基面与机床装夹面的连接和配合来实现的。在机床工作台上安装夹具时，其重心应尽量低。若夹具的重心较高，则应增大支承面积。为了使接触良好及减少机械加工工作量，夹具体底面中部一般应挖空，或者在底部设置四个支脚并在一次安装中同时磨出或刮研出。在机床主轴上安装夹具时，夹具安装基面与主轴应有较高的配合精度，以保证安装稳定可靠。

2. 夹具体毛坯的类型

夹具体常用的毛坯形式有铸造夹具体和焊接夹具体。铸造夹具体的优点是工艺性好，可铸造出各种复杂形状的毛坯，还有很好的减振性，但其生产周期长，需进行时效处理以消除内应力。焊接夹具体由钢板、型材焊接而成，生产周期短、成本低，但其热应力较大，易变形，需经退火处理，以保证夹具体尺寸的稳定性。

（十）夹具结构工艺性分析

专用夹具一般在工具车间制造，主要元件的精度和夹具的装配精度一般比较高。此外，还常采用调整、修配或“就地加工”等方法来保证夹具的最终精度要求。与设计一般机械结构相同，设计夹具时也要尽量选用标准件和通用件，以减少设计和制造费用。为使夹具的结构具有良好的结构工艺性，设计时需要考虑以下几个方面。

（1）便于用调整、修配法保证装配精度　用调整、修配法保证装配精度，通常是通过移动夹具零件或部件、修磨某一零件的尺寸、在零件或部件间加入垫片等方法来进行。因此，夹具结构中的某些零部件要具有可调性，补偿元件应留有一定的余量。

（2）便于拆卸和维修　由于夹具在使用过程中，需要修理或更换一些易损零件，因此，夹具上某些配合的零件应便于拆卸。装配定位销的孔最好做成通孔。在位置受到限制时，可在销钉孔侧面的适当位置钻出一横向孔，或选用头部带有螺纹孔的定位销，以便修理时取出。此外，在拆卸夹具时，应不受其他零件的妨碍。夹具结构的设计应注意结构的工艺性，如留出必要的退刀槽、避免在斜面上钻孔等。

（3）便于进行测量和检验　在规定夹具的尺寸公差和位置精度时，应同时考虑到相应的测量方法，否则就无法保证装配精度。

（十一）夹具方案经济性的分析

针对机械加工工艺规程中某道具体加工工序，是否有必要设计专用机床夹具以及所设计夹具的自动化程度如何，必须根据加工零件的生产纲领、产品质量、工艺方法及生产周期等多方面因素，进行经济性分析。在确定设计夹具后，应提出多个设计方案进行论证以确定最佳方案。

夹具经济性分析的主要内容有两项：一是通过比较使用与不使用夹具两种情况下的工序成本来确定是否选用夹具，以及选用什么样的夹具；二是计算使用夹具后所能获得的经济效益及投资回收期。但目前关于夹具经济性的研究工作还很不够，常常不能满足生产实际的要求，设计者主要依靠自己的经验来做出经济上的选择。

（十二）绘制夹具装配图、拆绘零件图

夹具装配图是表示夹具及其组成部分的连接、装配关系的图样，是了解夹具结构、分析夹具工作原理和功能的重要技术文件，也是进行夹具装配、检验、安装和维修的技术依据。夹具设计思想、设计计算结果、设计结构等最终是以夹具装配图的形式来体现的。

夹具装配图应按机械制图国家标准绘制，比例尽量选用 1：1，这样可使绘制的夹具图有良好的直观性。当夹具很大时，可使用 1：2 或 1：5 的比例；当夹具很小时，可使用2：1 的比例。夹具装配图在清楚表达夹具工作原理和结构的前提下，视图应尽可能少，主视图应选取操作者实际面对的位置。绘制夹具装配图时，一般先将工件视为“透明体”，用细双点画线画出工件轮廓，该轮廓的形状和方位应与工件所在工序中的工序简图相一致。然后根据工件轮廓，依次按定位元件、对刀或引导元件、夹紧元件、传力元件等顺序绘出各自的具体结构，最后绘制夹具体和其他元件，将夹具各部分连成一体，并标注必要的尺寸、配合、零件编号，填写标题栏、零件明细表和技术要求。应注意的是，夹紧元件及夹紧机构应按夹紧状态绘出，必要时用细双点画线绘出夹紧元件的松开位置。

长期以来，传统的机床夹具设计和装配图的绘制主要依靠设计人员的经验和水平，效率低、周期长。计算机辅助夹具设计（CAFD，Computer Adied Fixture Design）已使以二维

CAD 技术为基础的变异式夹具 CAD 系统、交互式 CAD 系统在生产中得到初步应用。随着三维 CAD 软件的快速发展，以 VB、C++、Delphi 等语言为开发工具，在 SolidWorks 等三维软件平台上，开发出满足实际生产需要的专用 CAFD 系统已经成为可能。在基于 SolidWorks 的专用 CAFD 系统的二次开发过程中，一般要解决两个关键问题：一是采用参数驱动技术，以 Access 关系库建立标准夹具元件尺寸参数数据库，调用 SolidWorks API 函数，建立标准夹具元件库；二是利用 VB 作为开发工具设计系统的界面，为机床夹具提供虚拟装配环境，同时生成用于专用机床夹具设计的各种工具菜单。

应用基于 SolidWorks 的专用机床夹具 CAFD 系统设计专用机床夹具的主要过程是：进入 CAFD 系统；调入毛坯并调整至工人操作面对着的方位；逐个调入由参数驱动的定位元件、导向元件、夹紧元件等夹具元件；利用 SolidWorks 中的配合命令添加约束关系，进行虚拟装配；利用 SolidWorks 的干涉检查命令对装配模型进行干涉检查；利用 SolidWorks 的工程图命令快速生成二维装配图。

（十三）夹具装配图应标注的尺寸、公差和技术要求

（1）夹具装配图上应标注的尺寸　夹具装配图上应标注的尺寸随夹具的不同而不同。一般情况下，在夹具装配图上应标注下列五种基本尺寸。

1）夹具外形的最大轮廓尺寸。这类尺寸表示夹具在机床上所占空间的大小。当夹具结构中有可动部分时，还应包括可动部分处于极限位置时所占空间尺寸，并以细双点画线绘出最大的活动范围。例如，当夹具上有超出夹具体外的旋转部分时，应标出最大旋转半径；有升降部分时，应标出最高或最低位置，以表明夹具的轮廓大小和活动范围，以便检查所设计的夹具是否会与机床、刀具发生干涉以及在机床上安装的可能性。

2）工件与定位元件间的联系尺寸。这类尺寸通常是指工件定位基准与定位元件间的配合尺寸，用于控制工件的定位误差。例如，对于定位基准孔与定位销或定位心轴间的配合尺寸，不仅要标出公称尺寸，还要标注公差等级和配合种类。

3）夹具与刀具的联系尺寸。这类尺寸用来确定夹具上对刀或引导元件的位置，以控制对刀或导向误差。对于刨床、铣床而言，是指对刀元件与定位元件间的位置尺寸；而对于钻、镗床而言，是指钻套、镗套与定位元件间的位置尺寸，钻套、镗套间的位置尺寸，以及钻套、镗套与刀具导向部分的配合尺寸。

4）夹具与机床连接部分的尺寸。这类尺寸主要是指夹具安装基面与机床相应配合表面之间的尺寸和公差，用来确定夹具在机床上的正确位置。例如，对于铣床、刨床夹具，应标出定位键与机床工作台的 T 形槽的配合尺寸以及 T 形槽之间的距离；对于车床、外圆磨床夹具，则应标注夹具体与机床主轴端的连接尺寸。标注尺寸时，应以夹具上的定位元件作为确定相互位置尺寸的基准。

5）各类配合尺寸。这类技术要求是指夹具内部各组成部分的配合、各组成元件之间的位置关系等。如定位元件与夹具体、滑柱钻模的滑柱与导孔的配合等，虽然不一定与工件、刀具和机床有直接关系，但也间接影响夹具的加工精度和规定的使用要求。

（2）制订夹具公差和技术要求的基本原则　制订夹具公差和技术要求的主要依据是产品图样、工艺规程和设计任务书。制订夹具公差和技术要求时应遵循以下基本原则：

1）机械加工中引起加工误差的因素较多，只有控制这些误差因素，才能满足加工误差不等式，从而保证规定的加工精度。例如，一般夹具的定位误差不应超过相应工序公差的

1/3。

2）夹具中与工件尺寸有关的距离尺寸公差，如钻模板上两个钻套之间的距离，不论工件上两孔中心距公差是单向还是双向的，都应化为双向对称分布的公差，并以两钻套孔中心线的平均尺寸作为公称尺寸，然后根据工件公差规定该尺寸的制造公差。此外，夹具中的尺寸公差和技术要求应表示清楚，不能重复和相互矛盾。

3）考虑到夹具在使用过程中的磨损，应立足于现有的设备和技术要求，在不增加制造成本的前提下，尽量把夹具公差定得小一些，以增大夹具的磨损公差，延长夹具的使用寿命。

4）在夹具制造中，为了降低加工难度，提高夹具的精度，可采用调整、修配或就地加工等方法。在这种情况下，夹具零件的制造公差可以适当放宽。

（3）夹具装配图上公差值的确定　夹具上的有关尺寸公差和几何公差通常取工件上相应公差的1/5~1/2。当生产规模较大、夹具结构复杂而加工精度要求不太高时，可以取得严格些，以延长夹具的使用寿命。而对于小批生产或加工精度要求较高的情况，则可取得稍大些，以便于制造。当工件上相应的公差为未注公差时，夹具上的尺寸公差常取±0.1mm或±0.05mm，角度公差常取±10′或±5′。确定夹具有关尺寸公差带时，还应注意保证夹具的平均尺寸与工件上相应的平均尺寸一致，即保证夹具上有关尺寸的公差带刚好落在工件上相应尺寸公差带的中间。

与工件被加工部位尺寸公差无直接关系的夹具公差并非对加工精度没有影响，而是指无法直接从相应的加工尺寸公差中确定夹具公差。属于这类夹具公差的多为夹具中各组成部分的配合尺寸，如定位元件与夹具体、可换钻套与衬套、导向套与刀具的配合尺寸等，一般可根据经验，参考公差与配合的国家标准来确定。

（4）夹具装配图上技术要求的确定　在夹具装配图中，除了规定有关尺寸精度外，还要制订有关元件相关表面之间的相互位置精度，以保证整个夹具的工作精度。这些相互位置精度要求应作为技术要求的重要组成部分，一般用文字或符号在夹具装配图中表示出来，包括以下几个方面：

1）定位元件间的相互位置要求。

2）定位元件与夹具体安装面间的相互位置要求。

3）定位元件与连接元件或夹具找正基准面间的相互位置要求。

4）定位元件与引导元件间的相互位置要求。

5）对刀元件与连接元件或夹具找正基准面间的相互位置要求。

技术要求是保证工件的相应加工要求所必需的，也是车间验收和定期检修夹具工作精度的重要依据。凡是与工件加工要求有直接关系的，其位置误差数值可选取工件加工技术要求所规定数值的1/5~1/2；如果没有直接的关系，其数值可参考表5-6酌情选取。

（十四）全部图样校对、审核、会签与批准

图样校对和审核是实际生产中必须进行的环节，它是在主管部门、使用部门、制造部门等审查后确认无误的情况下，同意进入下一步骤前必须经历的手续。

会签与批准是对所有设计图样进行的最后一次检查和校对，此时以前所发现的问题均应得到改正。只有全部图样审核通过后，才能进入制造环节。

（十五）专用机床夹具设计说明书的撰写

专用机床夹具设计说明书的内容应包括以下几个部分：

1）熟悉设计任务和明确工序要求。

2）专用机床夹具种类或形式的确定。

3）定位方案的确定和定位元件的选取。

4）定位误差的计算和校核。

5）夹紧方案的确定和夹紧机构的设计。

6）夹具在机床上的对定、对刀或导向元件以及分度装置的选择或设计。

7）夹具体类型选择。

8）其他元件的设计和选取。

9）夹具结构工艺性和方案经济性分析。

10）夹具上应标注的公差和技术要求的确定。

三、各类机床专用夹具设计要点

1. 车床专用夹具

（1）车床专用夹具的基本类型　车床专用夹具主要指安装在车床主轴上的夹具，加工时随车床主轴一起旋转，而切削刀具做进给运动，有以下几种结构：

1）心轴类车床夹具。心轴类车床夹具适用于以工件内孔为定位基准，加工外圆柱面，如盘类、套类等回转体零件的情况。心轴类车床夹具可分为锥柄式心轴和顶尖式心轴两种。锥柄式心轴以莫氏锥柄与机床主轴锥孔配合连接，用拉杆拉紧。顶尖式心轴以中心孔顶在车床前后顶尖上，由单拨盘配合鸡心夹头传递转矩。

2）角铁式车床夹具。夹具体呈角铁状的车床夹具称为角铁式车床夹具，也称为弯板夹具，其结构不对称，主要用于加工壳体、支座等非回转类零件上的回转面和端面。这种夹具应设置平衡块，以解决夹具旋转时的质量不平衡问题，必要时需设置防护罩，以确保工人操作安全。

3）卡盘类车床夹具。此类夹具适合加工回转体或对称性零件，其结构基本上是对称的，回转时的质量不平衡影响较小。

4）花盘式车床夹具。花盘式车床夹具的基本特征是夹具体为一个大圆盘形零件，所装夹的工件一般形状都比较复杂。工件的定位基准大多是圆柱面和与圆柱面垂直的端面，因而工件大多是端面定位和轴向夹紧。

（2）车床专用夹具的设计要点　车床夹具的主要特点是夹具与车床主轴连接，工作时由车床主轴带动其回转。因此，在设计车床夹具时应考虑以下几方面因素：

1）工件上加工表面的回转轴线应与车床主轴回转轴线同轴。当主轴出现高速转动、紧急制动等情况时，夹具与主轴之间的连接应该有防松装置。夹具与主轴的连接方式见本章第二节有关夹具的对定部分。

2）车床夹具一般在悬伸状态下工作，为保证车削时的稳定性，夹具的结构应尽量做到紧凑、轻便、悬臂尺寸短，重心靠近主轴。例如，对于外廓直径小于 150mm 的夹具，其悬伸长度与直径之比应小于 1.25。另外，夹具上的各种元件或装置应安装可靠，尽量不要有径向凸出部分，必要时应加防护罩。

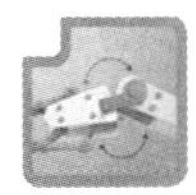

3）车床夹具应有必要的平衡装置，以消除旋转中的质量不平衡，减少主轴轴承的不正常磨损，避免产生振动和降低刀具使用寿命。平衡措施有设置质量和位置可调的平衡块或加工减重孔两种。在实际工作中，由于车床主轴的刚度较好，允许有一定程度的质量不平衡，常采用试配的方法来进行夹具的平衡工作。

4）夹紧装置应夹紧迅速、可靠，产生的夹紧力必须足够大，自锁性能好。

车床夹具和外圆磨床夹具有很多相似之处，二者都是装在机床主轴上，由主轴带动工件旋转，加工表面基本相同，夹具的主要类型也相似。因此，车床夹具的设计要点也适用于外圆磨床夹具。

2. 铣床专用夹具

（1）铣床专用夹具的主要类型

1）直线进给的铣床专用夹具。这类夹具安装在铣床工作台上，加工中工作台按直线进给方式运动。为了提高夹具的工作效率，可采用联动夹紧机构和气动、液压传动装置以及多工位夹具等设备使加工的机动时间和装卸工件时间重合。

2）圆周进给的铣床专用夹具。圆周铣削法是一种高效率的加工方法，其进给运动是连续的，能在不停车的情况下装卸工件，适用于大批量生产。圆周进给铣床夹具一般在有回转工作台的专用铣床上使用。在通用铣床上使用时，应增加回转工作台。

3）机械仿形进给的靠模夹具。靠模夹具使主进给运动和由靠模获得的辅助运动合成为加工所需要的仿形运动，用来加工各种直线曲面或空间曲面。按照进给运动的方式分为直线进给和圆周进给两种。采用靠模夹具可代替价格昂贵的靠模铣床，在一般万能铣床、刨床上就能够加工出所需要的成形面。

（2）铣床专用夹具的设计要点

1）因为铣削加工的切削用量和切削力一般较大，又是断续切削，切削力的大小和方向随时都在变化，所以夹具要有足够的刚度和强度，夹紧装置应有足够的夹紧力，自锁性能要好。夹具的重心要尽量低，其高度与宽度之比应为 1 : 1.25，并应有足够的排屑空间。粗铣时振动较大，不宜采用偏心夹紧机构。在确定夹紧方案时，夹紧力作用点应位于工件刚度较大的部位。工件与主要定位元件定位表面的接触面积要尽可能大。

2）为了调整和确定夹具与机床工作台的相对位置，在夹具体的底面应设有两个定位键，精度高的宜采用夹具体上的找正基准面。

3）为了调整和确定夹具与铣刀的相对位置，应正确选用对刀装置，对刀装置应设置在铣刀开始切入工件的一端，且使用塞尺方便和易于观察的位置。

4）切屑和切削液应能顺利排出，必要时应增设排屑装置。

5）夹具体上应设置耳座，以方便夹具在工作台上的固定。对于小型夹具体，可在两端各设置一个耳座；夹具体较宽时，可在两端各设置两个耳座。两耳座的距离应与铣床工作台的两个 T 形槽的距离一致。较大的铣床夹具的夹具体两端还应设置吊装孔或吊环。

刨床夹具的结构和工作原理与铣床夹具相近，其设计要点可参照上述内容。

3. 钻床专用夹具

（1）钻床专用夹具的主要类型　在钻床上用来钻、扩、铰各种孔所使用的夹具，称为钻床专用夹具。这类夹具均装有钻套以及安装钻套用的钻模板，故习惯称之为钻模。钻模的结构形式很多，根据其特点可分为以下几类：

1）固定式钻模。这种钻模固定在钻床工作台上，夹具体上设有专供夹压用的凸缘或凸边，钻孔或孔系精度比较高。在立式钻床上使用时一般只能加工单孔。加工前，可先将装在主轴上的定尺寸刀具或高精度的心轴伸入钻套中，以找正钻模的位置，然后将其压紧在钻床工作台上。若要加工一组平行孔系，需要在机床主轴上安装多轴传动头。固定式钻模用于摇臂钻床时，常用于加工位于同一钻削方向上的平行孔系。

2）回转式钻模。在钻削过程中，回转式钻模使用得较多，主要用于加工同一圆周上的平行孔系或分布在圆周上的径向孔。这类钻模可分为立轴、卧轴和斜轴回转三种基本形式，而钻套一般是固定的。由于回转工作台已标准化，并作为机床附件由专业厂供应，故回转式钻模常与标准回转工作台联合使用。

3）翻转式钻模。这类钻模没有转轴和分度装置，使用中要手工翻转，故钻模连同工件的质量不能太大，一般为8~10kg，以减轻工人的劳动强度。使用翻转式钻模可减少工件装夹次数，有利于保证工件上各孔之间的位置精度，主要用于加工分布在不同表面上的孔系的小型工件。

4）盖板式钻模。这类钻模没有夹具体，实际上是一块钻模板，加工时钻模板像盖子一样覆盖在工件上。其上除钻套外，还装有定位元件，必要时还可设置夹紧装置。盖板式钻模结构简单，清除切屑方便，适合加工大而笨重的工件，也适用于中小批生产中钻孔后立即进行倒角、锪面、攻螺纹等工步的情况。

5）滑柱式钻模。滑柱式钻模的结构已标准化，使用时可根据工件的形状、尺寸和加工要求等具体情况，专门设计制造相应的定位、夹紧装置和钻套等，安装在夹具体的平台或钻模板上的适当位置后，就可用于加工。

（2）钻床专用夹具设计要点

1）钻模类型的选择。钻模的类型很多，在设计钻模时，首先需要根据工件的结构形状、尺寸大小、质量、加工要求和批量来选择钻模的结构类型。具体要注意以下几点：

① 当孔或孔系加工精度较高或被钻孔直径大于10mm，特别是加工钢件时，宜采用固定式钻模。

② 对于孔与端面的垂直度或孔中心距要求不高的中小型工件，宜采用滑柱式钻模。当孔与端面的垂直度公差小于0.1mm，孔距位置公差小于±0.15mm时，一般不宜采用滑柱式钻模。

③ 钻模板和夹具体为焊接的钻模，因焊接应力不能彻底消除，精度不能长期保持，故一般在工件孔距公差要求不高（不小于±0.15mm）时才采用。

2）钻模板的设计。钻模板供安装钻套用，大多装配在夹具体或支架上，也可与夹具体铸成一体。常见钻模板结构形式见表5-7。设计钻模板时应注意以下几点：

① 钻模板上用于安装钻套的孔之间及孔与定位元件之间应有足够的位置精度，且与钻模板的结构形式、在夹具上的定位方式有关。对于装配式钻模板，容易保证钻套孔之间的位置精度；对于悬挂式钻模板，由于钻模板的定位采用滑动连接，被加工孔与定位基准之间的位置精度不高，只能达到±(0.15~0.25)mm。

② 钻模板应具有足够的刚度，以保证钻套位置的准确性，但不能太厚、太重，一般不宜承受夹紧力。必要时可布置加强肋以提高钻模板的刚度。

③ 要保证加工的稳定性。例如，悬挂式钻模板导杆上的弹簧力必须足够，以使钻模板

在夹具上能维持足够的定位压力。钻模板本身质量超过 80kg 时，导杆上可不加装弹簧。

3）支脚设计。为保证钻模平稳可靠地放置在钻床工作台上，减小夹具体底面与工作台的接触面积，一般应在夹具体上设置支脚，尤其是翻转式钻模。支脚的截面可以是矩形或圆形。支脚可与夹具体做成一体，也可做成装配式。支脚必须设置四个，以便及时发现支脚是否放正。注意：支脚尺寸应大于 T 形槽的宽度，以免陷入槽中。钻模的重心和钻削进给力必须落在四个支脚所形成的支承面内，钻套轴线应与支脚所形成的支承面垂直或平行。

4）钻套的选择和设计。钻套是钻模中的重要元件，用于引导刀具进行钻削，减少振动，保证加工精度，其选择和设计见本章第二节夹具的对定部分。

4. 镗床专用夹具

镗床夹具主要用于在镗床上加工箱体、支座等零件上的孔或孔系，多由镗套来引导镗杆和镗刀进行镗孔，简称镗模。在缺乏镗床的情况下，可通过使用镗模来扩大车床、摇臂钻床的工艺范围进行镗孔，所以镗床夹具在生产中应用较广泛。在一般情况下，镗模有钻模的特点，即工件上孔或孔系的位置精度主要由夹具保证。由于箱体孔系的加工精度一般要求较高，因此，镗模的制造精度要比钻模高得多。

（1）镗床专用夹具的形式　根据镗套的布置形式，镗床夹具分为以下几种形式：

1）单支承导向。这类镗模只用一个位于刀具前面或后面的镗套引导，镗杆和机床主轴采用刚性连接，镗杆的一端直接插入机床主轴的莫氏锥孔中，以使镗套的中心线与主轴的轴线重合。机床主轴的回转精度会影响镗孔精度。由于镗套相对刀具的位置不同，有单支承前导向、单支承后导向两种，适用的加工场合也有差异。

单支承前导向即镗套布置在刀具的前方，适合加工孔径 $D>60$mm、长径比 $L/D<1$ 的通孔，在加工过程中便于观察和测量。单支承后导向即镗套布置在刀具的后方，具体又分为两种应用情况：加工 $L/D<1$ 的短孔时，镗杆导向部分直径可大于所加工孔的直径，镗杆粗、刚度好、加工精度高；加工 $L/D>1$ 的长孔时，镗杆导向部分直径应小于所加工孔的直径，以便镗杆导向部分能够进入孔内，以减小镗杆在镗套与所加工孔端面之间的悬伸量。

2）双支承导向。在这类镗模中，镗杆和机床主轴采用浮动接头连接，镗杆的旋转精度主要取决于镗杆与镗套的配合精度，所镗孔的位置精度主要取决于镗模板上镗套的位置精度。有前后引导的双支承导向和后引导的双支承导向两种。

前后引导的双支承导向即镗套分别安装在工件的两侧，主要适合加工孔径较大，长径比 $L/D>1.5$ 的孔或一组同中心线的通孔，其缺点是镗杆较长、刚度差，更换刀具不方便。如果工件的前后孔相距较远，当镗套间的距离 $L>10d$（d 为镗杆直径）时，应增加中间引导支承，以提高镗杆的刚度。当采用预先装好的几把单刃刀具同时镗削同一中心线上直径相同的一组通孔时，在镗模上应设置“让刀”机构，以使镗刀快速通过，待刀具通过后，再回复原位。

当在某些情况下，因条件限制不能使用前后双引导时，可在刀具的后方布置两个镗套，即后引导的双支承导向形式。这种方法既有前一种方法的优点，又避免了它的缺点。由于镗杆为悬臂梁，故镗杆伸出来的距离不得大于镗杆直径的 5 倍。其优点是装卸工件方便，装卸刀具容易，加工过程中便于观察、测量。

（2）镗床专用夹具的设计要点

1）镗孔工具的设计。镗孔工具包括切削刀具和辅助工具。镗床夹具的结构和尺寸与其所用的镗孔工具有密切的关系，一般在设计镗模结构前须先确定镗孔工具。

镗杆的刚度主要受直径和长度的影响，设计时需要确定适当的直径和长度。直径受到加工孔径的限制，应尽量大一些，有足够的刚度，以保证镗孔精度。对于用于固定式镗套的镗杆，当镗杆直径大于50mm时，导向部分常采用镶条式结构。镶条应采用摩擦因数小和耐磨的材料，如铜或钢。镶条磨损后，可在底部加垫片，重新修磨使用。这种结构的摩擦面积小，容屑量大，不易“咬死”。镗杆与加工孔之间应有足够的间隙，以容纳切屑，具体数值可查相关手册。镗杆的制造精度对其回转精度有很大的影响。其导向部分直径的精度一般比加工孔的精度高两级，粗镗时选g6，精镗时选g5，表面粗糙度值为$Ra0.4 \sim 0.2\mu m$，圆柱度不超过直径公差的一半，镗杆在500mm长度内的直线度误差应小于0.01mm。

2）支架和底座的设计。镗模支架和底座多为铸铁件，常分开制造，以利于夹具的加工、装配和铸件的时效处理。支架用来安装镗套和承受切削力。要求支架和底座有足够的刚度、强度和尺寸稳定性。

为了增加支架的刚度，支架和底座的连接要牢固，一般用圆柱销和螺钉紧固，尽量避免采用焊接结构，还应避免承受夹紧力。支架的厚度应根据高度来确定，一般取15～25mm。为了增加底座的刚度，底座应采用十字形加强肋。底座上应有找正基准面，以便于夹具的制造和装配。为了使镗模在机床上安装牢固，应设置适当数目的耳座。底座上还应有供起吊用的吊环螺钉或起重螺栓，以便进行夹具的搬运。

3）镗套的选择和设计见本章第二节夹具的对定部分。

机械制造工艺学课程设计实例

机械制造工艺学课程设计任务书

设计题目：东方红-75推土机铲臂右支架机械加工工艺规程制订及扩 $2\times\phi43.5$mm 孔专用机床夹具设计

设计依据：1. 零件图

2. 产品产量为4000台/年

设计任务：1. 机械加工工艺卡片

2. 专用机床夹具装配图

3. 设计计算说明书

教研室主任：

下达任务日期　　　年　　月　　日

完成任务日期　　　年　　月　　日

机械制造工艺学课程设计

设计计算说明书

设计题目：东方红-75 推土机铲臂右支架机械
加工工艺规程制订及__________
专用机床夹具设计

学生姓名__________
学　　号__________
班　　级__________
指导教师__________
完成日期__________

第一节 序 言

本次课程设计的任务之一是针对生产实际中的一个零件——东方红-75 推土机铲臂右支架，制订其机械加工工艺规程。该零件的加工工艺过程中包含铣平面、镗内孔、钻孔、攻螺纹、铣开等工序，工艺范围广，难易程度适合于工艺课程设计的需要。但唯一不足的是其精度稍低，为锻炼学生的工艺规程设计能力，特将其主要加工工艺（加工 ϕ55mm 孔）公差等级由原 IT9 级提高到 IT7 级，延长了加工路线。也就是说，本次课程设计的对象是在生产实际中零件的基础上略做改动的零件，特在此予以说明。本章以实例介绍了工艺课程设计的一般方法和步骤，供学生参考。学生不要拘泥于本实例的一些形式和内容，而应当在指导教师的指导下，针对具体的设计题目，完成有自己特色的设计。

第二节 零件分析

一、零件的功用分析

题目所给零件是东方红-75 推土机铲臂右支架 5。它位于推土机的前部，其作用是支承铲臂上的液压缸 3，如图 3-1 所示。推土机在工作过程中，铲臂 1 应能绕其回转中心上下摆动。摆动的动力是由液压缸 3 提供的。通过液压缸油腔的进油与出油，可使得液压缸活塞杆 2 伸出或缩回，从而实现铲臂 1 的上下摆动。同时，液压缸 3 和活塞杆 2 本身也需做微幅摆动。活塞杆 2 伸出端与铲臂 1 铰接，液压缸 3 的尾部与轴线固定的轴 4 铰接。右支架 5 的作用是在轴 4 的一端对其进行固定。右支架 5 分上盖和支架座两部分，每一部分都有一个与轴 4 接触的 ϕ55mm 半圆孔，上盖和支架座通过螺钉与轴 4 连接在一起。支架座上有轴线在空间中交叉成 47°±15′的两个 ϕ43.5mm 的叉孔，叉孔与杆 6 焊死。杆 6 的另外一端与一块钢板 7 焊接在一起，钢板 7 与推土机底盘铆接，最终把轴 4 与底盘固定在一起。从零件的实际功用看，右支架 5 的主要作用是连接与紧固。

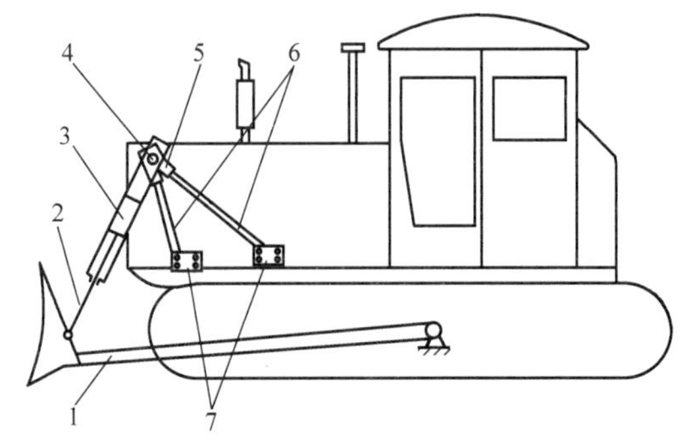

图 3-1 右支架功用示意图

1—铲臂 2—活塞杆 3—液压缸 4—轴 5—右支架 6—杆 7—钢板

二、零件的工艺分析

从零件图（图 4-1 和图 4-2）上可以看出，标有表面粗糙度符号的表面有平面、退刀槽、内孔等。其中，表面粗糙度要求最高的是 ϕ55mm 孔，公差等级达到 IT7 级，表面粗糙度值为 Ra1.6μm。该孔是右支架的主要设计基准。从表面间的位置精度要求来看，A、B 两端面（即前、后两端面）应与 ϕ55mm 孔的中心线垂直，两个 ϕ43.5mm 孔的中心线应垂直于 ϕ55mm 孔的中心线，且两个 ϕ43.5mm 孔中心线的夹角应为 47°±15′，夹角顶点在 ϕ55mm 孔的中心线上。

从工艺上看，$\phi43.5$mm 孔的中心线对 $\phi55$mm 孔中心线的垂直度要求为 0.2mm/100mm，相当于公差等级 IT10 级，可以通过使用专用机床夹具来保证。$\phi55$mm 孔的公差等级为 IT7 级，表面粗糙度值为 $Ra1.6\mu m$，可通过精镗来保证。平面 A、B 用于轴的轴向定位，小凸台 C 平面与 B 平面在同一平面上，在零件的工作过程中不起作用，仅在加工中起到工艺凸台的作用。

由于工艺凸台 C 平面面积较小，为保证铸件质量，建议将 B、C 平面取为浇注时的底面位置，将 A 面作为浇注时的顶面位置。

对右支架零件图进行工艺审核后，便可进行机械加工工艺规程的制订。

第三节　机械加工工艺规程制订

一、确定生产类型

按设计任务书，东方红-75 推土机年产量为 4000 台/年，其上有左、右支架各一件。若取右支架备品率为 8%，机械加工废品率为 1%，则该零件的年生产纲领为

$$N=Qn(1+\alpha\%+\beta\%)=4000\text{ 台/年}\times1\text{ 件/台}\times(1+8\%+1\%)=4360\text{ 件/年}$$

可见，右铲臂支架的年生产量为 4360 件。推土机铲臂支架可看成独立的一部分，属轻型机械。因此，根据表 5-8，由生产纲领与生产类型的关系可确定该零件的生产类型为中批生产，其毛坯制造、加工设备及工艺装备的选择应呈现中批生产的工艺特点，如多采用通用设备，配以专用的工艺装备等，其工艺特点见表 5-9。

二、确定毛坯制造形式

由该零件的功用及推土机的工作状况可知，铲臂支架、连接支架上盖与支架座的螺钉承受的都是冲击性载荷，故该支架材料应具备较高的强度与抗冲击能力。因此，原设计单位选用了既能满足要求，价格又相对低廉的铸钢材料 ZG 310—570，因此可以确定毛坯的制造形式为铸造。一般工程用铸钢的特性和应用见表 5-10。由于该支架为中批生产，由表 5-2 可知，选择砂型铸造机器造型，铸钢件的公差等级为 DCTG9 级。

该零件的形状不是十分复杂，因此毛坯的形状与零件的形状应尽量接近。由于在 $\phi55$mm 孔的中心线方向上还有一个 $\phi49$mm 孔，从减少加工余量的角度考虑，此处的毛坯孔可以与 $\phi55$mm 的毛坯孔一起铸成阶梯孔。两个 $\phi43.5$mm 孔径也较大，因此在铸造时也应铸出毛坯孔。

三、选择定位基准

定位基准的选择是工艺规程制订中的重要工作，选择合适的定位基准是制订正确合理的工艺路线的前提。正确合理地选择定位基准，可以确保加工质量、缩短工艺过程、简化工艺装备结构与种类、提高生产率。

1. 精基准的选择

右支架是带有孔的零件。$\phi55$mm 孔不但是精度要求最高的孔，而且是该零件的设计基准、装配基准与测量基准。为避免由于基准不重合而产生误差，保证加工精度，应选 $\phi55$mm 孔作为精基准，即遵循基准重合的原则。同时为了定位可靠、使加工过程稳定、减

小振动，还可选 B、C 平面作为精基准。即选 ϕ55mm 孔及底面 B、工艺凸台面 C 所构成的组合平面作为精基准，以一个长孔与一个大端面定位。为了避免过定位，可采用 ϕ55mm 孔的一段短孔与端面的组合，或采用 ϕ55mm 长孔与 ϕ55mm 孔一小部分端面的组合。考虑到该零件精度不是太高以及加工时的稳定性，最终选底面 B 和工艺凸台面 C 作为第一定位基准，限制 3 个自由度，ϕ55mm 孔的一段短孔作为第二定位基准，限制 2 个自由度。为了限制右支架绕 ϕ55mm 孔中心线的旋转自由度，还可选两个 ϕ43.5mm 孔之一的外缘表面作为第三定位基准，在此设置一个挡销。在右支架的加工过程中，该组合表面还可作为大部分工序的定位基准，用于加工其他的次要表面，体现了基准统一的选择原则。

2. 粗基准的选择

ϕ55mm 孔为重要的表面，加工时要求余量小而均匀，因此应选择该 ϕ55mm 长孔作为粗基准。但此时的定位、夹紧装置结构复杂。考虑到该零件精度要求不是很高，可选底面 B 与工艺凸台面 C 的组合表面作为粗基准，这样可使定位和夹紧方便、可靠。由于采用机器造型，铸件有一定的精度，基本可以保证 ϕ55mm 孔的加工余量均匀。

由上述分析可看出，粗、精基准的选择结果基本上是一致的，均选择了底面 B 与工艺凸台面 C 所构成的组合表面。

四、选择加工方法

1. 平面的加工

平面的加工方法很多，有车、刨、铣、磨、拉等。对于本次设计中的右支架，面 A 与面 B 的表面粗糙度值为 Ra12.5μm，其距离尺寸 100mm 为未注公差尺寸。由表 5-11，根据 GB/T 1800.1—2009 的规定，选用中等级（m），相当于 IT13 级，故可考虑粗车或粗端铣，但车削底面的工艺凸台 C 时会出现断续车削，冲击较大，故选择端铣加工方式。

2. 孔及退刀槽的加工

孔的加工方式有钻、扩、镗、拉、磨等。对于已铸出 ϕ55mm 孔和 ϕ49mm 孔的阶梯形毛坯，可采取在车床上镗孔的方式。原因之一是该零件的结构紧凑，质量也不大，适用于车削加工；原因之二是该零件的精度不是很高，使用车床镗孔较为经济。

对于 ϕ49mm 孔，其公差等级为 IT14，退刀槽属未注公差尺寸，两孔都可一次镗出。ϕ55mm 孔的公差等级为 IT7 级，表面粗糙度值为 Ra1.6μm，可采取粗镗→半精镗→精镗的加工路线。

对于右支架座上的 4 个 M20 螺纹孔及 6 个 ϕ20mm 孔，都属于未注公差尺寸，可在实体上一次钻出。对于两个 ϕ43.5mm 孔，要求其中心线与 ϕ55mm 孔的中心线垂直，且两个 ϕ43.5mm 孔中心线的夹角成 47°±15′，考虑到毛坯上已有预铸孔，可采取一次扩孔实现。加工方法有两种：①用麻花钻扩孔；②用扩孔钻扩孔。在实际生产中，常将经修磨的麻花钻当扩孔钻使用。由表 5-12 可知，钻孔的公差等级为 IT12～IT13，可以满足加工要求，故这里使用锥柄麻花钻进行扩孔。

3. 螺纹的加工

右支架座上的 4 个 M20 螺纹孔应采取用丝锥攻螺纹的方式。需要注意的是，在攻螺纹工序之前应设置一道倒角工序，或在本工序中先设一道倒角工步，以避免折断丝锥，使攻螺纹顺利进行。

4. 零件的剖开

右支架最终要分成上盖与支架座两部分，剖分面的表面粗糙度值为 $Ra12.5\mu m$，中心面应通过 $\phi55mm$ 孔的中心线。可利用心轴定位将其一次或分两次在铣床上用锯片铣刀铣开。为使定位方便及使夹具的结构简单，采用在一个工序中分两次安装铣开的方法，即在卧铣刀杆上装有两把锯片铣刀，分别用于铣开右支架的一半。

五、制订工艺路线

制订工艺路线是工艺人员制订工艺规程时最重要的工作，也是体现工艺人员工艺水平的重要方面。其原则是，在合理保证零件的几何形状、尺寸精度、位置精度、表面质量的前提下，尽可能提高生产率，降低生产成本，取得较好的经济效益。这里需要说明以下几点：

1）工艺路线的制订是实践性很强的工作，在具体制订时，一定要充分考虑本企业的实际加工条件与能力。

2）工艺师应具备较丰富的实际生产经验，制订机械加工工艺规程的过程也是不断积累经验的过程。对于一个零件的加工，虽然可以安排不同的加工路线，但其中只有一条在一定的生产条件下是最佳的，工艺人员的任务就是要把这条最佳路线找出来。

3）制订机械加工工艺规程的发展方向是计算机辅助工艺编制，即 CAPP（Computer Aided Process Planning）。工艺路线的制订可以利用成组技术、人工智能技术自动进行，有兴趣的学生可以阅读此方面的书籍。

本右支架零件的生产类型是中批生产，其工艺特点是尽量选用通用机床并配以专用夹具。在安排本零件工艺路线的过程中主要考虑了以下几个方面：

1）底面 B 与 $\phi55mm$ 孔的一段短孔为精基准，同时底面 B 也是粗基准。根据“先面后孔”和“基面先行”的原则，最先开始加工顶面 A 与底面 B，底面 B 与工艺凸台面 C 属同一平面，装夹后一次加工。

2）右支架加工表面中 $\phi55mm$ 孔的精度最高，一切工序都是围绕着保证该孔的精度来安排的。根据“先主后次”的原则，$\phi55mm$ 孔应安排在工艺路线的前部进行，但又不能一次加工到设计要求，否则在后续的工序中利用该表面定位加工一些次要表面时，有可能损伤该表面。

3）“先粗后精”是针对整个工艺路线而言的，而并非只针对某一表面而言。对于 $\phi55mm$ 孔，由于它是其他次要表面的加工基准，因此必须先加工出来。在具体处理时，可将 $\phi55mm$ 孔半精加工后作为统一的精基准来加工其他次要表面，待这些次要表面加工完成之后再将其精加工至图样要求。

4）正确进行工序的划分。常有学生把 $\phi55mm$ 孔的加工安排在一台车床上进行粗镗→半精镗→精镗加工，主观上认为这样就实现了粗精分开。但是，因为加工所用的是同一台设备，加工地点没有发生改变，它们仍属于一个工序的工艺内容，只是在一个工序中分了几个工步而已。出现这种错误的主要原因是学生没有深刻领会工序的定义。

在制订整体工艺路线时往往要提出两种或多种可行性方案，经过充分的比较、论证后，选择其中最佳的一种方案。同样，在选择加工方式及局部工艺路线时，也要拿出不同的方案进行分析。以顶面 A、底面 B 的加工为例，如前所述采用铣削的方式，主要考虑的是该零件精度要求不是太高，同时铣削非常适合不连续表面的切削加工，而且生产率较高。不过，也

可以考虑用车削方式加工。例如，*A* 面、*B* 面及 ϕ55mm 孔的工艺路线还可以这样安排：

工序 05：车面 *A*、粗镗 ϕ49mm 孔、车退刀槽

定位基准：底面 *B* 及 ϕ55mm 毛坯孔。

工序 10：车面 *B*、粗镗 ϕ55mm 孔

定位基准：车削过的顶面 *A*、粗镗过的 ϕ49mm 孔。

工序 15：半精镗 ϕ55mm 孔，倒角 *C*2

定位基准：顶面 *A*、粗镗过的 ϕ49mm 孔。

……

这样开始的工艺路线有如下特点：

1）减少了机床的种类，只使用车床。

2）使用统一的定位基准，精度高。因为 ϕ55mm 孔及底面 *B* 是零件的设计基准，也是整个工艺路线中大部分工序的定位基准。在上述工艺路线安排中，ϕ55mm 孔与底面 *B* 这一组表面是在一次装夹下加工出来的，ϕ55mm 孔中心线与底面 *B* 的垂直度误差只取决于机床的精度，其位置精度显然比前面介绍的先端铣平面再镗孔的方案容易得到保证。

3）可以避免因底面 *B* 与 ϕ55mm 孔的中心线不垂直而产生的过定位现象，有利于保证加工精度。

由此可见，如何安排工艺路线，一定要根据现场实际情况，具体情况具体分析。最终的工艺路线安排如下：

工序 05：粗铣顶面 *A*

定位基准：底面 *B*、工艺凸台面 *C*。

工序 10：粗铣底面 *B*、工艺凸台面 *C*

定位基准：顶面 *A*。

工序 15：粗镗 ϕ49mm 孔（工步 1）及切退刀槽 3mm×ϕ56mm（工步 2）

定位基准：底面 *B*、工艺凸台面 *C* 及 ϕ55mm 毛坯孔。

工序 20：粗镗 ϕ55mm 孔（工步 1）及倒角 *C*2（工步 2）

定位基准：顶面 *A* 及 ϕ49mm 孔。

工序 25：半精镗 ϕ55mm 孔

定位基准：顶面 *A* 及 ϕ49mm 孔。

工序 30：扩 2×ϕ43. 5mm 孔

定位基准：底面 *B*、工艺凸台面 *C*、ϕ55mm 孔及 ϕ43. 5mm 孔外缘。

工序 35：2×ϕ43. 5mm 孔倒角 *C*2

定位基准：底面 *B*、工艺凸台面 *C*、ϕ55mm 孔及 ϕ43. 5mm 孔外缘。

工序 40：钻 6×ϕ20mm 孔

定位基准：底面 *B*、工艺凸台面 *C*、ϕ55mm 孔及一个 ϕ43. 5mm 孔。

工序 45：钻 4×M20×2 螺纹底孔 ϕ18mm

定位基准：底面 *B*、工艺凸台面 *C*、ϕ55mm 孔及一个 ϕ20mm 孔。

工序 50：精镗 ϕ55mm 孔（工步 1）及倒角 *C*2（工步 2）

定位基准：顶面 *A* 及 ϕ49mm 孔。

工序 55：铣开（两次安装）

安装 1：铣开零件一侧

定位基准：底面 *B*、工艺凸台面 *C*、ϕ55mm 孔及一个 ϕ20mm 孔。

安装 2：铣开零件另一侧

定位基准：底面 *B*、工艺凸台面 *C*、ϕ55mm 孔及铣开的切口。

工序 60：扩上盖 4×ϕ21mm 孔

定位基准：剖分面、ϕ55mm 半圆孔及一端面。

工序 65：4×M20×2 底孔倒角 *C*2（工步 1）、攻 4×M20×2 支架座螺纹（工步 2）

定位基准：ϕ55mm 半圆孔、端面及一个 ϕ20mm 孔。

工序 70：去毛刺、清洗、检验。

需要说明的是，在工序 05 粗铣顶面 *A* 和工序 10 粗铣底面 *B*、工艺凸台面 *C* 两个工序中，都是对平面进行的加工。根据六点定位原理，只限制三个自由度即不完全定位就能保证加工要求。但从工件安装的稳定性和提高生产率的角度考虑，在孔的中间增加了定位元件限定两个移动自由度。

六、确定加工余量及毛坯尺寸

（一）确定加工余量

该支架材料为 ZG 310-570，屈服强度 R_{eL} = 310MPa，抗拉强度 R_m = 570MPa，采用砂型铸造机器造型，且为中批生产。由表 5-2 可知，铸钢件采用砂型铸造机器造型时，铸件尺寸公差为 DCTG8～DCTG12 级，此处选为 DCTG9 级。由表 5-3 选择加工余量为 H 级，根据机械加工后铸件的最大轮廓尺寸，由表 5-4 可查得各加工表面的加工余量，见表 3-1。

表 3-1　右支架各加工表面的加工余量　（单位：mm）

加工表面	单边余量	双边余量	备　注
ϕ55 孔、ϕ49 孔	3.0	6.0	公称尺寸取孔轴向长度尺寸 100mm
顶面 *A*	因是铸造顶面，故加大取 4.0	—	面 *A*、面 *B* 为双侧均加工，并考虑铸造情况，公称尺寸为 100mm
底面 *B*	3.0		
两个 ϕ43.5 孔	2.0	4.0	公称尺寸为孔深尺寸 68mm

零件质量约为 7.4kg，加上加工余量，经过估算，毛坯质量约为 9.5kg。

（二）确定毛坯公称尺寸

加工表面的毛坯公称尺寸只需将零件公称尺寸加上查取的相应加工余量即可，所得毛坯公称尺寸见表 3-2。

表 3-2　右支架毛坯公称尺寸　（单位：mm）

零件公称尺寸	单边加工余量	毛坯公称尺寸
100	顶面 *A* 为 4，底面 *B* 为 3	107
ϕ55	3	ϕ49
ϕ49	3	ϕ43
ϕ43.5	2	ϕ39.5

（三）确定毛坯尺寸公差

由表 5-1 可查得各铸件加工尺寸公差，见表 3-3。

表 3-3　右支架铸件加工尺寸公差　（单位：mm）

毛坯公称尺寸	公　差	按“对称”标注	结　果
107	2.5	±1.25	107±1.25
ϕ49	2.0	±1	ϕ49±1
ϕ43	2.0	±1	ϕ43±1
ϕ39.5	1.8	±0.9	ϕ39.5±0.9

（四）绘制毛坯简图

根据以上内容及砂型铸造的有关标准与规定，绘出毛坯简图，如图 3-2 所示。

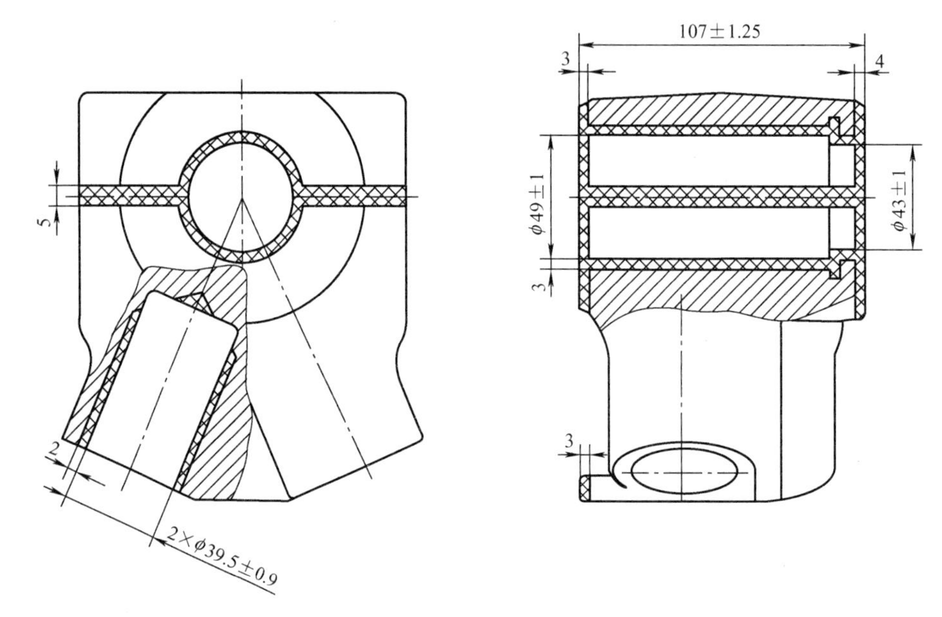

图 3-2　右支架毛坯简图

七、工序设计

（一）选择加工设备与工艺装备

1. 选择加工设备

选择加工设备即选择机床类型。由于已经根据零件的形状、精度特点，选择了加工方法，因此机床的类型也随之确定。至于机床的型号，主要取决于现场的设备情况。若零件加工余量较大，加工材料又较硬，则有必要校验机床功率。

选择加工设备时要考虑加工经济精度。所谓加工经济精度是指在正常条件下（采用符合质量标准的设备、工艺装备和标准技术等级的工人，不延长加工时间）所能保证的加工精度和表面粗糙度。需要指出的是，每一种机床，都有相应的加工经济精度，也就是说任何机床在最经济的情况下的加工精度和表面粗糙度都有一定的范围。若精心操作、细心调整、选择小的切削用量，其加工精度也可以提高，但肯定会耗时费工。例如，车外圆时经粗车→半精车→精车加工的经济精度与表面粗糙度为IT7～IT8，*Ra*1.25～5μm，也就是说，在正常的生产条件下很容易满足此要求。若要一名高技术工人精心加工，也能车出IT6级甚至IT5级的外圆来，但经济上太不合算了。总而言之，最终选择的机床，其经济精度应与零件表面的设计要求相适应，初步选定各工序机床如下：

1）工序05、10铣平面：XA5032型立式升降台铣床，主要技术参数见表5-13。

2）工序15、20、25、50镗孔：由于加工的零件外廓尺寸不大，故宜在车床上镗孔，选择常用的CA6140型卧式车床。同时，由于使用时间长短的不同，各机床的精度也不同，在选择机床进行粗、精加工时应有所考虑。

3）工序30、35扩孔、倒角：Z35型摇臂钻床，主要技术参数见表5-14。

4）工序40、45、60、65钻孔、扩孔、攻螺纹：Z3025型摇臂钻床，主要技术参数见表5-14。

5）工序55铣开：XA6132型万能铣床，主要技术参数见表5-13。

2. 选择夹具

对于中批生产的零件，大多采用专用机床夹具。在保证加工质量、操作方便、满足高效的前提下，也可部分采用通用夹具。本机械加工工艺规程中的所有工序均采用了专用机床夹具，需专门设计、制造。

3. 选择刀具

在右支架的加工中，采用了铣、镗、钻、扩、攻螺纹等多种加工方式，与之相对应，初选刀具的情况如下：

（1）铣刀　工序05、10中顶面*A*、底面*B*采用端铣刀（面铣刀）进行加工。工序05中要求铣削深度为$a_p=4$mm，工序10要求铣削深度为$a_p=3$mm，铣削宽度均为$a_w=94$mm。根据表5-15，选用高速工具钢镶齿套式面铣刀。由表5-16可知，所需铣刀直径为110～130mm。查表5-17可知，满足加工要求的铣刀直径$d=125$mm，孔径$D=40$mm，宽$L=40$mm，齿数$z=14$。

工序55中铣开加工所用铣刀，根据工件尺寸，由表5-18可知，选用中齿锯片铣刀（GB/T 6120—2012），直径$d=160$mm，孔径$D=32$mm，宽$L=5$mm，齿数$z=48$。

（2）镗刀　在车床上加工的工序，一般都选用硬质合金刀具。加工钢质零件可采用YT类硬质合金，粗加工时用YT5，半精加工时用YT15，精加工时用YT30，且均可采用$\kappa_r=45°$、直径为20mm的圆形镗刀进行加工。

（3）钻头　从零件要求和加工经济性考虑，采用锥柄麻花钻头（GB/T 1438.1—2008）完成加工工序。工序30中，采用麻花钻扩孔，由表5-19可知，选用$d=43.5$mm的高速工具钢锥柄麻花钻；工序35中，采用锪钻倒角；工序40中，选ϕ20mm的麻花钻钻6个ϕ20mm孔；工序45中，由表5-20可知，钻M20螺纹底孔的钻头直径为18mm，由表5-19可知，选用$d=18$mm的高速工具钢锥柄麻花钻。

（4）丝锥　根据表5-21可知，选用M20×2细柄机用丝锥（摘自GB/T 3464.1—2007）完成攻螺纹工序。

在刀具的选择过程中，应尽量选择通用刀具。在中批生产中，不排除在某些工序中使用专用刀具的可能，但专用刀具需要专门订做，详细的内容可参阅《金属切削刀具》等教材及相关资料。

4. 选择量具

选择量具的原则是根据被测量对象的要求，在满足测量精度的前提下，尽量选用操作方便、测量效率高的量具。量具有通用量具（如游标卡尺、千分尺、比较仪、量块等）和各种专用高效量具，其种类的选择主要应考虑被测尺寸的性质，如内径、外径、深度、角度、几何形状等以及被测工件的特点，如工件的形状、大小、精度、生产类型等。

本零件属于中批生产，一般均采用通用量具。选择量具的方法有两种：一种是按计量器具的不确定度选择，一般根据被测对象的公差带宽度先查得相应的安全裕度 A 和计量器具的不确定度允许值 U_1（$U_1=0.9A$），然后在量具手册中选择一种不确定度等于或小于 U_1 的量具；另一种是按计量器具的测量方法极限误差选择。

下面以精镗 ϕ55mm 孔工序为例来说明量具的选择方法。工序 50 精镗 ϕ55mm 孔，尺寸公差 $T=0.03$mm（公差等级 IT7），现按计量器具的测量方法极限误差选择量具。

1）根据工件公差等级确定精度系数 K。由表 5-22 可知，$K=27.5\%$。

2）求计量器具测量方法的极限误差 Δ_{lim}。$\Delta_{lim}=KT=0.275\times0.03\text{mm}=0.00825\text{mm}$。

3）选择合适的量具。根据表 5-23 可选择分度值为 0.001mm 的千分表（GB/T 1219—2008）。

在认为需要及条件允许的情况下，可以设计专用量规，以量规的通端和止端测量零件加工的极限偏差，这时可以显著地提高测量的效率。

（二）确定工序尺寸

确定工序尺寸时，对于加工精度要求较低的表面，只需粗加工工序就能保证设计要求，将设计尺寸作为工序尺寸即可，上、下极限偏差的标注也按设计规定。当加工表面精度较高时，往往要经过数道工序才能达到要求，此时分为两种情况。

若某表面的数道加工工序均使用统一的定位基准，并且定位基准与该工序的工序基准重合，则各个工序尺寸只与各工序的加工余量有关。工序尺寸的确定采用的是由后往前推算的方法，由加工表面的最后工序即设计尺寸开始，逐次加上每道加工工序余量，分别得到各工序的公称尺寸。各个工序加工余量可查手册得到，工序尺寸的公差带宽度按经济精度确定，上、下极限偏差按“入体”原则标注，最后一道工序的公差应按设计要求标注。

若加工表面的定位基准与其工序基准不重合，或者由于工艺上的原因其定位基准需经多次转换，则要根据尺寸链原理进行计算，从而确定工序尺寸的公称尺寸与公差。

下面以 ϕ55mm 孔的加工为例计算工序尺寸、余量及确定公差。

ϕ55mm 孔的加工需要经过三道工序，并且定位基准与工序基准重合。由上述分析可知，其总加工余量（双边余量）为 6mm，公差等级为 IT7 级。参考卧式铣镗床的切削用量和加工精度参数，由表 5-24 和表 5-25 可知，精镗时直径上的切削深度 $a_p=0.6\sim1.2$mm，表面粗糙度值为 $Ra6.3\sim1.6\mu m$，孔径公差带为 H6～H8；半精镗时为 $a_p=1.5\sim3$mm、$Ra25\sim12.5\mu m$，孔径公差带为 H8～H9；粗镗时为 $a_p=5\sim8$mm、$Ra25\mu m$，孔径公差带为 H10～H12。按照上述方法，确定 ϕ55mm 孔的工序加工余量、工序尺寸公差及表面粗糙度，见表 3-4。

表 3-4 ϕ55mm 孔加工各工序要求

加工表面:ϕ55mm 孔	精　镗	半 精 镗	粗　镗	毛　坯
工序双边余量/mm	0.5	1.5	4	
工序尺寸及公差/mm	ϕ55±0.015	$\phi54.5^{+0.074}_{0}$	$\phi53^{+0.19}_{0}$	ϕ49±1
表面粗糙度值 $Ra/\mu m$	1.6	12.5	25	

八、确定切削用量和基本时间

切削用量包含切削速度、进给量及背吃刀量三项，确定方法是先确定背吃刀量、进给量，然后确定切削速度。不同的加工性质，对切削加工的要求是不一样的。因此，在选择切削用量时，考虑的侧重点也应有所区别。

粗加工时，应尽量保证较高的金属切除率和必要的刀具使用寿命，故一般优先选择尽可能大的背吃刀量，其次选择较大的进给量，最后根据刀具使用寿命要求和余下的机床功率，确定合适的切削速度。精加工时，首先应保证工件的加工精度和表面质量要求，故一般选用较小的进给量和背吃刀量，而尽可能选用较高的切削速度。

为了能更全面地说明切削用量和基本时间的确定方法，与前述零件表面加工方法相对应，下面分别就铣端面、镗孔、钻孔、铣开和攻螺纹等工序进行说明。

（一）工序 05（粗铣端面 A）切削用量及基本时间的确定

1. 切削用量

本道工序是粗铣端面，已知加工材料为 ZG 310-570，$R_m=570\text{MPa}$，铸件无外皮，机床为 XA5032 型立式铣床，所选刀具为高速工具钢镶齿套式端铣刀，其参数为直径 $d=125\text{mm}$，孔径 $D=40\text{mm}$，宽 $L=40\text{mm}$，齿数 $z=14$。根据表 5-26 确定铣刀角度，选择前角 $\gamma_o=20°$，后角 $\alpha_o=12°$，主偏角 $\kappa_r=60°$，螺旋角 $\beta=10°$。已知铣削宽度 $a_w=94\text{mm}$，铣削背吃刀量 $a_p=4\text{mm}$。

（1）确定每齿进给量 a_f　根据表 5-13 可知，XA5032 型立式铣床的主电动机功率为 7.5kW，查表 5-27 可知，当工艺系统刚度中等、镶齿端铣刀加工钢料时，其每齿进给量 $a_f=0.08\sim0.15\text{mm/z}$。由于本工序背吃刀量和铣削宽度较大，选择最小的每齿进给量 $a_f=0.08\text{mm/z}$。

（2）选择铣刀磨钝标准和使用寿命　根据表 5-28，用高速工具钢镶齿端铣刀粗加工钢料时，选择铣刀后刀面磨损极限值为 1.8mm。查表 5-29 可知，铣刀直径 $d=125\text{mm}$ 时，经插值得端铣刀的合理使用寿命 $T=150\text{min}$。刀具使用寿命是指刃磨后的刀具自开始切削直到磨损量达到磨钝标准所经历的总切削时间。

（3）确定切削速度 v 和工作台每分钟进给量 v_f　铣削速度可以通过计算得出，但是其计算公式比较复杂，实际生产中使用并不多，本例通过查表确定。查表 5-30 可知，高速工具钢铣刀的铣削速度为 15~25m/min，则所需铣床主轴转速范围是

$$n=\frac{1000v}{\pi d}=38.2\sim63.7\text{r/min}$$

根据 XA5032 型铣床的标准主轴转速，由表 5-13 选取 $n=60\text{r/min}$，则实际铣削速度为

$$v=\frac{\pi dn}{1000}=\frac{\pi\times125\times60}{1000}\text{m/min}=23.55\text{m/min}$$

工作台每分钟进给量为

$$v_f=fn=a_fzn=0.08\times14\times60\text{mm/min}=67.2\text{mm/min}$$

根据表 5-13 中工作台标准纵向进给量，选取 $v_f=60\text{mm/min}$，则实际的每齿进给量为

$$a_f=\frac{v_f}{zn}=\frac{60}{14\times60}\text{mm/z}=0.071\text{mm/z}$$

实际每转进给量为

$$f=a_f z=0.071\times14\text{mm/r}=0.994\text{mm/r}$$

（4）校验机床功率　由表 5-31 和表 5-32 可知，铣削力（圆周力）F_c（N）和铣削功率 P_m（kW）计算公式如下

$$F_c=\frac{C_F a_p^{x_F} a_f^{y_F} a_w^{u_F} z}{d_0^{q_F} n^{w_F}} k_{F_c}$$

$$P_m=\frac{F_c v}{60\times10^3}\ (\text{kW})$$

注意：由于各参考手册中关于每齿进给量、切削宽度等符号不统一，在本公式中的 a_f、a_w 分别为表 5-31 中的 f_z、a_e。

式中，$C_F=788$，$x_F=0.95$，$y_F=0.8$，$u_F=1.1$，$w_F=0$，$q_F=1.1$，$k_{F_c}=k_{MF_z}=0.92$，$a_p=4\text{mm}$，$a_f=0.071\text{mm/z}$，$a_w=94\text{mm}$，$z=14$，$v=23.55\text{m/min}$，$d_0=125\text{mm}$，$n=60\text{r/min}$。所以，铣削力为

$$F_c=\frac{788\times4^{0.95}\times0.071^{0.8}\times94^{1.1}\times14}{125^{1.1}}\times0.92\text{N}=3336.15\text{N}$$

铣削时的功率 P_m 为

$$P_m=\frac{3336.15\times23.55}{60\times10^3}\text{kW}=1.31\text{kW}$$

XA5032 型铣床主电动机功率为 7.5kW，故所选切削用量合适。最后所确定的切削用量为 $a_p=4\text{mm}$，$a_f=0.071\text{mm/z}$，$v_f=60\text{mm/min}$，$v=0.39\text{m/s}$（$n=60\text{r/min}$）。

2. 基本时间 t_m

根据表 5-33 可知，$\kappa_r<90°$的端铣刀对称铣削的基本时间为

$$t_m=\frac{l_w+l_1+l_2}{v_f}$$

式中　l_w——工件铣削部分长度，单位为 mm；

v_f——工作台每分钟进给量，单位为 mm/min；

l_1——切入行程长度，单位为 mm，其公式为

$$l_1=0.5\left(d_0-\sqrt{d_0^2-a_w^2}\right)+\frac{a_p}{\tan\kappa_r}$$

l_2——切出行程长度，单位为 mm。

已知 $v_f=60\text{mm/min}$，$l_w=94\text{mm}$。由表 5-34 查得切入、切出行程长度 $l_1+l_2=27\text{mm}$。所以，基本时间为

$$t_m=\frac{94+27}{60}\text{min}=2.02\text{min}$$

（二）工序 15（粗镗 ϕ49mm 孔及切退刀槽 3mm×ϕ56mm）**切削用量及基本时间的确定**

本工序为粗镗及切退刀槽，已知条件与工序 05 相同，机床采用最常用的 CA6140 型卧式车床，工步 1 采用 YT5 硬质合金刀具，根据加工条件和工件材料由表 5-35～表 5-38 得刀具参数为主偏角 $\kappa_r=45°$、前角 $\gamma_o=10°$、刃倾角 $\lambda_s=-5°$、刀尖圆弧半径 $r_\varepsilon=0.6\text{mm}$。由表

5-39 可知，选用杆部直径为 20mm 的圆形镗刀。由表 5-40 可知，镗刀合理使用寿命为 $T=60\text{min}$。工步 2 采用高速工具钢内孔切槽刀加工完成。

1. 确定粗镗 ϕ49mm 孔的切削用量

（1）确定背吃刀量 a_p　由前述可知粗镗时双边加工余量为 6mm，粗镗后孔直径为 ϕ49mm，故单边加工余量为 3mm，即 $a_p=3\text{mm}$。

（2）确定进给量 f　根据表 5-41 可知，当粗镗钢料，镗刀杆直径为 20mm，$a_p=3\text{mm}$，镗刀伸出长度为 100mm 时，$f=0.15\sim0.25\text{mm/r}$。根据表 5-42，按照 CA6140 型车床的进给量值，选取 $f=0.2\text{mm/r}$。

（3）确定切削速度 v　根据表 5-43 的计算公式确定切削速度 v(m/min)

$$v=\frac{C_v}{T^m a_p^{x_v} f^{y_v}}$$

式中，$C_v=291$，$x_v=0.15$，$y_v=0.2$，$m=0.2$。因本例的加工条件与该公式应用条件不完全相同，故需根据表 5-32 对镗削速度进行修正：根据刀具使用寿命 $T=60\text{min}$，得修正系数 $k_{T_v}=1.0$；根据工件材料 $R_m=570\text{MPa}$，得修正系数为 $k_{M_v}=1.18$；根据毛坯表面状态得修正系数为 $k_{sv}=1.0$；刀具材料为 YT5，得修正系数 $k_{tv}=0.65$；此处为镗孔，经插值得修正系数 $k_{gv}=0.765$；主偏角 $\kappa_r=45°$，得修正系数 $k_{\kappa_r v}=1.0$。所以

$$v=\frac{291}{60^{0.2}\times3^{0.15}\times0.2^{0.2}}\times1.0\times1.18\times1.0\times0.65\times0.765\times1.0\text{m/min}=88.1\text{m/min}$$

$$n=\frac{1000v}{\pi d}=\frac{1000\times88.1}{\pi\times49}\text{r/min}=572.6\text{r/min}$$

查表 5-44，根据 CA6140 型车床上的主轴转速选择 $n=560\text{r/min}$，则实际切削速度为

$$v=\frac{\pi dn}{1000}=\frac{\pi\times49\times560}{1000}\text{m/min}=86.16\text{m/min}$$

（4）检验机床功率　由表 5-45 查得切削力 F_z(N) 和切削功率 P_m(kW) 的计算公式如下

$$F_z=C_{F_z}a_p^{x_{F_z}}f^{y_{F_z}}v^{n_{F_z}}k_{F_z}$$

$$P_m=\frac{F_z v}{60\times10^3}$$

式中，$C_{F_z}=2650$，$x_{F_z}=1.0$，$y_{F_z}=0.75$，$n_{F_z}=-0.15$，$k_{F_z}=k_{TF_z}k_{MF_z}k_{gF_z}k_{\kappa_r F_z}k_{\gamma_o F_z}$，由表 5-32 得：与刀具使用寿命有关的修正系数 $k_{TF_z}=1.0$；与工件材料有关的修正系数 $k_{MF_z}=0.92$；经插值得，镗孔相对于外圆纵车时的修正系数 $k_{gF_z}=1.04$；与主偏角有关的修正系数 $k_{\kappa_r F_z}=1.0$；与前角有关的修正系数 $k_{\gamma_o F_z}=1.04$。因此，总的修正系数为

$$k_{F_z}=1.0\times0.92\times1.04\times1.0\times1.04=1.0$$

所以，切削力为

$$F_z=2650\times3^{1.0}\times0.2^{0.75}\times86.16^{-0.15}\times1.0\text{N}=1218.55\text{N}$$

切削功率为

$$P_m=\frac{1218.55\times86.16}{60\times10^3}\text{kW}=1.75\text{kW}$$

根据表 5-46 可知：CA6140 型车床主电动机功率 $P_E=7.5\text{kW}$，因 $P_m<P_E$，故上述切削用量可用。最后确定的切削用量为 $a_p=3\text{mm}$，$f=0.2\text{mm/r}$，$v=86.16\text{m/mim}$（$n=560\text{r/min}$）。

2. 确定加工退刀槽的切削用量

选用高速工具钢切槽刀，采用手动进给，选择主轴转速 $n=40\text{r/min}$，切削速度为

$$v=\frac{\pi dn}{1000}=\frac{\pi\times56\times40}{1000}\text{m/min}=7.03\text{m/min}$$

3. 基本时间 t_m

由表 5-47 得镗孔的基本时间为

$$t_m=\frac{l+l_1+l_2+l_3}{fn}i$$

式中 l——切削加工长度，单位为 mm；

l_1——刀具切入长度，单位为 mm，其公式为

$$l_1=\frac{a_p}{\tan\kappa_r}+(2\sim3)$$

l_2——刀具切出长度，单位为 mm，$l_2=3\sim5\text{mm}$；

l_3——单件小批生产时的试切附加长度，单位为 mm；

i——进给次数。

已知 $l=9\text{mm}$，$l_1=\dfrac{3}{\tan45^\circ}+2.5\text{mm}=5.5\text{mm}$，$l_2=4\text{mm}$，$l_3=0$，$f=0.2\text{mm/r}$，$n=560\text{r/min}$，$i=1$。所以，基本时间为

$$t_m=\frac{9+5.5+4+0}{0.2\times560}\text{min}=0.17\text{min}$$

（三）工序 20（粗镗 $\phi55\text{mm}$ 孔及倒角 $C2$）切削用量及基本时间的确定

本工序为粗镗 $\phi55\text{mm}$ 孔及倒角 $C2$，机床采用最常用的 CA6140 型卧式车床，两个工步都采用 YT5 硬质合金刀具，根据加工条件和工件材料由表 5-35～表 5-38 得刀具参数为主偏角 $\kappa_r=45^\circ$、前角 $\gamma_o=10^\circ$、刃倾角 $\lambda_s=-5^\circ$、刀尖圆弧半径 $r_\varepsilon=0.6\text{mm}$。由表 5-39 可知，选用杆部直径为 20mm 的圆形镗刀。由表 5-40 可知，镗刀合理使用寿命为 $T=60\text{min}$。

1. 确定粗镗 $\phi55\text{mm}$ 孔的切削用量

（1）确定背吃刀量 a_p　由前述可知粗镗时双边加工余量为 4mm，粗镗后孔直径为 $\phi53\text{mm}$，故单边加工余量为 2mm，即 $a_p=2\text{mm}$。

（2）确定进给量 f　根据表 5-41 可知，当粗镗钢料，镗刀杆直径为 20mm，$a_p=2\text{mm}$，镗刀伸出长度为 100mm 时，$f=0.15\sim0.30\text{mm/r}$。根据表 5-42，按照 CA6140 型车床的进给量值，选取 $f=0.2\text{mm/r}$。

（3）确定切削速度 v　根据表 5-43 的计算公式确定切削速度 v(m/min)

$$v=\frac{C_v}{T^m a_p^{x_v} f^{y_v}}$$

式中，$C_v=291$，$x_v=0.15$，$y_v=0.2$，$m=0.2$。因本例的加工条件与该公式应用条件不完全相同，故需根据表 5-32 对镗削速度进行修正：根据刀具使用寿命 $T=60\text{min}$，得修正系数 $k_{T_v}=1.0$；根据工件材料 $R_m=570\text{MPa}$，得修正系数为 $k_{M_v}=1.18$；根据毛坯表面状态，得修

正系数为 $k_{sv}=1.0$；刀具材料为 YT5，得修正系数为 $k_{tv}=0.65$；此处为镗孔，经插值得修正系数 $k_{gv}=0.765$；主偏角 $\kappa_r=45°$，得修正系数为 $k_{\kappa_r v}=1.0$。所以

$$v=\frac{291}{60^{0.2}\times2^{0.15}\times0.2^{0.2}}\times1.0\times1.18\times1.0\times0.65\times0.765\times1.0\text{m/min}=93.6\text{m/min}$$

$$n=\frac{1000v}{\pi d}=\frac{1000\times93.6}{\pi\times53}\text{r/min}=562.4\text{r/min}$$

查表 5-44，根据 CA6140 型车床上的主轴转速选择 $n=560\text{r/min}$，则实际切削速度为

$$v=\frac{\pi dn}{1000}=\frac{\pi\times53\times560}{1000}\text{m/min}=93.20\text{m/min}$$

（4）检验机床功率　由表 5-45，查得切削力 F_z(N) 和切削功率 P_m(kW) 计算公式如下

$$F_z=C_{F_z}a_p^{x_{F_z}}f^{y_{F_z}}v^{n_{F_z}}k_{F_z}$$

$$P_m=\frac{F_z v}{60\times10^3}$$

式中，$C_{F_z}=2650$，$x_{F_z}=1.0$，$y_{F_z}=0.75$，$n_{F_z}=-0.15$，$k_{F_z}=k_{TF_z}k_{MF_z}k_{gF_z}k_{\kappa_r F_z}k_{\gamma_o F_z}$，由表 5-32 得：与刀具使用寿命有关的修正系数 $k_{TF_z}=1.0$；与工件材料有关的修正系数 $k_{MF_z}=0.92$；经插值得，镗孔相对于外圆纵车时的修正系数 $k_{gF_z}=1.04$；与主偏角有关的修正系数 $k_{\kappa_r F_z}=1.0$；与前角有关的修正系数 $k_{\gamma_o F_z}=1.04$。因此，总的修正系数为

$$k_{F_z}=1.0\times0.92\times1.04\times1.0\times1.04=1.0$$

所以，切削力为

$$F_z=2650\times2^{1.0}\times0.2^{0.75}\times93.20^{-0.15}\times1.0\text{N}=802.85\text{N}$$

切削功率为

$$P_m=\frac{802.85\times93.20}{60\times10^3}\text{kW}=1.25\text{kW}$$

根据表 5-46 可知：CA6140 型车床主电动机功率 $P_E=7.5\text{kW}$，因 $P_m<P_E$，故上述切削用量可用。最后确定的切削用量为 $a_p=2\text{mm}$，$f=0.2\text{mm/r}$，$v=93.20\text{m/min}$（$n=560\text{r/min}$）。

2. 确定加工倒角的切削用量

因为该工序中的倒角主要是为了装配方便，故在实际生产过程中，加工倒角时并不需要进行详细的计算，切削用量与粗镗 $\phi55\text{mm}$ 孔的相同即可。

3. 基本时间 t_m

由表 5-47 得镗孔的基本时间为

$$t_m=\frac{l+l_1+l_2+l_3}{fn}i$$

式中　l——切削加工长度，单位为 mm；

l_1——刀具切入长度，单位为 mm，其公式为

$$l_1=\frac{a_p}{\tan\kappa_r}+(2\sim3)$$

l_2——刀具切出长度，单位为 mm，$l_2=3\sim5\text{mm}$；

l_3——单件小批生产时的试切附加长度，单位为 mm；

i——进给次数，$i=1$。

已知 $l=91\text{mm}$，$l_1=\frac{2}{\tan45°}+2.5\text{mm}=4.5\text{mm}$，$l_2=4\text{mm}$，$l_3=0$，$f=0.2\text{mm/r}$，$n=560\text{r/min}$。所以，基本时间为

$$t_m=\frac{91+4.5+4+0}{0.2\times560}\text{min}=0.89\text{min}$$

（四）工序 25（半精镗 $\phi55\text{mm}$ 孔）切削用量及基本时间的确定

本工序为半精镗 $\phi55\text{mm}$ 孔，机床采用最常用的 CA6140 型卧式车床，采用 YT15 硬质合金刀具，根据加工条件和工件材料由表 5-35～表 5-38 得刀具参数为主偏角 $\kappa_r=45°$、前角 $\gamma_o=10°$、刃倾角 $\lambda_s=-5°$、刀尖圆弧半径 $r_\varepsilon=0.6\text{mm}$。由表 5-39 可知，选用杆部直径为 20mm 的圆形镗刀。由表 5-40 可知，镗刀合理使用寿命为 $T=60\text{min}$。

1. 切削用量

（1）确定背吃刀量 a_p　由前所述可知半精镗时双边加工余量为 1.5mm，半精镗后孔直径为 $\phi54.5\text{mm}$，故单边加工余量为 0.75mm，即 $a_p=0.75\text{mm}$。

（2）确定进给量 f　对于半精加工，根据表 5-42，按照 CA6140 机床的进给量值，选取 $f=0.1\text{mm/r}$。

（3）确定切削速度 v　根据表 5-43 的计算公式确定切削速度

$$v=\frac{C_v}{T^m a_p^{x_v} f^{y_v}}\times0.9\ (\text{m/min})$$

式中，$C_v=291$，$x_v=0.15$，$y_v=0.2$，$m=0.2$。因本例的加工条件与该公式应用条件不完全相同，故需根据表 5-32 对镗削速度进行修正：根据刀具使用寿命 $T=60\text{min}$，得修正系数 $k_{T_v}=1.0$；根据工件材料 $R_m=570\text{MPa}$，得修正系数为 $k_{M_v}=1.18$；根据毛坯表面状态，得修正系数为 $k_{sv}=1.0$；刀具材料为 YT15，得修正系数为 $k_{tv}=1.0$；此处为镗孔，经插值得修正系数为 $k_{gv}=0.765$；主偏角 $\kappa_r=45°$，得修正系数为 $k_{\kappa_r v}=1.0$。所以

$$v=\frac{291}{60^{0.2}\times0.75^{0.15}\times0.1^{0.2}}\times1.0\times1.18\times1.0\times1.0\times0.765\times1.0\times0.9\text{m/min}=172.5\text{m/min}$$

$$n=\frac{1000v}{\pi d}=\frac{1000\times172.5}{\pi\times54.5}\text{r/min}=1008\text{r/min}$$

查表 5-44，根据 CA6140 型车床上的主轴转速选择 $n=1120\text{r/min}$，则实际切削速度为

$$v=\frac{\pi dn}{1000}=\frac{\pi\times54.5\times1120}{1000}\text{m/min}=191.67\text{m/min}$$

（4）检验机床功率　由表 5-45，查得切削力 F_z(N) 和切削功率 P_m(kW) 计算公式如下

$$F_z=C_{F_z}a_p^{x_{F_z}}f^{y_{F_z}}v^{n_{F_z}}k_{F_z}$$

$$P_m=\frac{F_z v}{60\times10^3}$$

式中，$C_{F_z}=2650$，$x_{F_z}=1.0$，$y_{F_z}=0.75$，$n_{F_z}=-0.15$，$k_{F_z}=k_{TF_z}k_{MF_z}k_{gF_z}k_{\kappa_r F_z}k_{\gamma_o F_z}$，由表 5-32 得：与刀具使用寿命有关的修正系数 $k_{TF_v}=1.0$；与工件材料有关的修正系数 $k_{MF_z}=0.92$；镗

孔相对于外圆纵车时的修正系数 $k_{gF_z}=1.04$；与主偏角有关的修正系数 $k_{\kappa_rF_z}=1.0$；与前角有关的修正系数 $k_{\gamma_oF_z}=1.04$。因此，总的修正系数为

$$k_{F_z}=1.0\times0.92\times1.04\times1.0\times1.04=1.0$$

所以，切削力为

$$F_z=2650\times0.75^{1.0}\times0.1^{0.75}\times191.67^{-0.15}\times1.0\text{N}=160.67\text{N}$$

切削功率为

$$P_m=\frac{160.67\times191.67}{60\times10^3}\text{kW}=0.51\text{kW}$$

根据表 5-46 可知：CA6140 型车床主电动机功率 $P_E=7.5$kW，因 $P_m<P_E$，故上述切削用量可用。最后确定的切削用量为 $a_p=0.75$mm，$f=0.1$mm/r，$v=191.67$m/min（$n=1120$r/min）。

2. 基本时间 t_m

由表 5-47 得镗孔的基本时间为

$$t_m=\frac{l+l_1+l_2+l_3}{fn}i$$

式中 l——切削加工长度，单位为 mm；

l_1——刀具切入长度，单位为 mm，其公式为

$$l_1=\frac{a_p}{\tan\kappa_r}+(2\sim3)$$

l_2——刀具切出长度，单位为 mm，$l_2=3\sim5$mm；

l_3——单件小批生产时的试切附加长度，单位为 mm；

i——进给次数，$i=1$。

已知 $l=91$mm，$l_1=\frac{0.75}{\tan45°}+2.5\text{mm}=3.25\text{mm}$，$l_2=4$mm，$l_3=0$，$f=0.1$mm/r，$n=1120$r/min。所以，基本时间为

$$t_m=\frac{91+3.25+4+0}{0.1\times1120}\text{min}=0.88\text{min}$$

（五）工序 45（钻 4×M20 螺纹底孔 $\phi18$mm）**切削用量及基本时间的确定**

本工序为钻 4 个 M20mm 螺纹底孔，所用机床为 Z3025 型摇臂钻床。根据表 5-19 选取 $d=18$mm，$l=228$mm，莫氏锥度为 2 号的高速工具钢锥柄麻花钻作为刀具。根据表 5-48 选择的麻花钻参数 $\beta=30°$，$2\phi=118°$，$\psi=50°$，$\alpha_f=12°$。由表 5-49 可知，当 $d_0\leqslant20$mm 时，选择钻头后刀面磨损极限值为 0.8mm，使用寿命 $T=45$min。

1. 切削用量

（1）确定背吃刀量 a_p 钻孔时，$a_p=\frac{18-0}{2}\text{mm}=9\text{mm}$。

（2）确定进给量 f 按照加工要求决定进给量。钻头直径 $d_0=18$mm，工件材料为铸钢且 $R_m=570$MPa 时，根据表 5-50，进给量 f 的取值范围为 0.35～0.43mm/r。由于钻孔后要用丝锥攻螺纹，f 需乘以系数 0.5，又由于钻孔深度大于 3 倍直径，需乘以修正系数 k_{lf}。由于 $\frac{l}{d_0}=\frac{70}{18}=$

3.9，经插值得 $k_{\mathrm{lf}}=0.95$。综上得进给量 f 的取值范围为

$$f=(0.35\sim0.43)\times0.5\times0.95\mathrm{mm/r}=(0.166\sim0.204)\mathrm{mm/r}$$

根据 Z3025 型摇臂钻床标准进给量，查表 5-51，选取 $f=0.2\mathrm{mm/r}$。

（3）确定切削速度 v　根据表 5-52 的计算公式确定切削速度 v(m/min)

$$v=\frac{C_{\mathrm{v}}d_0^{z_{\mathrm{v}}}}{T^m a_{\mathrm{p}}^{x_{\mathrm{v}}}f^{y_{\mathrm{v}}}}k_{\mathrm{v}}$$

式中，$C_{\mathrm{v}}=4.4$，$z_{\mathrm{v}}=0.4$，$x_{\mathrm{v}}=0$，$y_{\mathrm{v}}=0.7$，$m=0.2$。因本例的加工条件与该公式应用条件不完全相同，故需对切削速度进行修正，由表 5-53 得：根据刀具使用寿命 $T=45\mathrm{min}$，得修正系数 $k_{\mathrm{Tv}}=1.0$；工件材料 $R_{\mathrm{m}}=570\mathrm{MPa}$，得修正系数为 $k_{\mathrm{Mv}}=1.16$；钻孔时工件经过退火热处理，得修正系数为 $k_{\mathrm{sv}}=0.9$；刀具材料为高速工具钢，得修正系数为 $k_{\mathrm{tv}}=1.0$；钻头为标准刃磨形状，得修正系数为 $k_{\mathrm{xv}}=0.87$；钻孔深度 $l=3.9d_0$，得修正系数为 $k_{\mathrm{lv}}=0.85$。所以

$$k_{\mathrm{v}}=k_{\mathrm{Tv}}k_{\mathrm{Mv}}k_{\mathrm{sv}}k_{\mathrm{tv}}k_{\mathrm{xv}}k_{\mathrm{lv}}=1.0\times1.16\times0.9\times1.0\times0.87\times0.85=0.77$$

$$v=\frac{4.4\times18^{0.4}}{45^{0.2}\times9^0\times0.2^{0.7}}\times0.77\mathrm{m/min}=15.51\mathrm{m/min}$$

$$n=\frac{1000v}{\pi d_0}=\frac{1000\times15.51}{\pi\times18}\mathrm{r/min}=274.4\mathrm{r/min}$$

根据 Z3025 型钻床标准主轴转速，由表 5-54 选取 $n=250\mathrm{r/min}$，实际转速为

$$v=\frac{\pi d_0 n}{1000}=\frac{\pi\times18\times250}{1000}\mathrm{m/min}=14.1\mathrm{m/min}$$

（4）校验机床功率　由表 5-55，查得转矩 T(N·m) 和切削功率 P_{m}(kW) 计算公式如下

$$T=C_{\mathrm{T}}d_0^{z_{\mathrm{T}}}f^{y_{\mathrm{T}}}k_{\mathrm{T}}$$

$$P_{\mathrm{m}}=\frac{Tv}{30d_0}$$

式中，$C_{\mathrm{T}}=0.305$，$z_{\mathrm{T}}=2.0$，$y_{\mathrm{T}}=0.8$，$k_{\mathrm{T}}=k_{\mathrm{MT}}k_{\mathrm{xT}}k_{\mathrm{VBT}}$，由表 5-56 得：与加工材料有关的修正系数 $k_{\mathrm{MT}}=0.88$；与刃磨形状有关的修正系数 $k_{\mathrm{xT}}=1.0$；与刀具磨钝有关的修正系数 $k_{\mathrm{VBT}}=0.87$。因此，总的修正系数为

$$k_{\mathrm{T}}=0.88\times1.0\times0.87=0.77$$

所以钻孔时转矩为

$$T=0.305\times18^{2.0}\times0.2^{0.8}\times0.77\mathrm{N\cdot m}=21\mathrm{N\cdot m}$$

切削功率为

$$P_{\mathrm{m}}=\frac{21\times14.1}{30\times18}\mathrm{kW}=0.55\mathrm{kW}$$

由表 5-14 可知，Z3025 型钻床主轴最大转矩 $T_{\mathrm{m}}=196.2\mathrm{N\cdot m}$，主电动机功率 $P_{\mathrm{E}}=2.2\mathrm{kW}$。由于 $T<T_{\mathrm{m}}$，$P_{\mathrm{m}}<P_{\mathrm{E}}$，故选择的切削用量可用。最后确定的切削用量为 $a_{\mathrm{p}}=9\mathrm{mm}$，$f=0.2\mathrm{mm/r}$，$v=14.1\mathrm{m/min}$（$n=250\mathrm{r/min}$）。

2. 基本时间 t_{m}

由表 5-57 得钻孔的基本时间为

$$t'_m=\frac{l_w+l_f+l_1}{fn}$$

式中 l_w——工件切削部分长度，单位为 mm；

l_f——切入量，单位为 mm，其公式为

$$l_f=\frac{d_m}{2}\cot\kappa_r+3$$

l_1——超出量，单位为 mm，$l_1=2\sim4$mm；

已知 $l_w=70$mm，$l_f=\frac{18}{2}\cot\frac{118°}{2}+3\text{mm}=8.4\text{mm}$，$l_1=3$mm，$f=0.2$mm/r，$n=250$r/min。所以，加工 4 个孔所用的基本时间为

$$t_m=4t'_m=4\times\frac{70+8.4+3}{0.2\times250}\text{min}=6.5\text{min}$$

（六）工序 50（精镗 $\phi55$mm 孔及倒角 $C2$）切削用量及基本时间的确定

本工序为精镗 $\phi55$mm 孔及倒角 $C2$，机床采用最常用的 CA6140 型卧式车床，采用 YT30 硬质合金刀具，根据加工条件和工件材料由表 5-35～表 5-38 得刀具参数为主偏角 $\kappa_r=45°$、前角 $\gamma_o=10°$、刃倾角 $\lambda_s=5°$、刀尖圆弧半径 $r_\varepsilon=0.6$mm。由表 5-39 可知，选用杆部直径为 20mm 的圆形镗刀。由表 5-40 可知，合理使用寿命为 $T=60$min。

1. 确定精镗 $\phi55$mm 孔的切削用量

（1）确定背吃刀量 a_p　由前述可知精镗时双边加工余量为 0.5mm，精镗后孔直径为 $\phi55$mm，故单边加工余量为 0.25mm，即 $a_p=0.25$mm。

（2）确定进给量 f　对于精加工，根据表 5-42，按照 CA6140 型车床的进给量值，选取 $f=0.08$mm/r。

（3）确定切削速度 v　根据表 5-43 的计算公式确定切削速度

$$v=\frac{C_v}{T^m a_p^{x_v} f^{y_v}}$$

式中，$C_v=291$，$x_v=0.15$，$y_v=0.2$，$m=0.2$，因本例的加工条件与该公式应用条件不完全相同，故需根据表 5-32 对镗削速度进行修正：根据刀具使用寿命 $T=60$min，得修正系数为 $k_{T_v}=1.0$；根据工件材料 $R_m=570$MPa，得修正系数为 $k_{M_v}=1.18$；根据毛坯表面状态，得修正系数为 $k_{sv}=1.0$；刀具材料为 YT30，得修正系数为 $k_{tv}=1.4$；此处为镗孔，经插值得修正系数为 $k_{gv}=0.765$；主偏角 $\kappa_r=45°$，查得修正系数为 $k_{\kappa_r v}=1.0$。所以

$$v=\frac{291}{60^{0.2}\times0.25^{0.15}\times0.08^{0.2}}\times1.0\times1.18\times1.0\times1.4\times0.765\times1.0\text{m/min}=330.8\text{m/min}$$

$$n=\frac{1000v}{\pi d}=\frac{1000\times330.8}{\pi\times55}\text{r/min}=1915.5\text{r/min}$$

查表 5-44，根据 CA6140 型车床上的主轴转速选择 $n=1400$r/min，则实际切削速度为

$$v=\frac{\pi dn}{1000}=\frac{\pi\times55\times1400}{1000}\text{m/min}=241.78\text{m/min}$$

（4）检验机床功率　由表 5-45，查得切削力 F_z(N) 和切削功率 P_m(kW) 计算公式如下

$$F_z = C_{F_z} a_p^{x_{F_z}} f^{y_{F_z}} v^{n_{F_z}} k_{F_z}$$

$$P_m = \frac{F_z v}{60\times10^3}$$

式中，$C_{F_z}=2650$，$x_{F_z}=1.0$，$y_{F_z}=0.75$，$n_{F_z}=-0.15$，$k_{F_z}=k_{TF_z}k_{MF_z}k_{gF_z}k_{\kappa_rF_z}k_{\gamma_oF_z}$，由表 5-32 得：与刀具使用寿命有关的修正系数 $k_{TF_v}=1.0$；与工件材料有关的修正系数 $k_{MF_z}=0.92$；镗孔相对于外圆纵车时的修正系数 $k_{gF_z}=1.04$；与主偏角有关的修正系数 $k_{\kappa_rF_z}=1.0$；与前角有关的修正系数 $k_{\gamma_oF_z}=1.04$。因此，总的修正系数为

$$k_{F_z}=1.0\times0.92\times1.04\times1.0\times1.04=1.0$$

所以，切削力为

$$F_z=2650\times0.25^{1.0}\times0.08^{0.75}\times241.78^{-0.15}\times1.0\text{N}=43.75\text{N}$$

切削功率为

$$P_m=\frac{43.75\times241.78}{60\times10^3}\text{kW}=0.18\text{kW}$$

根据表 5-46 可知，CA6140 型车床主电动机功率 $P_E=7.5$kW，因 $P_m<P_E$，故上述切削用量可用，最后确定的切削用量为 $a_p=0.25$mm，$f=0.08$mm/r，$v=241.78$m/min（$n=1400$r/min）。

2. 确定加工倒角的切削用量

因为该工序中的倒角主要是为了装配方便，故在实际生产过程中，加工倒角时并不需要进行详细的计算，切削用量与精镗 ϕ55mm 孔的相同即可。

3. 基本时间 t_m

由表 5-47 得镗孔的基本时间为

$$t_m=\frac{l+l_1+l_2+l_3}{fn}i$$

式中 l——切削加工长度，单位为 mm；

l_1——刀具切入长度，单位为 mm，其公式为

$$l_1=\frac{a_p}{\tan\kappa_r}+(2\sim3)$$

l_2——刀具切出长度，单位为 mm，$l_2=3\sim5$mm；

l_3——单件小批生产时的试切附加长度，单位为 mm；

i——进给次数。

已知 $l=91$mm，$l_1=\frac{0.25}{\tan45^\circ}+2.5\text{mm}=2.75\text{mm}$，$l_2=4$mm，$l_3=0$，$i=1$，$f=0.08$mm/r，$n=1400$r/min。所以，基本时间为

$$t_m=\frac{91+2.75+4+0}{0.08\times1400}\text{min}=0.87\text{min}$$

（七）工序 55（铣开工序）切削用量和基本时间的确定

本工序将支架零件铣开成上盖和支架座两个部分。沿 ϕ55mm 孔中心线铣断，分两次安

装。第一次安装先铣开一侧，第二次安装铣开另一侧。采用的机床为常见的 XA6132 型卧式铣床，由表 5-13 可知其主电动机功率为 7.5kW。刀具为 $d_0=160\text{mm}$，$D=32\text{mm}$，$L=5\text{mm}$，$z=48$ 的锯片铣刀。已知切削宽度 $a_w=43\text{mm}$，背吃刀量 $a_p=5\text{mm}$。

1. 选择切削用量

（1）选择铣刀磨钝标准和使用寿命　查表 5-28，选择后刀面磨损量极限值为 0.2mm，由表 5-29 经插值得铣刀使用寿命 $T=186\text{min}$。

（2）确定切削速度 v、工作台每分钟进给量 v_f 及每齿进给量 a_f　由表 5-30 可知，高速工具钢铣刀铣削铸钢的铣削速度为 $v=15\sim25\text{m/min}$，则转速为

$$n=\frac{1000v}{\pi d_0}=29.86\sim49.76\text{r/min}$$

由于本工序铣削深度和宽度较大，切断工况恶劣，故选择最小的主轴转速和纵向进给量。根据 XA6132 型卧式铣床的标准主轴转速和标准纵向进给量（见表 5-13），选取主轴转速 $n=30\text{r/min}$，工作台纵向进给速度 $v_f=23.5\text{mm/min}$。则实际切削速度为

$$v=\frac{\pi d_0 n}{1000}=\frac{\pi\times160\times30}{1000}\text{m/min}=15.1\text{m/min}$$

每齿进给量
$$a_f=\frac{v_f}{zn}=\frac{23.5}{48\times30}\text{mm/z}=0.016\text{mm/z}$$

每转进给量
$$f=a_f z=\frac{v_f}{n}=\frac{23.5}{30}\text{mm/r}=0.78\text{mm/r}$$

（3）校验机床功率　由表 5-31 和表 5-32 可知切削力（N）和切削功率（kW）的计算公式为

$$F_c=\frac{C_F a_p^{x_F} a_f^{y_F} a_w^{u_F} z}{d_0^{q_F} n^{w_F}} k_{F_c}$$

$$P_m=\frac{F_c v}{60\times10^3}$$

式中，$C_F=650$，$x_F=1.0$，$y_F=0.72$，$u_F=0.86$，$w_F=0$，$q_F=0.86$，与工件材料有关的修正系数为 $k_{MF_z}=0.92$，因此 $k_{F_c}=k_{MF_z}=0.92$，所以切削力为

$$F_c=\frac{650\times5^{1.0}\times0.016^{0.72}\times43^{0.86}\times48}{160^{0.86}\times30^0}\times0.92\text{N}=2361.1\text{N}$$

$$P_m=\frac{2361.1\times15.1}{60\times10^3}\text{kW}=0.59\text{kW}$$

XA6132 型铣床主电动机功率为 7.5kW，故所选的切削用量可用。最后所确定的切削用量为 $a_f=0.016\text{mm/z}$，$v_f=23.5\text{mm/min}$，$v=15.1\text{m/min}$（$n=30\text{r/min}$）。

2. 基本时间 t_m

查表 5-33 得铣削的基本时间为

$$t'_m=\frac{l_w+l_1+l_2}{v_f}$$

式中 l_w——工件铣削部分长度，单位为 mm；

l_1——切入行程长度，单位为 mm，$l_1=0.5d_0$；

l_2——切出行程长度，单位为 mm。

已知 $v_f=23.5$mm/min，$l_w=100$mm。切入行程长度 $l_1=0.5\times160$mm $=80$mm，切出行程长度 $l_2=1$mm。所以，两次铣削所用的基本时间为

$$t_m=2t'_m=2\times\frac{100+80+1}{23.5}\text{min}=15.4\text{min}$$

（八）工序 65（底孔倒角并攻支架体螺纹 4×M20×2）**切削用量及基本时间的确定**

本道工序是底孔倒角并攻支架体螺纹 4×M20×2，机床采用 Z3025 型摇臂钻床。由表5-58可知，工步 1 采用 90°锥柄锥面锪钻加工，$d=40$mm，$L=150$mm，莫氏锥柄号为 3 号。由表5-49 可知，刀具使用寿命 $T=50$min。工步 2 采用 M20×2 细柄机用高速工具钢丝锥，由表 5-21 可知，其 $l=37$mm，$L=112$mm。由表 5-59 可知，当工件材料为中碳钢时，取丝锥前角 $\gamma_o=9°$，后角 $\alpha_o=7°$。查表 5-61 取刀具耐用度 $T=90$min。

1. 确定倒角的切削用量

（1）确定进给量 f　根据表 5-60，进给量 f 的取值范围为 0.08～0.13mm/r。由表 5-51，根据 Z3025 型钻床标准进给量，选取 $f=0.12$mm/r。

（2）确定切削速度 v　由表 5-60 可知，锪钻加工的切削速度为 23～26m/min，则所需铣床主轴转速范围为

$$n=\frac{1000v}{\pi d}=183.1\sim207\text{r/min}$$

根据 Z3025 型钻床的标准主轴转速，由表 5-54 选取 $n=200$r/min，实际切削速度为

$$v=\frac{\pi d_0 n}{1000}=\frac{\pi\times40\times200}{1000}\text{m/min}=25.12\text{m/min}$$

最后确定的切削用量为 $f=0.12$mm/r，$v=25.12$m/min（$n=200$r/min）。

2. 确定攻螺纹的切削用量

（1）确定背吃刀量 a_p

$$a_p=\frac{20-18}{2}\text{mm}=1\text{mm}$$

（2）确定进给量 f　f 等于工件螺纹的螺距，即 $f=2$mm/r。

（3）确定切削速度 v　由表 5-61 知，切削速度 v(m/min) 的计算公式为

$$v=\frac{c_v d_0^{z_v}}{T^m P^{y_v}}k_v$$

式中，$c_v=64.8$，$z_v=1.2$，$y_v=0.5$，$m=0.9$。工件材料修正系数 $k_{M_v}=1.0$；刀具材料修正系数 $k_{t_v}=1.0$；螺纹公差等级修正系数 $k_{a_v}=1.0$；丝锥心部直径 $d_0=(0.4\sim0.5)d$，其中 d 为丝锥大径，取 $d_0=0.5d=0.5\times20=10$。因此

$$k_v=k_{Mv}k_{t_v}k_{a_v}=1$$

$$v=\frac{64.8\times10^{1.2}}{90^{0.9}\times2^{0.5}}\times1.0\text{m/min}=12.7\text{m/min}$$

则

$$n=\frac{1000v}{\pi d}=\frac{1000\times 12.7}{\pi\times 20}\text{r/min}=202.2\text{r/min}$$

由表 5-54，根据 Z3025 型钻床的标准主轴转速，选取 $n=200\text{r/min}$，则实际切削速度为

$$v=\frac{\pi dn}{1000}=\frac{\pi\times 20\times 200}{1000}\text{m/min}=12.56\text{m/min}$$

（4）检验机床功率　由表 5-61 知，转矩（N·m）和功率（kW）的计算公式为

$$T=c_T d_0^{z_T} f^{y_T} k_T$$

$$P_m=\frac{Tv}{30d_0}$$

式中，$c_T=0.264$，$z_T=1.4$，$y_T=1.5$，$k_T=k_{M_T}=1.0$，则转矩为

$$T=0.264\times 10^{1.4}\times 2^{1.5}\times 1.0\text{N}\cdot\text{m}=18.76\text{N}\cdot\text{m}$$

功率为

$$P_m=\frac{Tv}{30d_0}=\frac{18.76\times 12.56}{30\times 10}\text{kW}=0.79\text{kW}$$

根据表 5-14 可知，Z3025 型钻床主轴的最大转矩 $T_m=196.2\text{N}\cdot\text{m}$，主电动机功率 $P_E=2.2\text{kW}$。由于 $T<T_m$，$P_m<P_E$，故选择的切削速度可用，最后确定的切削用量为 $a_p=1\text{mm}$，$f=2\text{mm/r}$，$v=12.56\text{m/min}$（$n=200\text{r/min}$）。

3. 计算基本时间 t_m

（1）工步 1 的基本时间　根据表 5-57 可知，锪倒角的基本时间为

$$t'_m=\frac{l_w+l_f}{fn}$$

式中　l_w——工件切削部分长度，单位为 mm；

　　l_f——切入量，单位为 mm，$l_f=1.5\sim 3\text{mm}$。

已知 $l_w=2\text{mm}$，l_f 取为 2mm。所以，加工 4 个孔所用的基本时间为

$$t_m=4t'_m=4\times\frac{2+2}{0.12\times 200}\text{min}=0.67\text{min}$$

（2）工步 2 的基本时间　选取丝锥退出的转速 n_0 比攻螺纹时的转速 n 高一等级，根据表 5-54 可知 $n_0=250\text{r/min}$，则根据表 5-62，机用丝锥攻螺纹的机动时间的计算公式为

$$t'_m=\frac{l+l_1+l_2}{fn}+\frac{l+l_1+l_2}{fn_0}=\frac{l+l_1+l_2}{f}\left(\frac{1}{n}+\frac{1}{n_0}\right)$$

式中，$l=27\text{mm}$，$P=2\text{mm}$，$n=200\text{r/min}$，$n_0=250\text{r/min}$，f 为工件每转进给量，等于工件螺纹的螺距，即 $f=2\text{mm/r}$，$l_1=(1\sim 3)P$，取 $l_1=2P=4\text{mm}$，$l_2=0$。

则

$$t'_m=\frac{27+4+0}{2}\times\left(\frac{1}{200}+\frac{1}{250}\right)\text{min}=0.14\text{min}$$

又因在此道工序中要攻制 4 个相同的螺纹孔，所以，4 次攻螺纹所用的基本时间为

$$t_m = 4t'_m = 4\times0.14\text{min} = 0.56\text{min}$$

将前面的计算结果填入机械加工工序卡片中，即得机械加工工艺规程。右支架的机械加工工艺规程见表 4-1～表 4-15。

第四节　专用机床夹具设计

一、接受设计任务、明确加工要求

本次专用机床夹具设计任务是设计用于加工东方红—75 推土机铲臂右支架两个 ϕ43.5mm 孔的钻模，即专用的钻床夹具，具体设计内容和要求应以机械制造工艺学课程设计任务书和铲臂右支架机械加工工艺规程为依据。有关零件功用、工作条件方面的内容可参照零件图样和机械加工工艺规程制订部分。由零件图样和课程设计任务书中能得到的本工序加工要求如下：

1）两个 $\phi43.5^{+0.34}_{0}$mm 孔尺寸公差等级要求为 IT13 级。

2）两个 $\phi43.5^{+0.34}_{0}$mm 孔表面粗糙度要求为 Ra12.5μm。

3）两个 $\phi43.5^{+0.34}_{0}$mm 孔深度均为 62mm。

4）两个 $\phi43.5^{+0.34}_{0}$mm 孔中心线对 ϕ55mm 孔中心线的垂直度公差为 0.2mm/100mm。

5）两个 $\phi43.5^{+0.34}_{0}$mm 孔中心线夹角为 47°±15′，两孔中心线关于主视图中的竖直中心线对称，且夹角顶点在 ϕ55mm 孔的中心线上。

6）零件毛坯材料为 ZG 310—570。

7）产品生产纲领：4360 件/年。

扩两个 $\phi43.5^{+0.34}_{0}$mm 孔在整个机械加工工艺规程中为第六道工序（工序 30），加工之前 ϕ55mm 孔已进行半精加工，其加工后尺寸为 ϕ54.5H9（$^{+0.074}_{0}$）mm，表面粗糙度值为 Ra12.5μm；A 面、B 面和 C 面已加工完毕，表面粗糙度值为 Ra12.5μm。A、B 和 C 面与 ϕ55mm 孔虽在不同工序中加工，但位置精度较高。本零件毛坯为砂型铸造机器造型，加工前经退火处理，硬度为 156～217HBW。铸造分型面在主视图投影的最大轮廓线上，铸件公差等级为 DCTG9 级。按毛坯的供应状态，分型面处毛刺都已经磨平，零件外部未加工表面基本平整光滑，被加工孔处单边加工余量为 2mm。

了解上述信息之后，针对设计任务，可同时收集一些相关设计资料，如相应的标准以及有关计算公式，同类产品或近似产品的夹具图样，有关机床设备的相关尺寸，实际现场中机床设备的位置、空间尺寸等。

二、确定定位方案、选择定位元件

在钻模的设计中，工件的定位方案与定位基准面的选择一般应与该工件的机械加工工艺规程一致。若工艺规程中的定位方案与定位基准面的选择确有问题，可重新进行考虑和确定。

由零件图样和该零件的机械加工工艺规程可知，工件上两个 ϕ43.5mm 孔与 ϕ55mm 孔的中心线有垂直度要求，且两个 ϕ43.5mm 孔中心线的交点与 ϕ55mm 孔中心线重合，这表明两

个 $\phi 43.5$mm 孔的工序基准是 $\phi 55$mm 孔，在定位基准面及定位方案选择上要尽可能以 $\phi 55$mm 孔为定位基准，以避免由于基准不重合带来的加工误差。

由零件的加工要求可知，用“调整法”加工两个 $\phi 43.5$mm 孔时必须限制 6 个自由度，若选 $\phi 55$mm 孔作为第一定位基准面且选用长心轴定位，最多只能限制 4 个自由度，还必须另选定位基准面来满足定位要求。由前面分析可知，还可利用的表面有已加工好的 A、B 平面。若选任一平面为第二定位基准面，可限制 3 个自由度，共限制了 7 个自由度，其中两个自由度被重复限制。此外，即使用这种长心轴和平面的定位方式，还有一个绕 $\phi 55$mm 孔中心线转动的自由度未被限制，故应以两个 $\phi 43.5$mm 孔之一的外缘作为第三定位基准限制其转动自由度。为了解决过定位的问题，可以采取两种途径：一是减小定位心轴的长度，改长心轴定位为短心轴定位，$\phi 55$mm 孔由第一定位基准变为第二定位基准，所限制的自由度数由 4 个变为 2 个，第一定位基准则为 B、C 构成的平面；二是提高工件上 $\phi 55$mm 孔与 B、C 构成平面的垂直度要求，同时提高夹具上定位心轴与其端面的垂直度要求。这样，此种定位方式表面上看是过定位，但实际上并不会出现过定位所造成的一批工件定位不统一、装夹困难、工件和定位元件发生变形等恶果。

经综合分析比较，最终选择 B、C 构成的平面作为第一定位基准，限制 3 个自由度。$\phi 55$mm 孔作为第二定位基准，限制两个自由度。两个 $\phi 43.5$mm 孔之一的外缘作为第三定位基准，限制 1 个自由度。结果与右支架机械加工工艺规程中的定位方案一致。

工件的定位是通过定位基准面与定位元件接触来实现的，故定位元件的选取应与定位方案和工件定位表面相适应。

第一定位基准：$\phi 55$mm 短心轴台肩与分度盘所构成的大平面。

第二定位基准：$\phi 55$mm 短心轴。

第三定位基准：挡销。

三、确定夹紧方案、设计夹紧机构

当工件的定位方案确定以后，还必须进行夹紧方案和夹紧机构的设计，以保证在切削加工过程中工件的正确位置不会在切削力、重力、惯性力等的作用下发生变化。根据工件的形状特点和定位方案，可采用以下两种夹紧方案：一种为手动螺旋夹紧机构，另一种为气动夹紧机构。由于本零件批量不是很大，考虑到制造成本因素，本工序以选用手动螺旋夹紧的方案较为合适。

为了克服单螺旋夹紧机构动作缓慢的缺点，与工件接触处采用开口垫圈。工人在操作时，不必将夹紧螺母全部拧下，只需拧松半扣后将开口垫圈径向取出，即可实现快速装卸工件。

在本夹具定位及夹紧方案确定后，对工件进行受力分析是正确估算夹紧力大小的基础。扩孔时的切削力有两个：一个是主切削力，它形成扭矩；另一个是轴向进给力，它指向定位用的心轴。对于扭矩来说，应由连接夹具体与机床工作台的 4 个 T 形螺栓旋紧后产生的摩擦力来平衡。实际上，T 形螺栓本身就具有承受很强横向载荷的能力，故没有必要校核扭矩。对于轴向进给力来说，该力只指向起定位作用的心轴（该心轴较粗，直径为 $\phi 54.5$mm），通过心轴又作用于夹具体及工作台。工件夹紧后，可认为与心轴、夹具体连为一体，是一个刚度系统，类比其他结构可知，轴向进给力无法使心轴松动和弯曲。

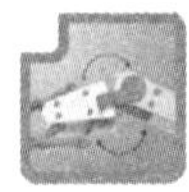

四、确定分度方案、设计分度装置

本工序所加工的两个 ϕ43.5mm 孔中心线成 47°夹角，且不在一个平面上。为保证该工序的加工要求，可采用分度式钻模。本工序所用分度式钻模中的分度装置主要由分度盘和对定机构组成。由于手拉式定位器结构简单、操作方便，这里就选用手拉式定位器作为对定机构，具体的结构和尺寸见表 5-63～表 5-65。

分度盘与心轴由螺钉联接在一起，装入夹具体中。心轴具有两段主要轴径，一段轴径作为短轴实现工件的定位，另一段轴径与夹具体上的衬套配合。当心轴绕着夹具体上的衬套中心旋转时，最终带动工件旋转。手拉式定位器安装在夹具体上，其中的对定插销与分度盘上安装的定位套相配合，两个定位套与 ϕ55mm 孔中心连线之间的夹角为 47°±5′。当对定插销分别插入两个定位套时，即可实现夹具的分度。

扩孔时，将工件装入心轴，加工完一个 ϕ43.5mm 孔后，松开分度盘锁紧手柄，拔出对定插销，将其回转 90°后卡在浅槽上，对定插销暂时不回退到分度盘的定位套中，然后由分度盘带动工件转到另一定位套位置，再将对定插销回位插入，最终实现工件的分度，加工另外一个 ϕ43.5mm 孔。

为了避免分度盘锁紧手柄松开，以及对定插销拔出时工件与分度盘因自重而旋转，可对分度盘进行限位。具体方式为在夹具体上设置限位螺钉，在分度盘上相应位置设置圆弧槽。

五、确定导向方案和选择导向元件

在钻模中，钻套作为刀具导向元件，主要用于保证被加工孔的位置精度，同时可以起到减少加工过程中的振动的作用。由于可换钻套磨损后可以迅速更换，适用于中批、大批量生产，故本夹具选用可换钻套。

可换钻套的具体结构和规格尺寸按照表 5-66 选取。钻套中导向孔的孔径及其偏差应根据所选取的刀具尺寸来确定。通常取刀具的上极限尺寸作为引导孔的公称尺寸。由前面叙述可知，本工序选用的是 d=43.5mm 的高速工具钢锥柄麻花钻，由表 5-67 可知高速工具钢麻花钻直径的上极限偏差为 0，下极限偏差为-0.039mm，故引导孔的公称尺寸为 ϕ43.5mm。由表 5-66 可知，引导孔的偏差应取 F7，钻套中与衬套配合的部分公差取 k6 或 m6。

钻套与工件之间应留有排屑间隙，若间隙过大，将影响导向作用；若间隙过小，切屑将不能及时排出。由表 5-68 可知，钻套与工件间的距离 $h=(0.7\sim1.5)d$ = 30.45～65.25mm。考虑到本工序是用麻花钻扩孔，工件上已有预制孔，单边加工余量为 2mm，产生的切屑要比在实体上钻孔少很多，故 h 的取值可以适当缩小。

衬套的具体结构和规格尺寸见表 5-69。由该表可知，衬套中与钻套配合的部分公差取 F7，与夹具体配合的部分公差取 n6。钻套螺钉的具体结构和规格尺寸见表 5-70。

六、钻模板结构类型的确定

针对本工序中两个 ϕ43.5mm 孔的结构形状特点，钻模板有两种形式可供选择。一种是可将钻模板装配在分度盘上，这时需要两个钻模板，钻套固定在各自的钻模板上，在空间上成 47°的夹角；另一种为钻模板安装在夹具体上，这时只需一个钻模板和一个钻套，但由于两个 ϕ43.5mm 孔中心线空间交叉，故钻套在钻模板上应能沿与 ϕ55mm 孔中心线平行的方向移动，位置精度差，且需要有钻套锁紧装置。综上分析，本工序应选用第一种钻模板形式。

在安装钻模板时，应在找正钻套位置后，配钻两个定位销孔，装入圆柱销，以保证拆装钻模板时，能快速找正其位置。需要说明的是，这里选用的圆柱销为内螺纹圆柱销，方便拆卸。

七、夹具体的设计

由于铸造夹具体工艺性好，可铸出各种复杂形状，且具有较好的抗压强度、刚度和抗振性，在生产中应用广泛，故选用铸造夹具体，材料选用 HT250。为使夹具体尺寸稳定，需要进行时效处理，以消除内应力。为了便于夹具体的制造、装配和检验，铸造夹具体上安装各种元件的表面应铸出凸台，以减小加工面积，如夹具体底板上的耳座铸出凸台。本工序中切屑较少，可不考虑设置排屑结构。

夹具体设计一般不做复杂的计算，通常都是参照类似的夹具结构，按经验类比法确定。夹具体的结构尺寸数据可参考表 5-71，由该表可知夹具体壁厚应取 8~25mm。考虑到该夹具体是开式结构，为了增加夹具体的强度、刚度，应该增加夹具体的壁厚，另外还可以考虑设置加强肋。

夹具体上的耳座间距应是机床工作台上 T 形槽相邻槽尺寸的整数倍。根据选取的机床 Z35 可查其工作台上 T 形槽的槽间距，由表 5-72 可知机床上 T 形槽的槽间距 $e_1 = 150$mm，故夹具体上的耳座间距可以取 150mm。

八、夹具精度分析

由加工误差不等式可知，使用夹具夹紧工件时，加工误差的来源有工件的安装误差、夹具的对定误差和在加工过程中各种因素造成的误差。为了达到加工要求，必须使上述三个加工误差之和小于或等于工件相应尺寸的公差。在安装误差中，包括定位误差和夹紧误差。一般的夹具设计中，工件和夹具定位元件均可视为刚体，刚度较大，由此带来的夹紧误差可以忽略不计。在本钻床夹具中，由于采用分度装置和导向装置，会导致相应的对定误差。因此，下面就根据各项工序要求，对本工序的定位误差、导向误差、分度误差进行分析。

（1）两个 ϕ43.5mm 孔径尺寸精度　本工序的尺寸精度由扩孔时采用的钻头外径尺寸来保证，属于定尺寸刀具保证法，因此不存在定位误差。

（2）两个 ϕ43.5mm 孔深尺寸精度　两个孔深的尺寸为 62mm，属于未注公差尺寸，尺寸精度较低，因此不必进行定位误差的计算。

（3）两个 ϕ43.5mm 孔中心线的角度公差　影响此项精度的因素有两个，即两个钻套的导向误差和分度机构的分度误差。本夹具在分度盘上设置两个钻模板，且两个钻套已经处于空间交叉的位置，其导向误差将直接影响其角度公差，也就是说两个 ϕ43.5mm 孔中心线的角度精度要求主要受两个钻套导向误差的影响。而夹具分度机构的分度误差只会影响两个钻套的中心线是否处于竖直方向，从而造成钻头与钻套之间的偏斜，增大二者的摩擦，而对工序要求中两个 ϕ43.5mm 孔中心线的角度公差影响不大。故只需考虑钻套的导向误差对其造成的影响，使两钻套的导向误差之和小于或等于两个 ϕ43.5mm 孔中心线角度公差的 1/3~1/2，分度机构的分度误差可忽略不计。若只在夹具体上设置一个固定的钻模板，钻套可沿 ϕ55mm 孔中心线方向移动，则此时钻套的导向误差和分度装置的分度误差均会直接影响

47°±15′的精度要求。对这两项误差可分别进行计算，使二者之和小于两个 ϕ43.5mm 孔中心线角度公差的 1/3~1/2 即可。

（4）两个 ϕ43.5mm 孔的中心线均要求通过 ϕ54.5mm 孔中心　此项工序要求是在图样中未标出却隐含的要求，其工序基准是 ϕ54.5mm 孔中心线，因此在本夹具的定位方案下，ϕ54.5mm 孔中心线在任意方向的变动量就是此项工序要求的定位误差。当工件以内孔在间隙心轴上定位时，内孔中心线在任意方向上的变动量为

$$\Delta_{DW}=T_D+T_d+\Delta_{min}$$

式中　T_D——工件定位孔的孔径公差；

T_d——定位心轴的轴径公差；

Δ_{min}——工件定位孔与定位心轴的最小配合间隙。

在本定位方案中，工件定位内孔与定位心轴的配合是 H9/g6，工件内孔表面的公差等级为 IT9 级，直径公差为 $T_D=0.074$mm，定位心轴的公差等级为 IT6 级，直径公差为 $T_d=0.019$mm，工件定位孔与定位心轴的最小配合间隙 $\Delta_{min}=0.010$mm，最终本工序要求的定位误差为

$$\Delta_{DW}=0.074\text{mm}+0.019\text{mm}+0.010\text{mm}=0.103\text{mm}$$

由于本工序要求为未注公差，因此不必进行定位误差不等式的验算。

（5）ϕ43.5mm 孔中心线对 ϕ54.5mm 孔中心线的垂直度误差不大于 0.2mm/100mm 的定位误差　从结构上看，这项要求实际上只与所采用定位元件的位置精度，即短心轴与其大端面之间的垂直度误差有关。若短心轴和其大端面是一次加工而成的，且机床的运动精度较高，则能保证该项要求。即使短心轴和大平面的组合定位面是分两次加工装配而成的，只要装配后的垂直度误差小于或等于相应要求垂直度误差的 1/3，同样也能保证该项要求。本夹具设计举例中短心轴和其大端面同属一个零件，是一次装夹加工而成的，可以保证位置精度，故不存在定位误差的校核问题。

九、绘制夹具装配图，标注有关尺寸及技术要求

最终绘制的用于加工 ϕ43.5mm 孔的钻模装配图如图 4-3 所示。在该装配图中，应标注的有关尺寸和技术要求如下：

（1）装配图上应标注的尺寸与公差

1）夹具外形的最大轮廓尺寸：长 400mm，宽 286mm，高 330mm。

2）工件与定位元件间的联系尺寸：ϕ54.5H9/g6。

3）夹具与刀具的联系尺寸：钻套间的位置尺寸 47°±5′。

4）夹具与机床连接部分的尺寸：两耳座中心横向距离为 150mm，纵向距离为 200mm。

5）配合尺寸和公差：

① 钻模板与衬套配合尺寸为 ϕ78H7/n6。

② 衬套与钻套配合尺寸为 ϕ62F7/k6。

③ 定位插销与定位衬套配合尺寸为 ϕ15H7/g6。

④ 定位衬套与分度盘配合尺寸为 ϕ22H7/n6。

⑤ 夹具体与手拉式定位器中导套的配合尺寸为 ϕ24H7/n6。

⑥ 心轴套与夹具体的配合尺寸为 ϕ50H7/k6。

⑦ 定位心轴与心轴套的配合尺寸为 ϕ40H7/g6。

（2）装配图上的技术要求

1）ϕ54.5mm 心轴轴线对夹具体底面的平行度公差为 0.05mm/100mm。

2）两个 ϕ43.5mm 钻套的中心线对心轴 ϕ54.5mm 轴线的垂直度公差为 0.05mm/100mm。

夹具装配图上无法用符号标注而又必须说明的问题，可作为技术要求用文字写在装配图的空白处。本钻模具有分度机构，其工作时须运转灵活，故有运动要求处均应涂润滑油。

Chapter

参考图例

一、实例零件图

本零件图为东方红-75 推土机铲臂右支架，包括右支架上盖（图 4-1）和右支架座（图 4-2）。

二、机械加工工艺过程工序卡片

用于加工铲臂右支架的机械加工工艺过程工序卡片见表 4-1 ~ 表 4-15。

三、专用机床夹具装配图

本课程设计所涉及的 3 套专用机床夹具均为加工东方红-75 推土机铲臂右支架所用，其中有 2 套钻床夹具和 1 套铣床夹具。现就其工作原理简单介绍如下。

1. 扩 2×ϕ43.5mm 孔专用机床夹具

本夹具装配图如图 4-3 所示，其工作原理是：工件以端面 B、工艺凸台面 C、ϕ54.5mm 孔及 ϕ43.5mm 孔外缘为定位基准，其中，端面 B、工艺凸台面 C 为第一定位基准，限制 3 个自由度；ϕ54.5mm 孔为第二定位基准，限制 2 个自由度；ϕ43.5mm 孔外缘为第三定位基准，限制 1 个自由度，即属于完全定位。可换钻套 22 用于引导钻头。分度盘 18 和心轴 16 由螺钉联接在一起，可绕夹具体上的心轴套中心旋转。分度盘与夹具体间的轴向间隙由轴上左端两圆螺母调整锁定。开口垫圈 14 和螺母 15 用于夹紧工件。当扩完一个孔后，松开手柄 6，拔出手拉式定位器 2 的定位插销并转动 90°，使定位插销与定位衬套 5 暂时分离。然后转动分度盘带动工件转到另一定位衬套位置，将手拉式定位器 2 的定位插销插入定位衬套 5 中，使第二个孔的中心线处于竖直位置，然后转动手柄 6 锁紧分度盘，进行另一个孔的加工。

2. 右支架铣开夹具

右支架铣开夹具装配图如图 4-4 所示。本工序有两次安装。在第一次安装时，工件是以 ϕ55mm 孔、端面 B 和一个 ϕ20mm 孔定位，相应的定位元件是心轴 5、轴肩面和削边销 11，分别限制工件的4、3、1个自由度，属过定位情况。但在本工序之前，右支架的ϕ55mm孔已经过精镗，其中心线与孔端面的垂直度要求已经得到保证，故此过定位情况是允许的。工件在第一次安装时被铣开一侧后卸下，旋转180°后安装在另一心轴上。此时，工件仍以ϕ55mm孔、端面*B*定位，而绕ϕ55mm孔旋转的自由度由铣开的切口限制，相应的定位元件是定位块4。在第二次安装时，工件被铣开另一侧。经过两次安装，右支架被完全铣开。

应注意的是，在夹具体上设置了两个削边销，使该夹具不但可以用于铣开右支架，还可用于铣开左支架。在铣开左支架或右支架的工序中，只会用到其中的一个削边销。因此，本右支架铣开夹具实际为左、右支架铣开夹具。

3. 钻6×ϕ20mm孔专用机床夹具

本夹具装配图如图4-5所示。工件以端面*B*、工艺凸台面*C*、ϕ54.5mm孔及一个ϕ43.5mm孔定位，相应的定位元件是圆环支板2、心轴组件4和活动削边销组件11，分别限制工件的3、2、1个自由度，属于完全定位。加工前，首先松开蝶形螺母20，使其位置与钻模板上的长孔方向一致，向上翻转钻模板组件7，并拉出活动削边销组件11，然后装入工件。将活动削边销组件11插入一个ϕ43.5mm孔中，使工件得到完全定位。通过螺母6、开口垫圈5夹紧工件，翻下钻模板组件7，并拧紧蝶形螺母20，锁紧钻模板组件7，即可进行钻孔加工。此外，该夹具的圆环支板和支承板的上平面可在一次装配后磨出，以保证其等高性。

在本钻模板上设置了5个钻套，使该夹具可以分别用于左、右支架6×ϕ20mm孔的钻削工序，实现“一机多能”。

学习过程中，可以扫描二维码观看三维动画，有助于快速理解和掌握上述三套夹具的结构和工作原理。

扫描二维码观看：

扩2×ϕ43.5孔专用机床夹具

右支架铣开夹具

钻6×ϕ20孔专用机床夹具

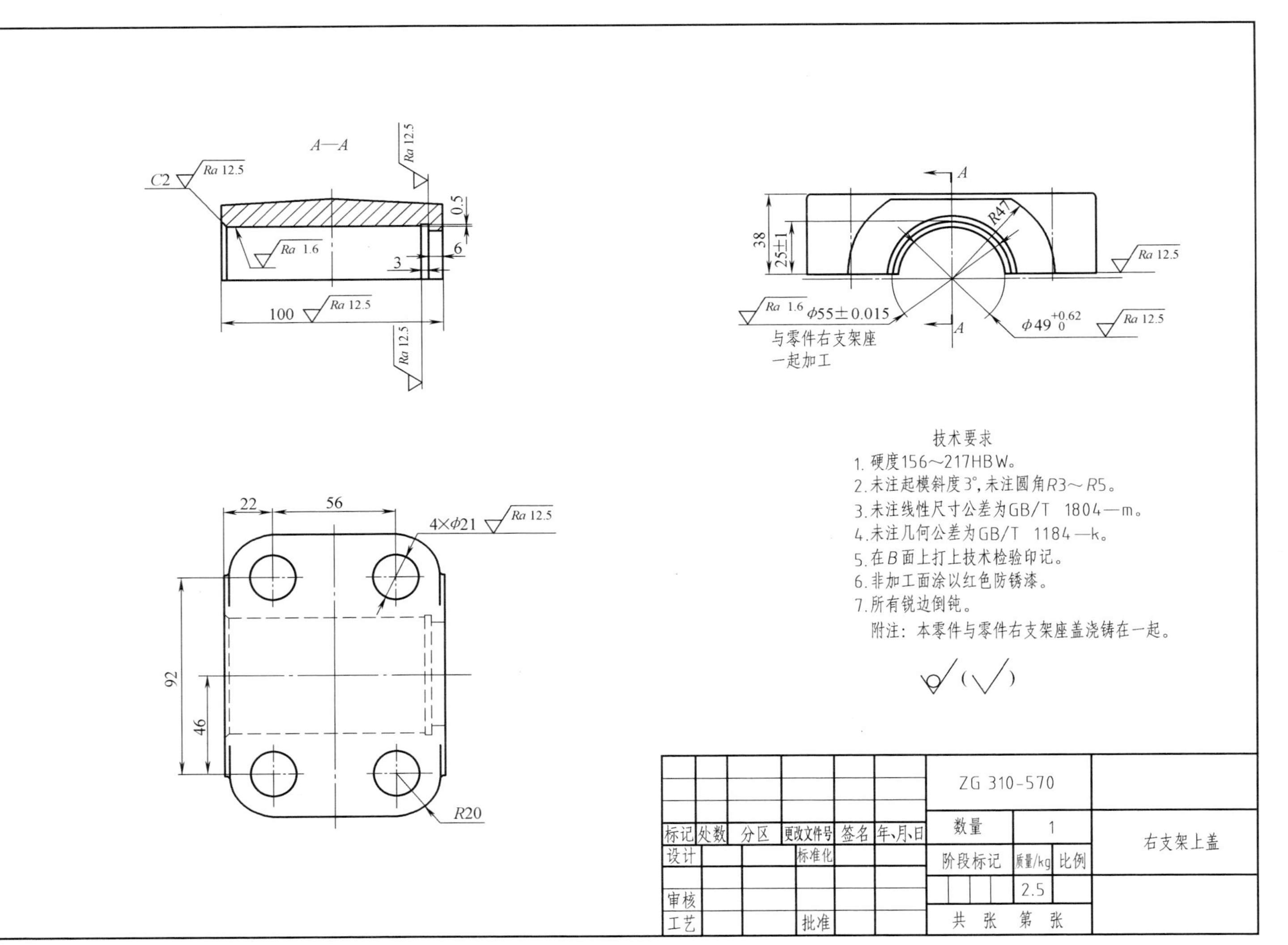

图 4-1 右支架上盖零件图

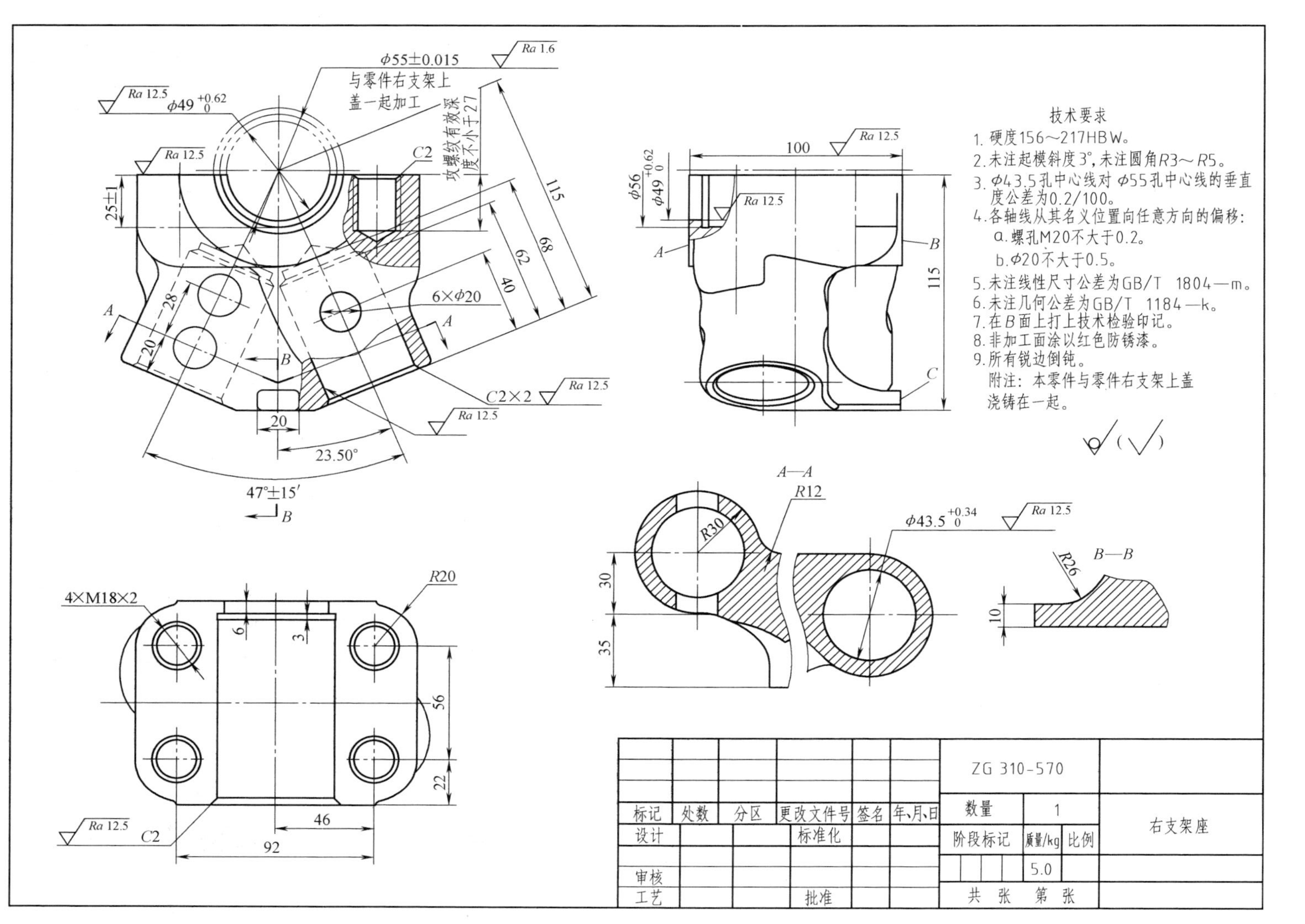

φ55±0.015
与零件右支架上
盖一起加工
Ra 1.6
Ra 12.5
φ49 +0.62 0
C2
攻螺纹有效深度不小于27
25±1
115
68
62
40
28
20
6×φ20
A
B
C2×2
23.50°
47°±15′
100
115
φ56
φ49 +0.62 0
C
技术要求
1. 硬度156～217HBW。
2. 未注起模斜度3°，未注圆角R3～R5。
3. φ43.5孔中心线对φ55孔中心线的垂直度公差为0.2/100。
4. 各轴线从其名义位置向任意方向的偏移：
a. 螺孔M20不大于0.2。
b. φ20不大于0.5。
5. 未注线性尺寸公差为GB/T 1804—m。
6. 未注几何公差为GB/T 1184—k。
7. 在B面上打上技术检验印记。
8. 非加工面涂以红色防锈漆。
9. 所有锐边倒钝。
附注：本零件与零件右支架上盖浇铸在一起。
A—A
R12
R30
30
35
φ43.5 +0.34 0
B—B
R26
10
4×M18×2
R20
6
3
56
22
46
92
C2
ZG 310-570
右支架座
标记 处数 分区 更改文件号 签名 年、月、日
设计 标准化
审核
工艺 批准
数量 1
阶段标记 质量/kg 比例
5.0
共 张 第 张

图 4-2 右支架座零件图

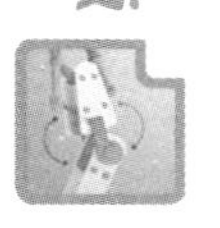

表 4-1 机械加工工艺过程卡片

机械加工工艺过程卡片	产品型号	东方红-75	零件图号			
	产品名称	东方红推土机	零件名称	右支架	共 15 页	第 1 页

材料牌号	ZG310-570	毛坯种类	铸件	毛坯外形尺寸		每毛坯件数		每台件数		备注	

	工序号	工序名称	工序内容	车间	工段	设备	工艺装备	工时 准终	工时 单件
	05	铣	粗铣顶面 A			XA5032			
	10	铣	粗铣底面 B、工艺凸台面 C			XA5032			
	15	车	粗镗 ϕ49mm 孔，切退刀槽 3mm×ϕ56mm			CA6140			
	20	车	粗镗 ϕ55mm 孔，倒角 $C2$			CA6140			
	25	车	半精镗 ϕ55mm 孔			CA6140			
	30	钻	扩 2×ϕ43.5mm 孔			Z35			
	35	锪	2×ϕ43.5mm 孔倒角 $C2$			Z35			
	40	钻	钻 6×ϕ20mm 孔			Z3025			
	45	钻	钻 4×M20×2 螺纹底孔 ϕ18mm			Z3025			
	50	车	精镗 ϕ55mm 孔及倒角 $C2$			CA6140			
	55	铣	铣开（两次安装）			XA6132			
描图	60	扩	扩上盖 4×ϕ21mm 孔			Z3025			
	65	攻螺纹	4×M20×2 底孔倒角 $C2$，攻 4×M20×2 支架座螺纹			Z3025			
描校	70		去毛刺、清洗、检验						
底图号									
装订号									

										设计（日期）	审核（日期）	标准化（日期）	会签（日期）		
标记	处数	更改文件号	签字	日期	标记	处数	更改文件号	签字	日期						

表 4-2 机械加工工序卡片（一）

机械加工工序卡片	产品型号	东方红-75	零件图号			
	产品名称	东方红推土机	零件名称	右支架座	共 15 页	第 2 页

车间	工序号	工序名称	材料牌号
	05	铣	ZG 310-570
毛坯种类	毛坯外形尺寸	每毛坯可制件数	每台件数
铸件			
设备名称	设备型号	设备编号	同时加工件数
	XA5032		1

夹具编号	夹具名称	切削液	
	专用夹具		
工位器具编号	工位器具名称	工序工时/min	
		准终	单件
	高速工具钢镶齿铣刀		

工步号	工步内容	工艺装备	主轴转速/(r/min)	切削速度/(m/min)	进给量/(mm/r)	背吃刀量/mm	进给次数	工步工时/min 机动	工步工时/min 辅助
1	粗铣顶面 *A*	刀具：高速工具钢镶齿套式端铣刀　量具：游标卡尺	60	23.55	0.994	4		2.02	

描图	描校	底图号	装订号

										设计（日期）	审核（日期）	标准化（日期）	会签（日期）
标记	处数	更改文件号	签字	日期	标记	处数	更改文件号	签字	日期				

表 4-3 机械加工工序卡片（二）

机械加工工序卡片	产品型号	东方红-75	零件图号			
	产品名称	东方红推土机	零件名称	右支架座	共 15 页	第 3 页

车间	工序号	工序名称	材料牌号
	10	铣	ZG 310-570
毛坯种类	毛坯外形尺寸	每毛坯可制件数	每台件数
铸件			
设备名称	设备型号	设备编号	同时加工件数
	XA5032		1
夹具编号	夹具名称	切削液	
	专用夹具		
工位器具编号	工位器具名称	工序工时/min	
		准终	单件
	高速工具钢镶齿铣刀		

工步号	工步内容	工艺装备	主轴转速/(r/min)	切削速度/(m/min)	进给量/(mm/r)	背吃刀量/mm	进给次数	工步工时/min 机动	工步工时/min 辅助
1	粗铣底面 B、工艺凸台面 C	刀具：高速工具钢镶齿套式端铣刀　量具：游标卡尺							

描图

描校

底图号

装订号

标记	处数	更改文件号	签字	日期	标记	处数	更改文件号	签字	日期	设计（日期）	审核（日期）	标准化（日期）	会签（日期）

表 4-4 机械加工工序卡片（三）

机械加工工序卡片	产品型号	东方红-75	零件图号			
	产品名称	东方红推土机	零件名称	右支架座	共 15 页	第 4 页

车间	工序号	工序名称	材料牌号
	15	车	ZG 310-570
毛坯种类	毛坯外形尺寸	每毛坯可制件数	每台件数
铸件			
设备名称	设备型号	设备编号	同时加工件数
	CA6140		1

夹具编号	夹具名称	切削液	
	专用夹具		
工位器具编号	工位器具名称	工序工时/min	
		准终	单件

工步号	工步内容	工艺装备	主轴转速/(r/min)	切削速度/(m/min)	进给量/(mm/r)	背吃刀量/mm	进给次数	工步工时/min 机动	工步工时/min 辅助
1	粗镗 ϕ49mm 孔	刀具：YT5 硬质合金圆刀杆镗刀　量具：游标卡尺	560	86.16	0.2	3		0.17	
2	切退刀槽 3mm×ϕ56mm	刀具：高速工具钢内孔切槽刀	40	7.03					

描　图

描　校

底图号

装订号

										设计（日期）	审核（日期）	标准化（日期）	会签（日期）	
标记	处数	更改文件号	签字	日期	标记	处数	更改文件号	签字	日期					

表 4-5　机械加工工序卡片（四）

机械加工工序卡片	产品型号	东方红-75	零件图号			
	产品名称	东方红推土机	零件名称	右支架座	共 15 页	第 5 页

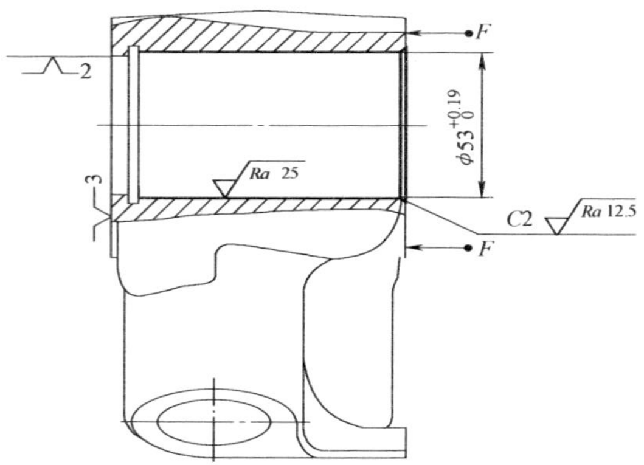

车间	工序号	工序名称	材料牌号
	20	车	ZG 310-570
毛坯种类	毛坯外形尺寸	每毛坯可制件数	每台件数
铸件			
设备名称	设备型号	设备编号	同时加工件数
	CA6140		1

夹具编号	夹具名称	切削液	
	专用夹具		
工位器具编号	工位器具名称	工序工时/min	
		准终	单件

工步号	工步内容	工艺装备	主轴转速/(r/min)	切削速度/(m/min)	进给量/(mm/r)	背吃刀量/mm	进给次数	工步工时/min 机动	工步工时/min 辅助
1	粗镗 ϕ55mm 孔	刀具：YT5 圆刀杆镗刀　量具：内径百分表	560	93.20	0.2	2		0.89	
2	倒角 $C2$	刀具：YT5 45°偏刀	560	93.20	0.2	2			

描图	描校	底图号	装订号

标记	处数	更改文件号	签字	日期	标记	处数	更改文件号	签字	日期	设计（日期）	审核（日期）	标准化（日期）	会签（日期）

表 4-6 机械加工工序卡片（五）

机械加工工序卡片	产品型号	东方红-75	零件图号			
	产品名称	东方红推土机	零件名称	右支架座	共 15 页	第 6 页

车间	工序号	工序名称	材料牌号
	25	车	ZG 310-570
毛坯种类	毛坯外形尺寸	每毛坯可制件数	每台件数
铸件			
设备名称	设备型号	设备编号	同时加工件数
	CA6140		1

夹具编号	夹具名称	切削液	
	专用夹具		
工位器具编号	工位器具名称	工序工时/min	
		准终	单件

工步号	工步内容	工艺装备	主轴转速/(r/min)	切削速度/(m/min)	进给量/(mm/r)	背吃刀量/mm	进给次数	工步工时/min 机动	工步工时/min 辅助
1	半精镗 ϕ55mm 孔	刀具：YT15 圆刀杆镗刀　量具：二级杠杆式百分表	1120	191.67	0.1	0.75		0.88	

描图	描校	底图号	装订号

标记	处数	更改文件号	签字	日期	标记	处数	更改文件号	签字	日期	设计（日期）	审核（日期）	标准化（日期）	会签（日期）

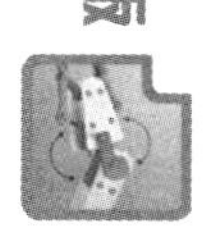

表 4-7 机械加工工序卡片（六）

<table>
<tr><td colspan="2" rowspan="2">机械加工工序卡片</td><td>产品型号</td><td>东方红-75</td><td>零件图号</td><td colspan="3"></td></tr>
<tr><td>产品名称</td><td>东方红推土机</td><td>零件名称</td><td>右支架座</td><td>共 15 页</td><td>第 7 页</td></tr>
<tr><td colspan="4" rowspan="10">φ43.5^{+0.34}_{0}　Ra 12.5　47°±15′　62　D　F　1　2　3</td><td>车间</td><td>工序号</td><td>工序名称</td><td>材料牌号</td></tr>
<tr><td></td><td>30</td><td>钻</td><td>ZG 310-570</td></tr>
<tr><td>毛坯种类</td><td>毛坯外形尺寸</td><td>每毛坯可制件数</td><td>每台件数</td></tr>
<tr><td>铸件</td><td></td><td></td><td></td></tr>
<tr><td>设备名称</td><td>设备型号</td><td>设备编号</td><td>同时加工件数</td></tr>
<tr><td></td><td>Z35</td><td></td><td>1</td></tr>
<tr><td>夹具编号</td><td colspan="2">夹具名称</td><td>切削液</td></tr>
<tr><td></td><td colspan="2">专用夹具</td><td></td></tr>
<tr><td rowspan="2">工位器具编号</td><td colspan="2" rowspan="2">工位器具名称</td><td>工序工时/min</td></tr>
<tr><td>准终　单件</td></tr>
</table>

<table>
<tr><td rowspan="2">工步号</td><td rowspan="2">工步内容</td><td rowspan="2">工艺装备</td><td rowspan="2">主轴转速/(r/min)</td><td rowspan="2">切削速度/(m/min)</td><td rowspan="2">进给量/(mm/r)</td><td rowspan="2">背吃刀量/mm</td><td rowspan="2">进给次数</td><td colspan="2">工步工时/min</td></tr>
<tr><td>机动</td><td>辅助</td></tr>
<tr><td>1</td><td>扩 φ43.5mm 孔</td><td>刀具：锥柄麻花钻　量具：游标卡尺</td><td></td><td></td><td></td><td></td><td></td><td></td><td></td></tr>
<tr><td>2</td><td>扩另一 φ43.5mm 孔</td><td>刀具：锥柄麻花钻　量具：游标卡尺</td><td></td><td></td><td></td><td></td><td></td><td></td><td></td></tr>
</table>

描图

描校

底图号

装订号

标记	处数	更改文件号	签字	日期	标记	处数	更改文件号	签字	日期	设计（日期）	审核（日期）	标准化（日期）	会签（日期）

表 4-8 机械加工工序卡片（七）

机械加工工序卡片	产品型号	东方红-75	零件图号			
	产品名称	东方红推土机	零件名称	右支架座	共 15 页	第 8 页

车间	工序号	工序名称	材料牌号
	35	锪	ZG 310-570
毛坯种类	毛坯外形尺寸	每毛坯可制件数	每台件数
铸件			
设备名称	设备型号	设备编号	同时加工件数
	Z35		1

夹具编号	夹具名称	切削液	
	专用夹具		
工位器具编号	工位器具名称	工序工时/min	
		准终	单件

工步号	工步内容	工艺装备	主轴转速/(r/min)	切削速度/(m/min)	进给量/(mm/r)	背吃刀量/mm	进给次数	工步工时/min 机动	工步工时/min 辅助
1	2×ϕ43.5mm 孔倒角 $C2$	刀具：90°锥柄锥面锪钻							

描图	
描校	
底图号	
装订号	

标记	处数	更改文件号	签字	日期	标记	处数	更改文件号	签字	日期	设计（日期）	审核（日期）	标准化（日期）	会签（日期）

表 4-9 机械加工工序卡片（八）

机械加工工序卡片	产品型号	东方红-75	零件图号			
	产品名称	东方红推土机	零件名称	右支架座	共 15 页	第 9 页

车间	工序号	工序名称	材料牌号
	40	钻	ZG 310-570
毛坯种类	毛坯外形尺寸	每毛坯可制件数	每台件数
铸件			
设备名称	设备型号	设备编号	同时加工件数
	Z3025		1

夹具编号	夹具名称	切削液	
	专用夹具		
工位器具编号	工位器具名称	工序工时/min	
		准终	单件

C F F 1 2 3 C 20 28 47°±15′ 40 6×ϕ20 Ra 12.5

工步号	工步内容	工艺装备	主轴转速/(r/min)	切削速度/(m/min)	进给量/(mm/r)	背吃刀量/mm	进给次数	工步工时/min 机动	工步工时/min 辅助
1	钻 6×ϕ20mm 孔	刀具：高速工具钢锥柄麻花钻　量具：游标卡尺							

描图	描校	底图号	装订号

										设计（日期）	审核（日期）	标准化（日期）	会签（日期）		
标记	处数	更改文件号	签字	日期	标记	处数	更改文件号	签字	日期						

表 4-10 机械加工工序卡片（九）

机械加工工序卡片	产品型号	东方红-75	零件图号			
	产品名称	东方红推土机	零件名称	右支架座	共 15 页	第 10 页

车间	工序号	工序名称	材料牌号
	45	钻	ZG 310-570
毛坯种类	毛坯外形尺寸	每毛坯可制件数	每台件数
铸件			
设备名称	设备型号	设备编号	同时加工件数
	Z3025		1

夹具编号	夹具名称	切削液	
工位器具编号	工位器具名称	工序工时/min	
		准终	单件

工步号	工步内容	工艺装备	主轴转速/(r/min)	切削速度/(m/min)	进给量/(mm/r)	背吃刀量/mm	进给次数	工步工时/min 机动	工步工时/min 辅助
1	钻 4×M20×2 螺纹底孔 ϕ18mm	刀具：高速工具钢锥柄麻花钻　量具：二级杠杆式百分尺	250	14.1	0.2	9		6.5	

描图　描校　底图号　装订号

标记	处数	更改文件号	签字	日期	标记	处数	更改文件号	签字	日期	设计（日期）	审核（日期）	标准化（日期）	会签（日期）

表 4-11　机械加工工序卡片（十）

机械加工工序卡片	产品型号	东方红-75	零件图号			
	产品名称	东方红推土机	零件名称	右支架座	共 15 页	第 11 页

F　2　3　$\phi55\pm0.015$　Ra 1.6　F

车间	工序号	工序名称	材料牌号
	50	车	ZG 310-570
毛坯种类	毛坯外形尺寸	每毛坯可制件数	每台件数
铸件			
设备名称	设备型号	设备编号	同时加工件数
	CA6140		1

夹具编号	夹具名称	切削液	
	专用夹具		
工位器具编号	工位器具名称	工序工时/min	
		准终	单件

	工步号	工步内容	工艺装备	主轴转速/(r/min)	切削速度/(m/min)	进给量/(mm/r)	背吃刀量/mm	进给次数	工步工时/min 机动	工步工时/min 辅助
描图	1	精镗 $\phi55$mm 孔	刀具：YT30 圆刀杆镗刀　量具：千分尺	1400	241.78	0.08	0.25		0.87	
	2	倒角 $C2$	刀具：YT30 45°偏刀							
描校										
底图号										
装订号										

										设计（日期）	审核（日期）	标准化（日期）	会签（日期）	
标记	处数	更改文件号	签字	日期	标记	处数	更改文件号	签字	日期					

表 4-12 机械加工工序卡片（十一）

机械加工工序卡片	产品型号	东方红-75	零件图号			
	产品名称	东方红推土机	零件名称	右支架座	共 15 页	第 12 页

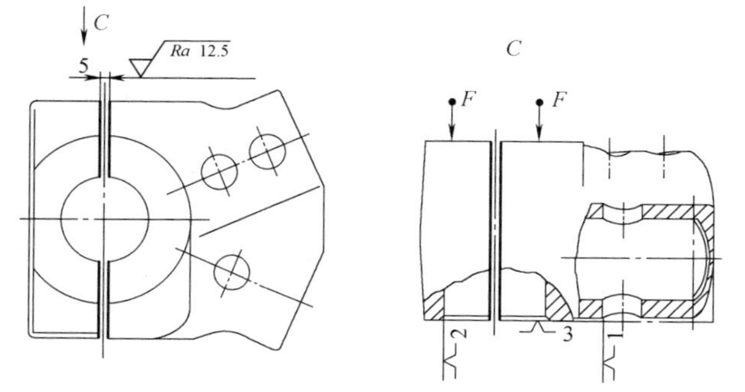

车间	工序号	工序名称	材料牌号
	55	铣	ZG 310-570
毛坯种类	毛坯外形尺寸	每毛坯可制件数	每台件数
铸件			
设备名称	设备型号	设备编号	同时加工件数
	XA6132		2

夹具编号	夹具名称	切削液	
	专用夹具		
工位器具编号	工位器具名称	工序工时/min	
		准终	单件

工步号	工步内容	工艺装备	主轴转速/(r/min)	切削速度/(m/min)	进给量/(mm/r)	背吃刀量/mm	进给次数	工步工时/min 机动	工步工时/min 辅助
1	第一次安装，铣开上半部	刀具：锯片铣刀	30	15.1	0.78	5		7.7	
2	第二次安装，旋转180°，铣开另外半部	刀具：锯片铣刀	30	15.1	0.78	5		7.7	

描图	描校	底图号	装订号

标记	处数	更改文件号	签字	日期	标记	处数	更改文件号	签字	日期	设计（日期）	审核（日期）	标准化（日期）	会签（日期）

表 4-13 机械加工工序卡片（十二）

机械加工工序卡片	产品型号	东方红-75	零件图号			
	产品名称	东方红推土机	零件名称	右支架上盖	共 15 页	第 13 页

车间	工序号	工序名称	材料牌号	
	60	扩	ZG 310-570	
毛坯种类	毛坯外形尺寸	每毛坯可制件数	每台件数	
铸件				
设备名称	设备型号	设备编号	同时加工件数	
	Z3025		1	
夹具编号	夹具名称	切削液		
工位器具编号	工位器具名称	工序工时/min		
		准终	单件	

工步号	工步内容	工艺装备	主轴转速/(r/min)	切削速度/(m/min)	进给量/(mm/r)	背吃刀量/mm	进给次数	工步工时/min 机动	工步工时/min 辅助
1	扩上盖 4×ϕ21mm 孔	刀具：锥柄麻花钻　量具：游标卡尺							

描图	描校	底图号	装订号

标记	处数	更改文件号	签字	日期	标记	处数	更改文件号	签字	日期	设计(日期)	审核(日期)	标准化(日期)	会签(日期)

表 4-14 机械加工工序卡片（十三）

机械加工工序卡片	产品型号	东方红-75	零件图号			
	产品名称	东方红推土机	零件名称	右支架座	共 15 页	第 14 页

车间	工序号	工序名称	材料牌号
	65	攻螺纹	ZG 310-570
毛坯种类	毛坯外形尺寸	每毛坯可制件数	每台件数
铸件			
设备名称	设备型号	设备编号	同时加工件数
	Z3025		1

夹具编号	夹具名称	切削液	
工位器具编号	工位器具名称	工序工时/min	
		准终	单件

56　92　C2　4×M20　28　F　2　1　3

工步号	工步内容	工艺装备	主轴转速/(r/min)	切削速度/(m/min)	进给量/(mm/r)	背吃刀量/mm	进给次数	工步工时/min 机动	工步工时/min 辅助
1	4×M20×2 底孔倒角 $C2$	刀具:90°直柄锥面锪钻	200	25.12	0.12			0.67	
2	攻螺纹 4×M20×2	刀具:M20×2 细柄机用高速工具钢丝锥	200	12.56	2	1		0.56	

描图　描校　底图号　装订号

标记	处数	更改文件号	签字	日期	标记	处数	更改文件号	签字	日期	设计(日期)	审核(日期)	标准化(日期)	会签(日期)

表 4-15 机械加工工序卡片（十四）

机械加工工序卡片	产品型号	东方红-75	零件图号			
	产品名称	东方红推土机	零件名称	右支架	共 15 页	第 15 页

车间	工序号	工序名称	材料牌号
	70	去毛刺、清洗、检验	ZG 310-570
毛坯种类	毛坯外形尺寸	每毛坯可制件数	每台件数
铸件			
设备名称	设备型号	设备编号	同时加工件数

夹具编号	夹具名称	切削液	
工位器具编号	工位器具名称	工序工时/min	
		准终	单件

工步号	工步内容	工艺装备	主轴转速/(r/min)	切削速度/(m/min)	进给量/(mm/r)	背吃刀量/mm	进给次数	工步工时/min 机动	工步工时/min 辅助
1	上盖与支架座分别清洗吹干，按图样检验								

描图	
描校	
底图号	
装订号	

										设计(日期)	审核(日期)	标准化(日期)	会签(日期)	
标记	处数	更改文件号	签字	日期	标记	处数	更改文件号	签字	日期					

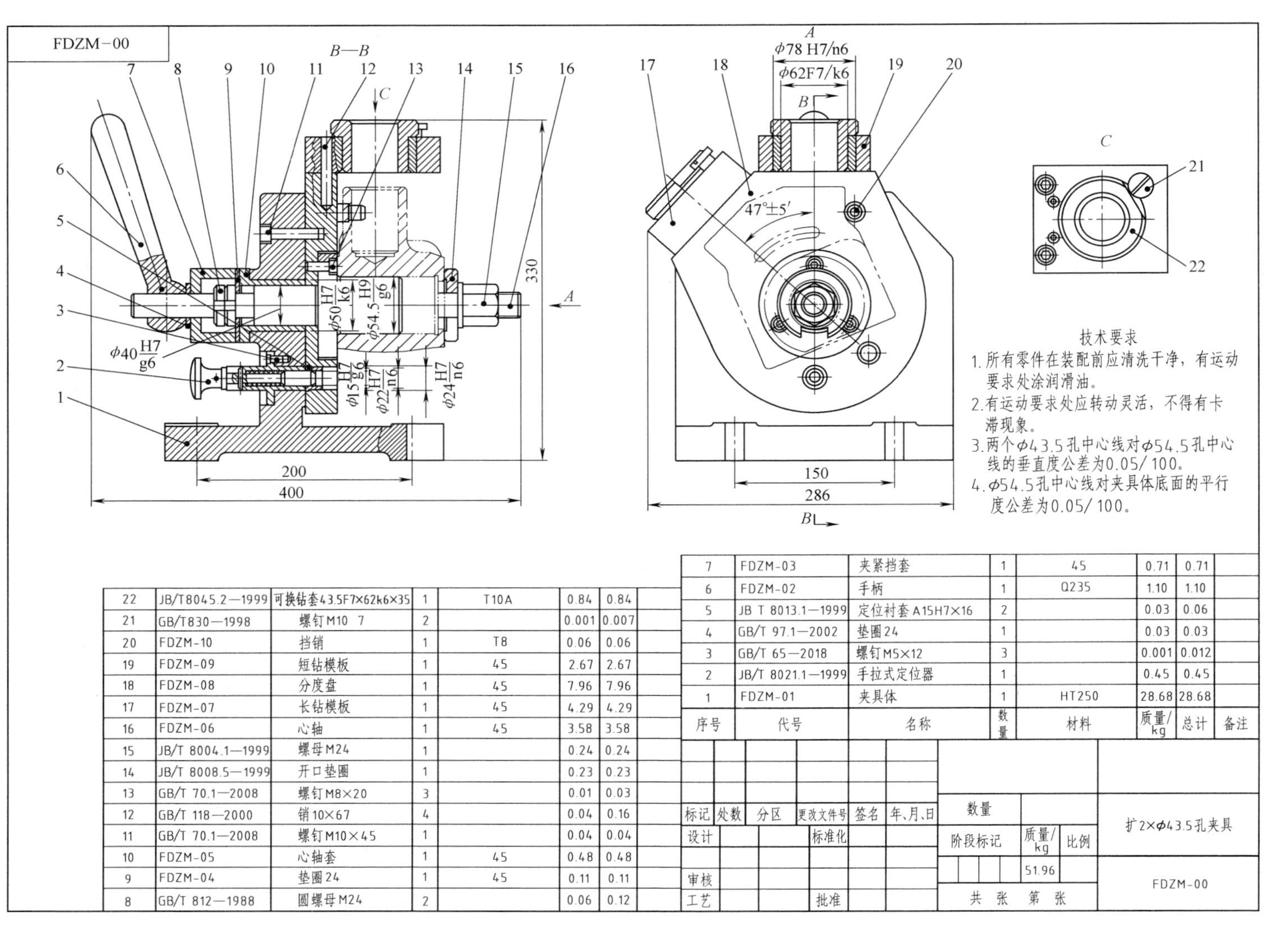

22	JB/T8045.2—1999	可换钻套43.5F7×62k6×35	1	T10A	0.84	0.84	
21	GB/T830—1998	螺钉M10 7	2		0.001	0.007	
20	FDZM-10	挡销	1	T8	0.06	0.06	
19	FDZM-09	短钻模板	1	45	2.67	2.67	
18	FDZM-08	分度盘	1	45	7.96	7.96	
17	FDZM-07	长钻模板	1	45	4.29	4.29	
16	FDZM-06	心轴	1	45	3.58	3.58	
15	JB/T 8004.1—1999	螺母M24	1		0.24	0.24	
14	JB/T 8008.5—1999	开口垫圈	1		0.23	0.23	
13	GB/T 70.1—2008	螺钉M8×20	3		0.01	0.03	
12	GB/T 118—2000	销10×67	4		0.04	0.16	
11	GB/T 70.1—2008	螺钉M10×45	1		0.04	0.04	
10	FDZM-05	心轴套	1	45	0.48	0.48	
9	FDZM-04	垫圈24	1	45	0.11	0.11	
8	GB/T 812—1988	圆螺母M24	2		0.06	0.12	
7	FDZM-03	夹紧挡套	1	45	0.71	0.71	
6	FDZM-02	手柄	1	Q235	1.10	1.10	
5	JB T 8013.1—1999	定位衬套 A15H7×16	2		0.03	0.06	
4	GB/T 97.1—2002	垫圈24	1		0.03	0.03	
3	GB/T 65—2018	螺钉M5×12	3		0.001	0.012	
2	JB/T 8021.1—1999	手拉式定位器	1		0.45	0.45	
1	FDZM-01	夹具体	1	HT250	28.68	28.68	
序号	代号	名称	数量	材料	质量/kg	总计	备注

标记	处数	分区	更改文件号	签名	年、月、日	数量			扩2×ϕ43.5孔夹具
设计			标准化			阶段标记	质量/kg	比例	
							51.96		FDZM-00
审核									
工艺			批准			共 张 第 张			

图 4-3 扩 2×ϕ43.5mm 孔专用机床夹具装配图

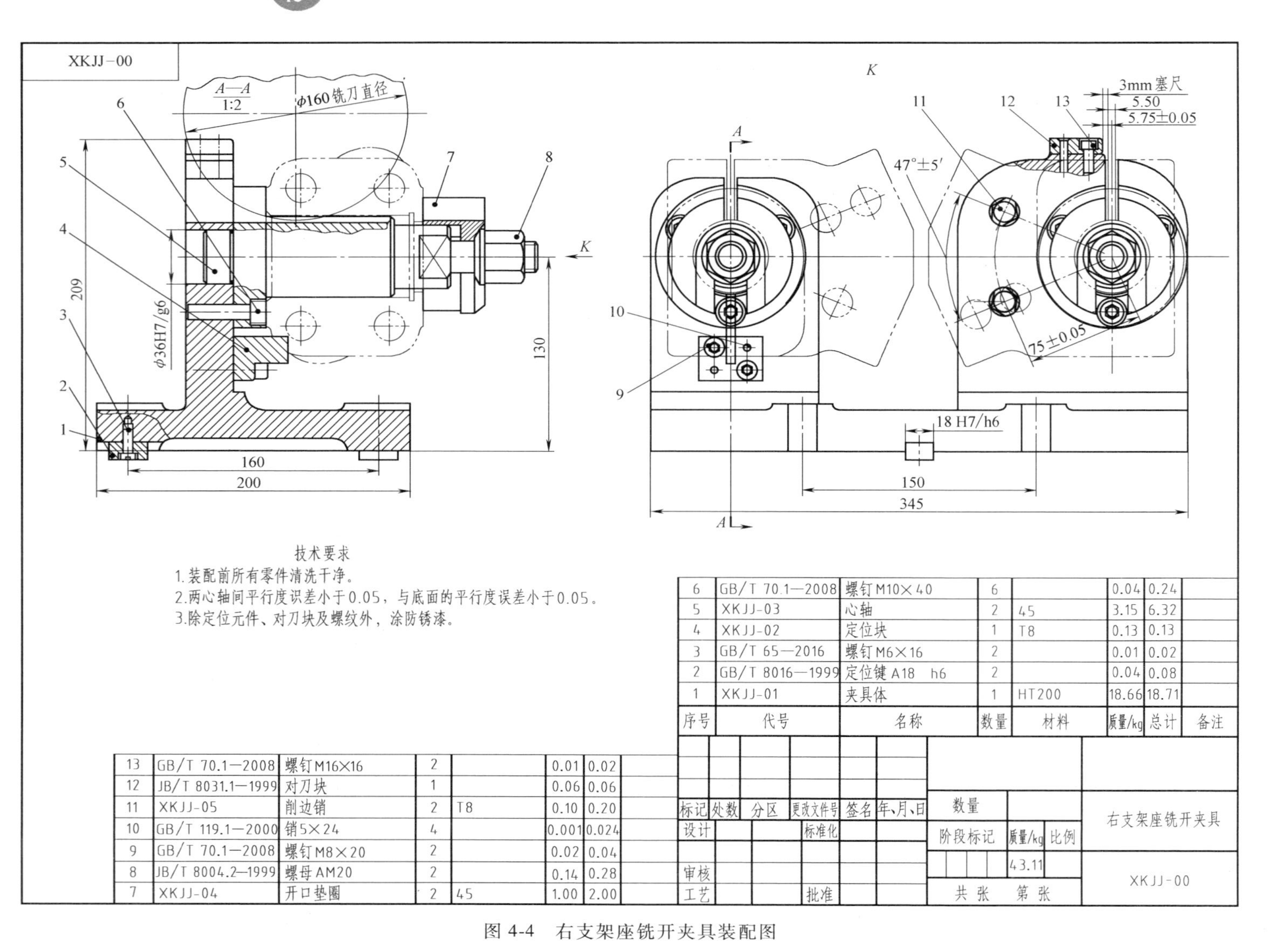

技术要求

1.装配前所有零件清洗干净。
2.两心轴间平行度误差小于0.05，与底面的平行度误差小于0.05。
3.除定位元件、对刀块及螺纹外，涂防锈漆。

序号	代号	名称	数量	材料	质量/kg	总计	备注
13	GB/T 70.1—2008	螺钉M16×16	2		0.01	0.02	
12	JB/T 8031.1—1999	对刀块	1		0.06	0.06	
11	XKJJ-05	削边销	2	T8	0.10	0.20	
10	GB/T 119.1—2000	销5×24	4		0.001	0.024	
9	GB/T 70.1—2008	螺钉M8×20	2		0.02	0.04	
8	JB/T 8004.2—1999	螺母AM20	2		0.14	0.28	
7	XKJJ-04	开口垫圈	2	45	1.00	2.00	
6	GB/T 70.1—2008	螺钉M10×40	6		0.04	0.24	
5	XKJJ-03	心轴	2	45	3.15	6.32	
4	XKJJ-02	定位块	1	T8	0.13	0.13	
3	GB/T 65—2016	螺钉M6×16	2		0.01	0.02	
2	GB/T 8016—1999	定位键A18 h6	2		0.04	0.08	
1	XKJJ-01	夹具体	1	HT200	18.66	18.71	

标记	处数	分区	更改文件号	签名	年、月、日	数量		
设计			标准化			阶段标记	质量/kg	比例
							43.11	
审核								
工艺			批准			共 张	第 张	

右支架座铣开夹具

XKJJ-00

图 4-4　右支架座铣开夹具装配图

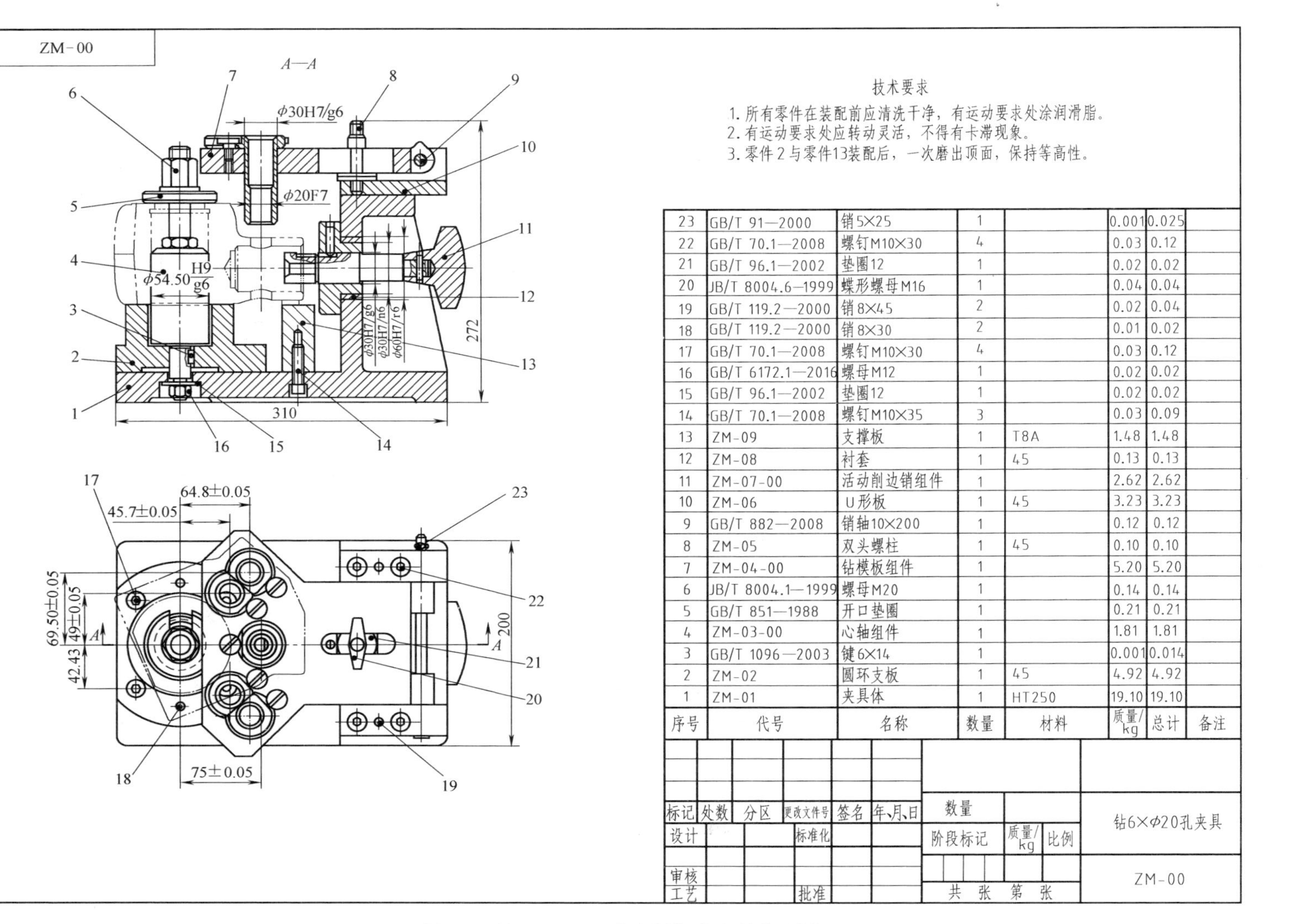

技术要求

1. 所有零件在装配前应清洗干净，有运动要求处涂润滑脂。
2. 有运动要求处应转动灵活，不得有卡滞现象。
3. 零件2与零件13装配后，一次磨出顶面，保持等高性。

序号	代号	名称	数量	材料	质量/kg	总计	备注
23	GB/T 91—2000	销5×25	1		0.001	0.025	
22	GB/T 70.1—2008	螺钉M10×30	4		0.03	0.12	
21	GB/T 96.1—2002	垫圈12	1		0.02	0.02	
20	JB/T 8004.6—1999	蝶形螺母M16	1		0.04	0.04	
19	GB/T 119.2—2000	销8×45	2		0.02	0.04	
18	GB/T 119.2—2000	销8×30	2		0.01	0.02	
17	GB/T 70.1—2008	螺钉M10×30	4		0.03	0.12	
16	GB/T 6172.1—2016	螺母M12	1		0.02	0.02	
15	GB/T 96.1—2002	垫圈12	1		0.02	0.02	
14	GB/T 70.1—2008	螺钉M10×35	3		0.03	0.09	
13	ZM-09	支撑板	1	T8A	1.48	1.48	
12	ZM-08	衬套	1	45	0.13	0.13	
11	ZM-07-00	活动削边销组件	1		2.62	2.62	
10	ZM-06	U形板	1	45	3.23	3.23	
9	GB/T 882—2008	销轴10×200	1		0.12	0.12	
8	ZM-05	双头螺柱	1	45	0.10	0.10	
7	ZM-04-00	钻模板组件	1		5.20	5.20	
6	JB/T 8004.1—1999	螺母M20	1		0.14	0.14	
5	GB/T 851—1988	开口垫圈	1		0.21	0.21	
4	ZM-03-00	心轴组件	1		1.81	1.81	
3	GB/T 1096—2003	键6×14	1		0.001	0.014	
2	ZM-02	圆环支板	1	45	4.92	4.92	
1	ZM-01	夹具体	1	HT250	19.10	19.10	

标记	处数	分区	更改文件号	签名	年、月、日	数量			钻6×φ20孔夹具
设计			标准化			阶段标记	质量/kg	比例	
审核									ZM-00
工艺			批准			共 张	第 张		

图 4-5 钻 6×φ20mm 孔专用机床夹具装置图

四、选做题目零件图

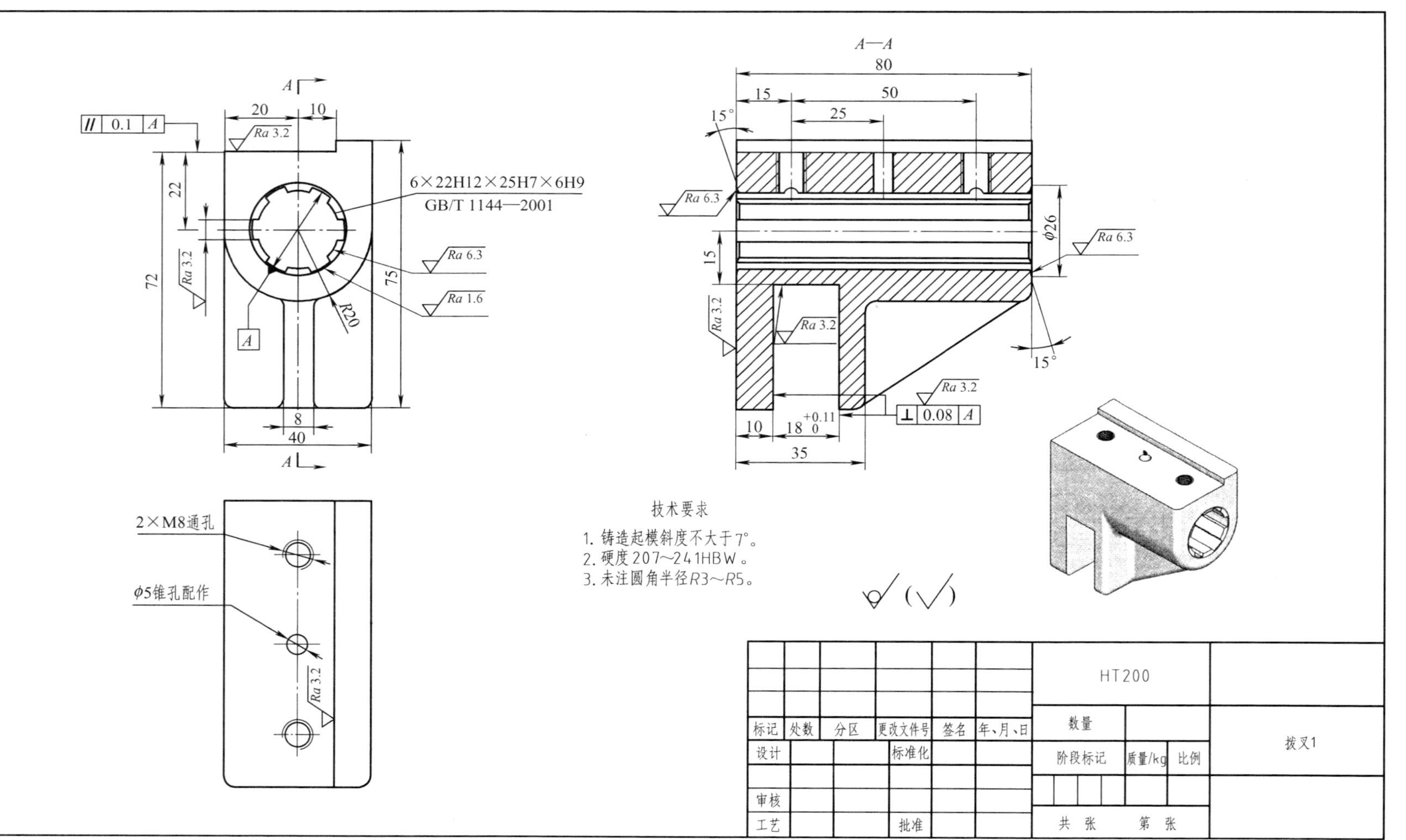

图 4-6 拨叉 1

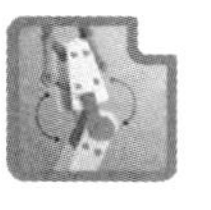

机械加工工艺过程卡片

产品型号		零件图号			
产品名称		零件名称	拨叉 1	共 1 页	第 1 页

材料牌号	HT200	毛坯种类	铸件	毛坯外形尺寸	83mm×75mm×40mm	每毛坯件数	1	每台件数	1	备注	

工序号	工序名称	工序内容	车间	工段	设备	工艺装备	工时	
							准终	单件
05	铣	铣削花键孔两端平面			铣床	铣刀，铣床夹具，游标卡尺		
10	钻	钻、扩花键 ϕ22mm 孔			钻床	钻头，扩刀，钻模，游标卡尺		
15	锪	ϕ22mm 孔两端倒角			钻床	锪刀，钻床夹具，游标卡尺		
20	铣	粗、半精铣花键孔侧平面			铣床	铣刀，铣床夹具，游标卡尺		
25	铣	粗、半精铣 U 形槽			铣床	铣刀，铣床夹具，游标卡尺		
30	钻	钻 2×M8 底孔			钻床	钻头，钻模，游标卡尺		
35	拉	拉花键孔			拉床	拉刀，拉床夹具，内径千分尺		
40	攻螺纹	攻 2×M8 螺纹孔			钻床	丝锥，钻床夹具，螺纹量规		
45	清洗	去毛刺，清洗			清洗机			
50	终检	检验			检验台			

描图

描校

底图号

装订号

										设计（日期）	审核（日期）	标准化（日期）	会签（日期）
标记	处数	更改文件号	签字	日期	标记	处数	更改文件号	签字	日期				

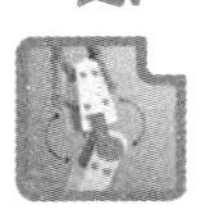

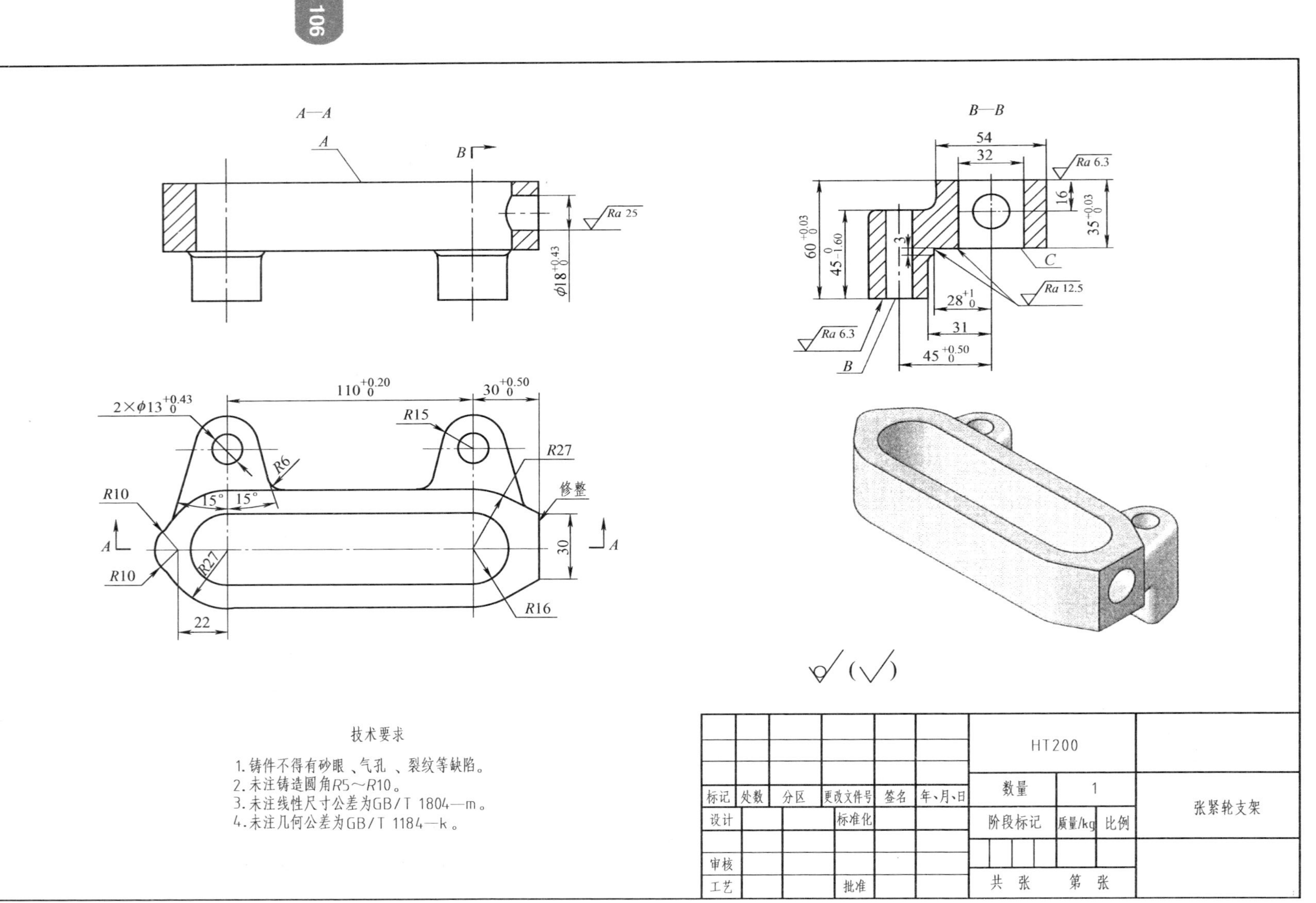
A—A
B—B
修整
技术要求
1.铸件不得有砂眼、气孔、裂纹等缺陷。
2.未注铸造圆角R5~R10。
3.未注线性尺寸公差为GB/T 1804—m。
4.未注几何公差为GB/T 1184—k。
HT200
数量
1
阶段标记
质量/kg
比例
共 张
第 张
张紧轮支架
标记
处数
分区
更改文件号
签名
年、月、日
设计
标准化
审核
工艺
批准

图 4-7 张紧轮支架

机械加工工艺过程卡片

产品型号		零件图号			
产品名称		零件名称	张紧轮支架	共 1 页	第 1 页

材料牌号	HT200	毛坯种类	铸件	毛坯外形尺寸	175mm×87mm×66mm	每毛坯件数	1	每台件数	1	备注	

工序号	工序名称	工序内容	车间	工段	设备	工艺装备	工时 准终	工时 单件
05	铣	铣削平面 *A*			铣床	铣刀，铣床夹具，游标卡尺		
10	铣	铣削两凸台平面 *B*			铣床	铣刀，铣床夹具，游标卡尺		
15	钻	钻 2×ϕ13mm 孔			钻床	钻头，钻模，游标卡尺		
20	铣	铣削台阶平面 *C*			铣床	铣刀，铣床夹具，游标卡尺		
25	钻	钻 ϕ18mm 孔			钻床	钻头，钻模，游标卡尺		
30	清洗	去毛刺，清洗			清洗机			
35	终检				检验台			

描图

描校

底图号

装订号

标记	处数	更改文件号	签字	日期	标记	处数	更改文件号	签字	日期	设计（日期）	审核（日期）	标准化（日期）	会签（日期）

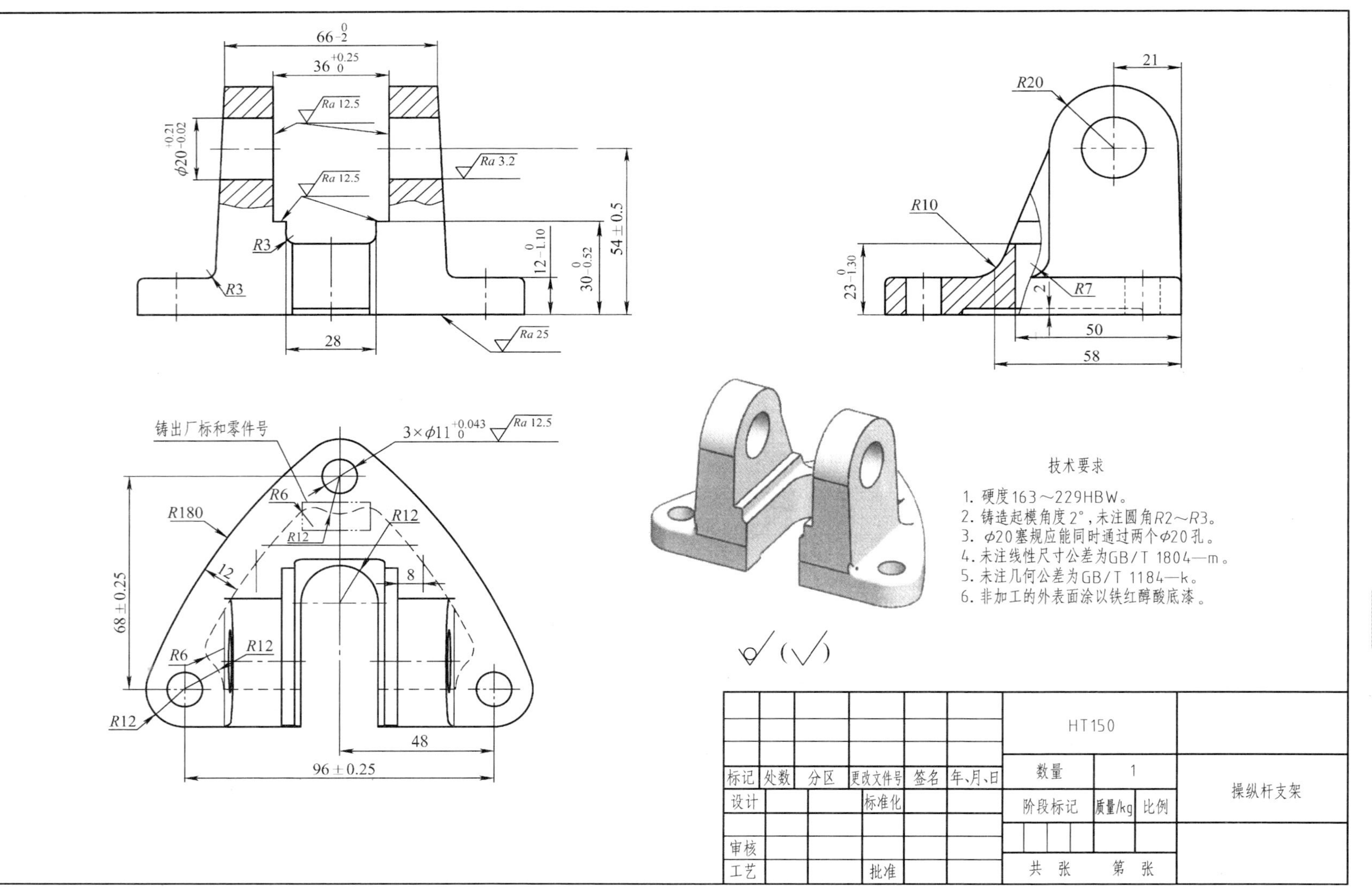

66 0 -2
36 +0.25 0
Ra 12.5
Ra 12.5
Ra 3.2
Ra 25
φ20 +0.21 -0.02
R3
R3
12 0 -1.10
30 0 -0.52
54±0.5
28
21
R20
R10
R7
2
23 0 -1.30
50
58
铸出厂标和零件号
3×φ11 +0.043 0
Ra 12.5
R6
R180
R12
R12
12
8
68±0.25
R6
R12
R12
48
96±0.25
技术要求
1. 硬度163～229HBW。
2. 铸造起模角度2°，未注圆角R2～R3。
3. φ20塞规应能同时通过两个φ20孔。
4. 未注线性尺寸公差为GB/T 1804—m。
5. 未注几何公差为GB/T 1184—k。
6. 非加工的外表面涂以铁红醇酸底漆。
HT150
标记 处数 分区 更改文件号 签名 年、月、日
设计 标准化
审核
工艺 批准
数量 1
阶段标记 质量/kg 比例
共 张 第 张
操纵杆支架

图 4-8 操纵杆支架

	机械加工工艺过程卡片		产品型号		零件图号			
			产品名称		零件名称	操纵杆支架	共 1 页	第 1 页
材料牌号	HT150	毛坯种类	铸件	毛坯外形尺寸	120mm×92mm×78mm	每毛坯件数	1	每台件数	1	备注	

工序号	工序名称	工序内容	车间	工段	设备	工艺装备	工时 准终	工时 单件
05	铣	铣底平面			铣床	铣刀，铣床夹具，游标卡尺		
10	钻	钻 3×ϕ11mm 孔			钻床	钻头，钻模，游标卡尺		
15	铣	铣两立板内侧面			铣床	铣刀，铣床夹具，游标卡尺		
20	钻	钻、扩 2×ϕ20mm 孔			钻床	钻头，扩刀，钻模，游标卡尺		
25	清洗	去毛刺，清洗			清洗机			
30	终检	检验			检验台			

描图

描校

底图号

装订号

										设计（日期）	审核（日期）	标准化（日期）	会签（日期）		
标记	处数	更改文件号	签字	日期	标记	处数	更改文件号	签字	日期						

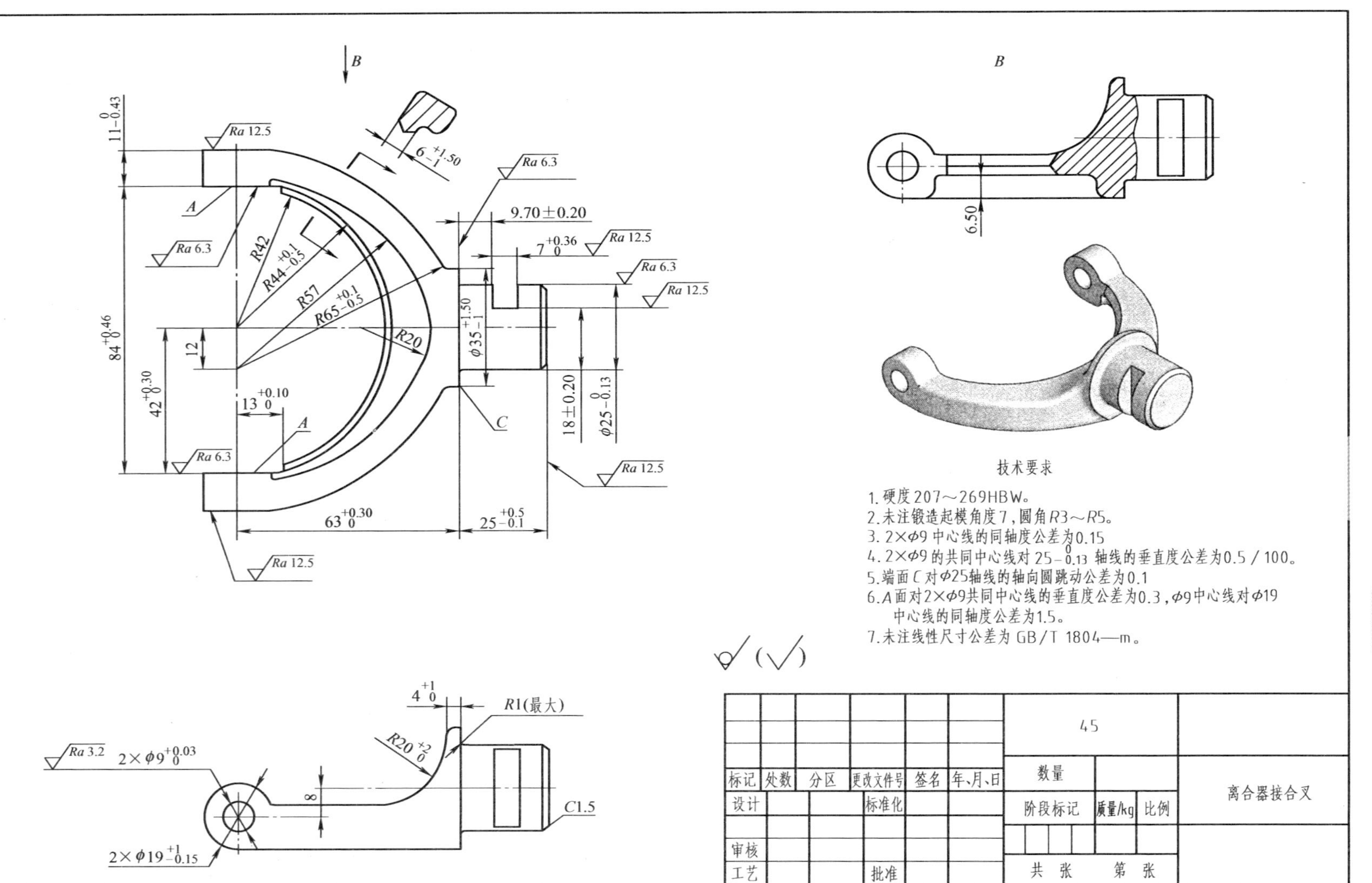
B
B
技术要求
1.硬度207～269HBW。
2.未注锻造起模角度7，圆角R3～R5。
3. 2×φ9中心线的同轴度公差为0.15
4. 2×φ9的共同中心线对25-0.13轴线的垂直度公差为0.5/100。
5.端面C对φ25轴线的轴向圆跳动公差为0.1
6.A面对2×φ9共同中心线的垂直度公差为0.3，φ9中心线对φ19中心线的同轴度公差为1.5。
7.未注线性尺寸公差为GB/T 1804—m。
9.70±0.20
18±0.20
R42
R57
R20
R1(最大)
C1.5
A
C
Ra 12.5
Ra 6.3
Ra 3.2
45
标记
处数
分区
更改文件号
签名
年、月、日
设计
标准化
审核
工艺
批准
数量
阶段标记
质量/kg
比例
共 张
第 张
离合器接合叉

图 4-9 离合器接合叉

机械加工工艺过程卡片

产品型号		零件图号			
产品名称		零件名称	离合器接合叉	共 1 页	第 1 页

材料牌号	45	毛坯种类	模锻件	毛坯外形尺寸	100mm×112mm×35mm	每毛坯件数	1	每台件数		备注	

工序号	工序名称	工序内容	车间	工段	设备	工艺装备	工时 准终	工时 单件
05	铣	铣削 ϕ25mm 圆柱端面			铣床	铣刀,铣床夹具,游标卡尺		
10	铣	铣削四个叉口平面			铣床	铣刀,铣床夹具,游标卡尺		
15	钻	钻、铰 2×ϕ9mm 孔			钻床	钻头,铰刀,钻模,内径千分尺		
20	车	粗、半精车 ϕ25mm 外圆、台肩、倒角			车床	车刀,车床夹具,游标卡尺		
25	铣	铣槽			铣床	铣刀,铣床夹具,游标卡尺		
30	清洗	去毛刺,清洗			清洗机			
35	终检	检验			检验台			

描图

描校

底图号

装订号

										设计(日期)	审核(日期)	标准化(日期)	会签(日期)
标记	处数	更改文件号	签字	日期	标记	处数	更改文件号	签字	日期				

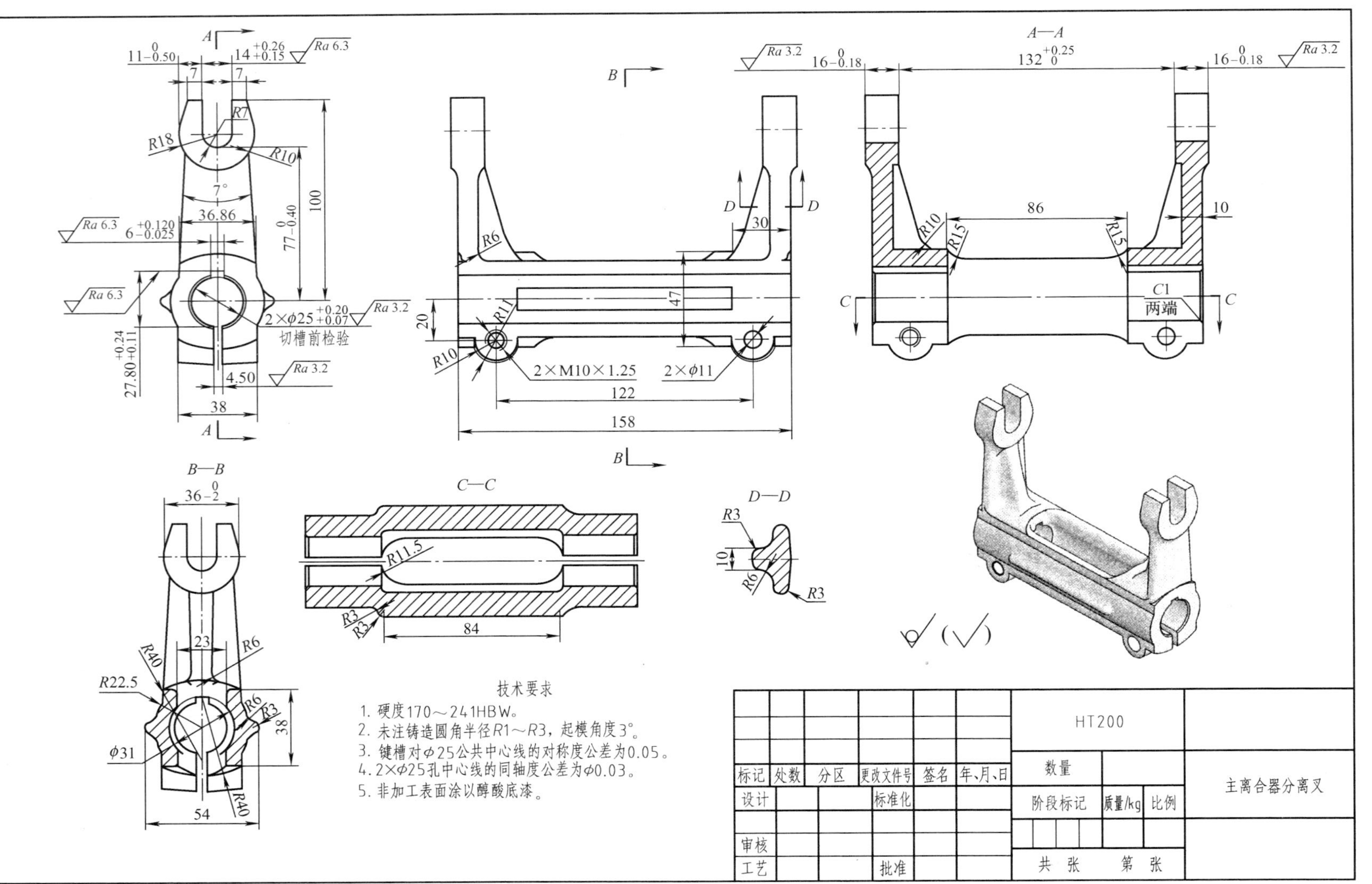

图 4-10 主离合器分离叉

机械加工工艺过程卡片

产品型号		零件图号			
产品名称		零件名称	主离合器分离叉	共 1 页	第 1 页

材料牌号	HT200	毛坯种类	铸件	毛坯外形尺寸	170mm×131mm×54mm	每毛坯件数	1	每台件数	1	备注	

工序号	工序名称	工序内容	车间	工段	设备	工艺装备	工时 准终	工时 单件
05	钻	钻、扩 2×ϕ25mm 孔			钻床	钻头，钻模，游标卡尺		
10	锪	ϕ25mm 孔两端倒角			钻床	锪刀，钻模，游标卡尺		
15	铣	铣四个叉口平面			铣床	铣刀，铣床夹具，游标卡尺		
20	铣	铣两个叉口槽			铣床	铣刀，铣床夹具，游标卡尺		
25	拉	拉键槽			拉床	拉刀，拉床夹具，游标卡尺		
30	检验	检验同轴度误差等			检验台			
35	铣	切槽			铣床	铣刀，铣床夹具，游标卡尺		
40	钻	钻 2×M10 底孔			钻床	钻头，钻模，游标卡尺		
45	扩	扩 2×ϕ11mm 孔			钻床	扩刀，钻模，游标卡尺		
50	攻螺纹	攻 2×M10 螺纹孔			钻床	丝锥，钻床夹具，螺纹规		
55	清洗	去毛刺，清洗			清洗机			
60	终验	检验			检验台			

描图

描校

底图号

装订号

标记	处数	更改文件号	签字	日期	标记	处数	更改文件号	签字	日期	设计（日期）	审核（日期）	标准化（日期）	会签（日期）

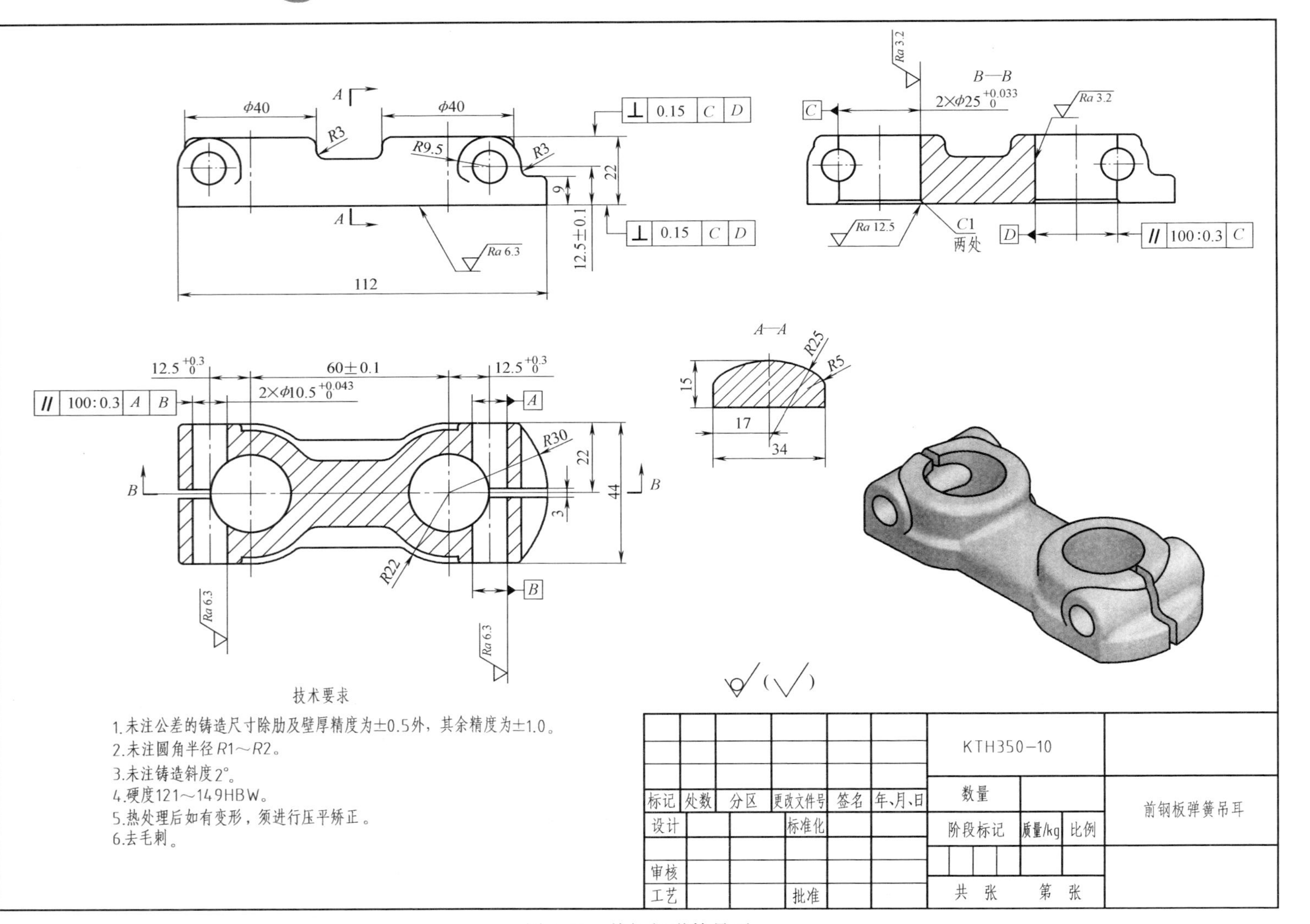

图 4-11 前钢板弹簧吊耳

机械加工工艺过程卡片

产品型号		零件图号			
产品名称		零件名称	前钢板弹簧吊耳	共 1 页	第 1 页

材料牌号	KTH 350-10	毛坯种类	铸件	毛坯外形尺寸		每毛坯件数	1	每台件数		备注	

工序号	工序名称	工序内容	车间	工段	设备	工艺装备	工时 准终	工时 单件
05	铣	铣底平面			铣床	铣刀，铣床夹具，游标卡尺		
10	钻	钻、扩、铰 2×ϕ10.5mm 孔			钻床	钻头，扩刀，铰刀，钻模，内径千分尺		
15	扩	钻、扩、铰 2×ϕ25mm 孔			钻床	钻头，扩刀，铰刀，钻模，内径千分尺		
20	锪	2×ϕ25mm 孔倒角			钻床	锪刀，钻模，游标卡尺		
25	铣	切槽			铣床	铣刀，铣床夹具，游标卡尺		
30	清洗	去毛刺，清洗			清洗机			
35	终验	检验			检验台			

描图

描校

底图号

装订号

									设计（日期）	审核（日期）	标准化（日期）	会签（日期）
标记	处数	更改文件号	签字	日期	标记	处数	更改文件号	签字	日期			

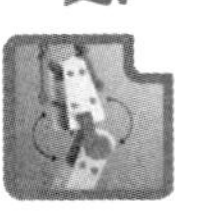

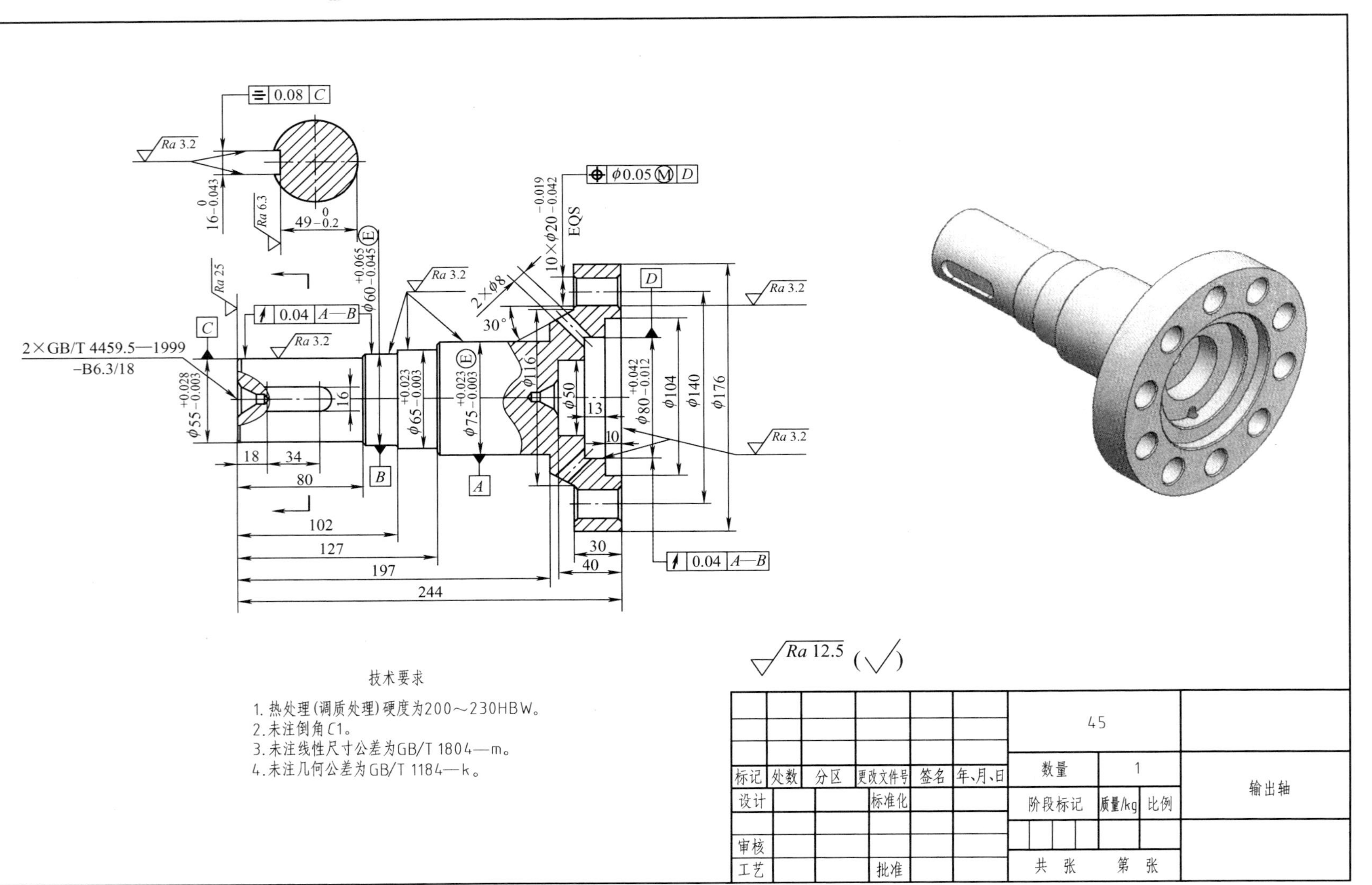
技术要求
1.热处理(调质处理)硬度为200～230HBW。
2.未注倒角C1。
3.未注线性尺寸公差为GB/T 1804—m。
4.未注几何公差为GB/T 1184—k。
Ra 12.5 (√)
45
数量
1
阶段标记
质量/kg
比例
共 张
第 张
输出轴
标记
处数
分区
更改文件号
签名
年、月、日
设计
标准化
审核
工艺
批准
2×GB/T 4459.5—1999
-B6.3/18

图 4-12 输出轴

机械加工工艺过程卡片

产品型号		零件图号			
产品名称		零件名称	输出轴	共 1 页	第 1 页

材料牌号	45	毛坯种类	模锻	毛坯外形尺寸		每毛坯件数	1	每台件数	1	备注	

工序号	工序名称	工序内容	车间	工段	设备	工艺装备	工时 准终	工时 单件
05	车	粗车 $\phi55\sim\phi75$mm 各圆柱面及 $\phi55$mm 端面，钻中心孔			车床	车刀，自定心卡盘，游标卡尺		
10	车	粗车 $\phi50\sim\phi104$mm 各孔，钻中心孔			车床	车刀，自定心卡盘，游标卡尺		
15	车	粗车 $\phi176$mm 圆柱面、两端面及 30°斜面			车床	车刀，自定心卡盘，游标卡尺，角度尺		
20	车	半精车 $\phi55$mm、$\phi60$mm、$\phi65$mm 和 $\phi75$mm 及台阶面，倒角			车床	车刀，顶尖，游标卡尺		
25	车	半精车 $\phi176$mm 端面及 $\phi80$mm 孔			车床	车刀，自定心卡盘，游标卡尺		
30	车	修两端中心孔			车床	中心钻，专用卡盘，游标卡尺		
35	车	精车 $\phi55\sim\phi75$mm 各圆柱面			车床	车刀，顶尖，外径千分尺		
40	车	精镗 $\phi80$mm 孔			车床	镗刀，自定心卡盘，内径千分尺		
45	钻	钻 $2\times\phi8$mm 斜孔			钻床	麻花钻，钻模，游标卡尺		
50	钻	钻、扩、铰 $10\times\phi20$mm 孔			钻床	钻头，扩刀，铰刀，钻模，内径千分尺		
55	锪	$10\times\phi20$mm 孔两端倒角			钻床	锪刀，钻床夹具		
60	铣	铣键槽			铣床	铣刀，铣床夹具，对称度量仪		
65	清洗	去毛刺、清洗			清洗机			
70	终检	检验			检验台			

描图

描校

底图号

装订号

										设计（日期）	审核（日期）	标准化（日期）	会签（日期）		
标记	处数	更改文件号	签字	日期	标记	处数	更改文件号	签字	日期						

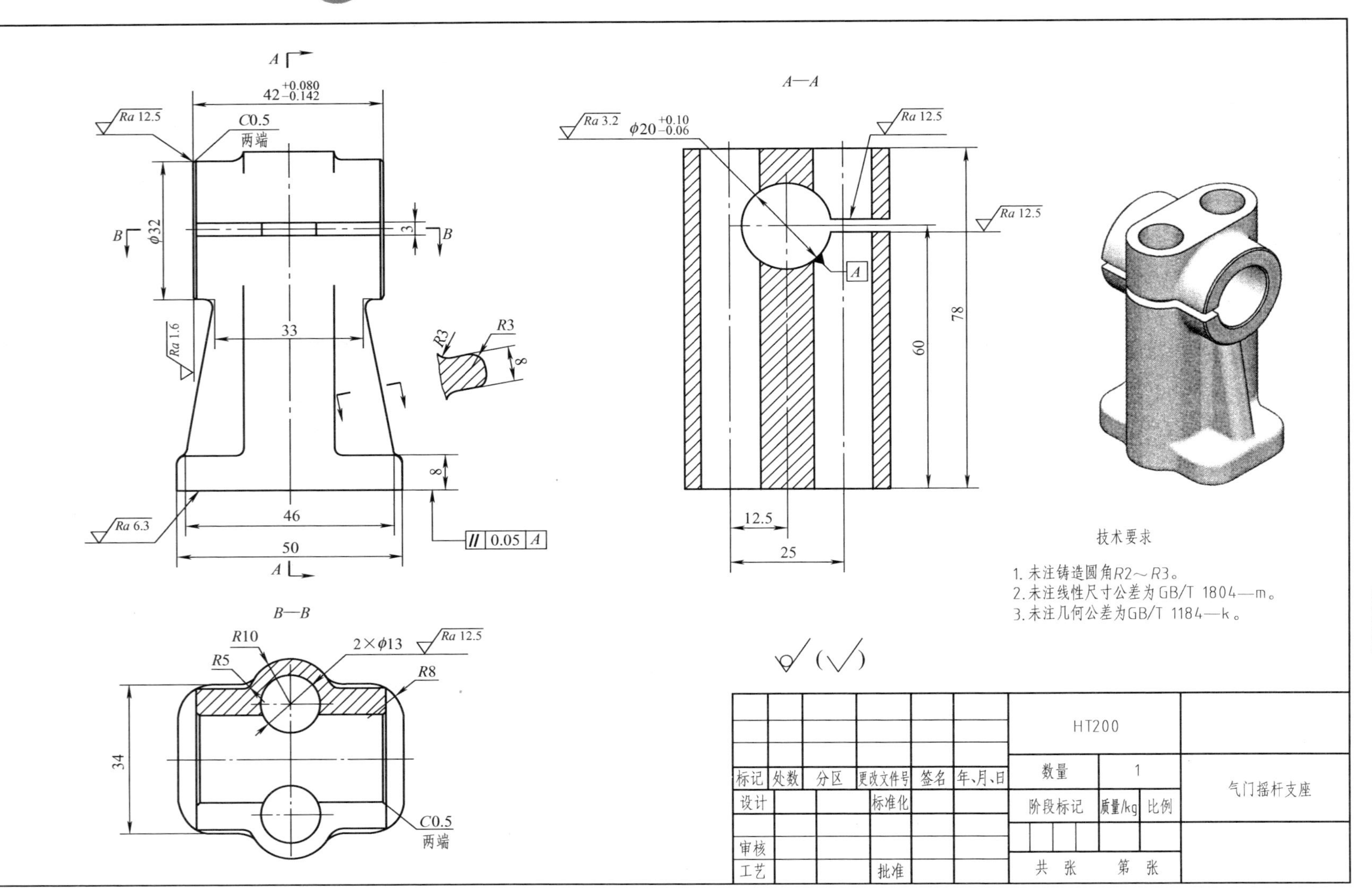
A—A
B—B
42 +0.080 −0.142
C0.5 两端
φ32
33
46
50
8
3
R3
0.05 A
φ20 +0.10 −0.06
Ra 12.5
Ra 3.2
Ra 1.6
Ra 6.3
78
60
12.5
25
R10
R5
2×φ13
R8
34
技术要求
1. 未注铸造圆角R2～R3。
2. 未注线性尺寸公差为GB/T 1804—m。
3. 未注几何公差为GB/T 1184—k。
HT200
标记 处数 分区 更改文件号 签名 年、月、日
数量 1
气门摇杆支座
设计 标准化 阶段标记 质量/kg 比例
审核
工艺 批准 共 张 第 张

图 4-13 气门摇杆支座

机械加工工艺过程卡片

产品型号		零件图号			
产品名称		零件名称	气门摇杆支座	共 1 页	第 1 页

材料牌号	HT200	毛坯种类	铸件	毛坯外形尺寸	82mm×50mm×45mm	每毛坯件数	1	每台件数	1	备注	

工序号	工序名称	工序内容	车间	工段	设备	工艺装备	工时 准终	工时 单件
05	铣	铣底平面			铣床	铣刀，铣床夹具，游标卡尺		
10	钻	钻 2×ϕ13mm 孔			钻床	钻头，钻模，游标卡尺		
15	铣	铣 ϕ32mm 圆柱两端面			铣床	铣刀，铣床夹具，游标卡尺		
20	钻	钻 ϕ20mm 孔			钻床	钻头，钻模，游标卡尺		
25	铣	精铣 2×ϕ32mm 圆柱两端面			铣床	铣刀，铣床夹具，游标卡尺		
30	镗	镗 ϕ20mm 孔			镗床	镗刀，镗床夹具，游标卡尺		
35	锪	ϕ20mm 孔、ϕ32mm 圆柱两端倒角			钻床	锪刀，钻床夹具，游标卡尺		
40	铣	切槽			铣床	铣刀，铣床夹具，游标卡尺		
45	清洗	去毛刺，清洗			清洗机			
50	终验	检验			检验台			

描图	描校	底图号	装订号

标记	处数	更改文件号	签字	日期	标记	处数	更改文件号	签字	日期	设计(日期)	审核(日期)	标准化(日期)	会签(日期)

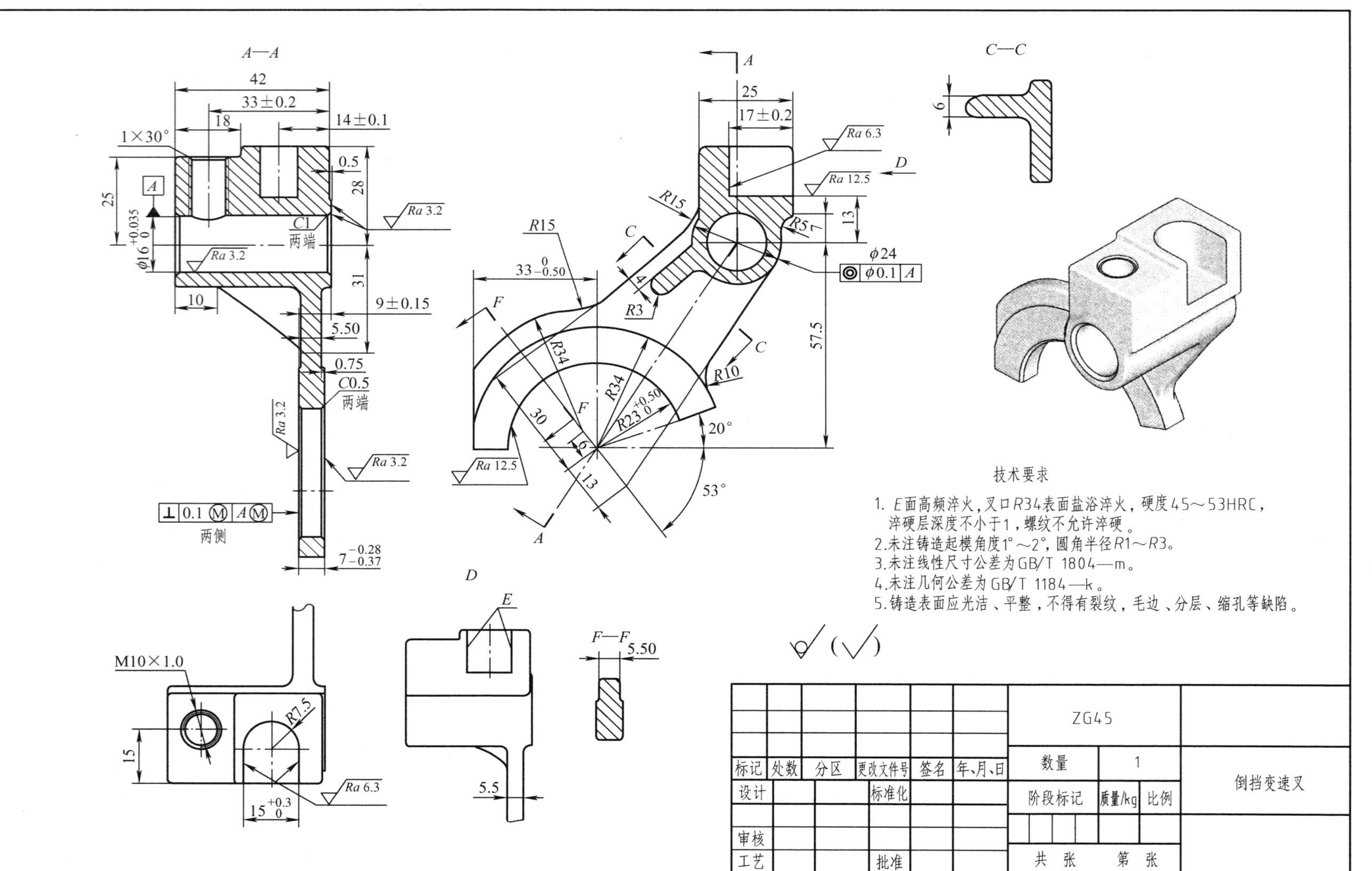

A—A
C—C
F—F
D
技术要求
1. E面高频淬火，叉口R34表面盐浴淬火，硬度45～53HRC，淬硬层深度不小于1，螺纹不允许淬硬。
2.未注铸造起模角度1°～2°，圆角半径R1～R3。
3.未注线性尺寸公差为GB/T 1804—m。
4.未注几何公差为GB/T 1184—k。
5.铸造表面应光洁、平整，不得有裂纹、毛边、分层、缩孔等缺陷。
ZG45
倒挡变速叉
数量
1
标记
处数
分区
更改文件号
签名
年、月、日
设计
标准化
阶段标记
质量/kg
比例
审核
工艺
批准
共 张
第 张

图 4-14 倒挡变速叉

机械加工工艺过程卡片	产品型号		零件图号			
	产品名称		零件名称	倒挡变速叉	共 1 页	第 1 页

材料牌号	ZG45	毛坯种类	精铸	毛坯外形尺寸	86mm×86mm×42mm	每毛坯件数	1	每台件数	1	备注	

	工序号	工序名称	工序内容	车间	工段	设备	工艺装备	工时 准终	工时 单件
	05	磨	磨 ϕ16mm 孔右端面			磨床	磨床夹具,游标卡尺		
	10	钻	钻、扩、铰 ϕ16mm 孔			钻床	钻头,扩刀,铰刀,钻模,内径千分尺		
	15	锪	ϕ16mm 孔两端倒角			钻床	锪刀,钻模,游标卡尺		
	20	磨	磨叉口 R23mm 左端平面			磨床	磨床夹具,游标卡尺		
	25	磨	磨叉口 R23mm 右端平面			磨床	磨床夹具,游标卡尺		
	30	镗	镗 R23mm 不完整孔			镗床	镗刀,镗床夹具,游标卡尺		
	35	钻	钻 M10 底孔,倒角,攻螺纹			钻床	丝锥,钻模,螺纹量规		
	40	铣	铣 R7. 5mm 槽			铣床	铣刀,铣床夹具,游标卡尺		
	45	检验	清洗、检验			检验台			
	50	热处理	R34mm 表面盐炉淬火			淬火炉			
	55	矫正	矫正			钳工台			
描图	60	磨	磨叉口 R23mm 左端平面			磨床	磨床夹具,游标卡尺		
	65	磨	磨叉口 R23mm 右端平面			磨床	磨床夹具,游标卡尺		
描校	70	清洗	去毛刺、清洗			清洗机			
	75	终检	检验			检验台			
底图号									
装订号									

										设计(日期)	审核(日期)	标准化(日期)	会签(日期)		
标记	处数	更改文件号	签字	日期	标记	处数	更改文件号	签字	日期						

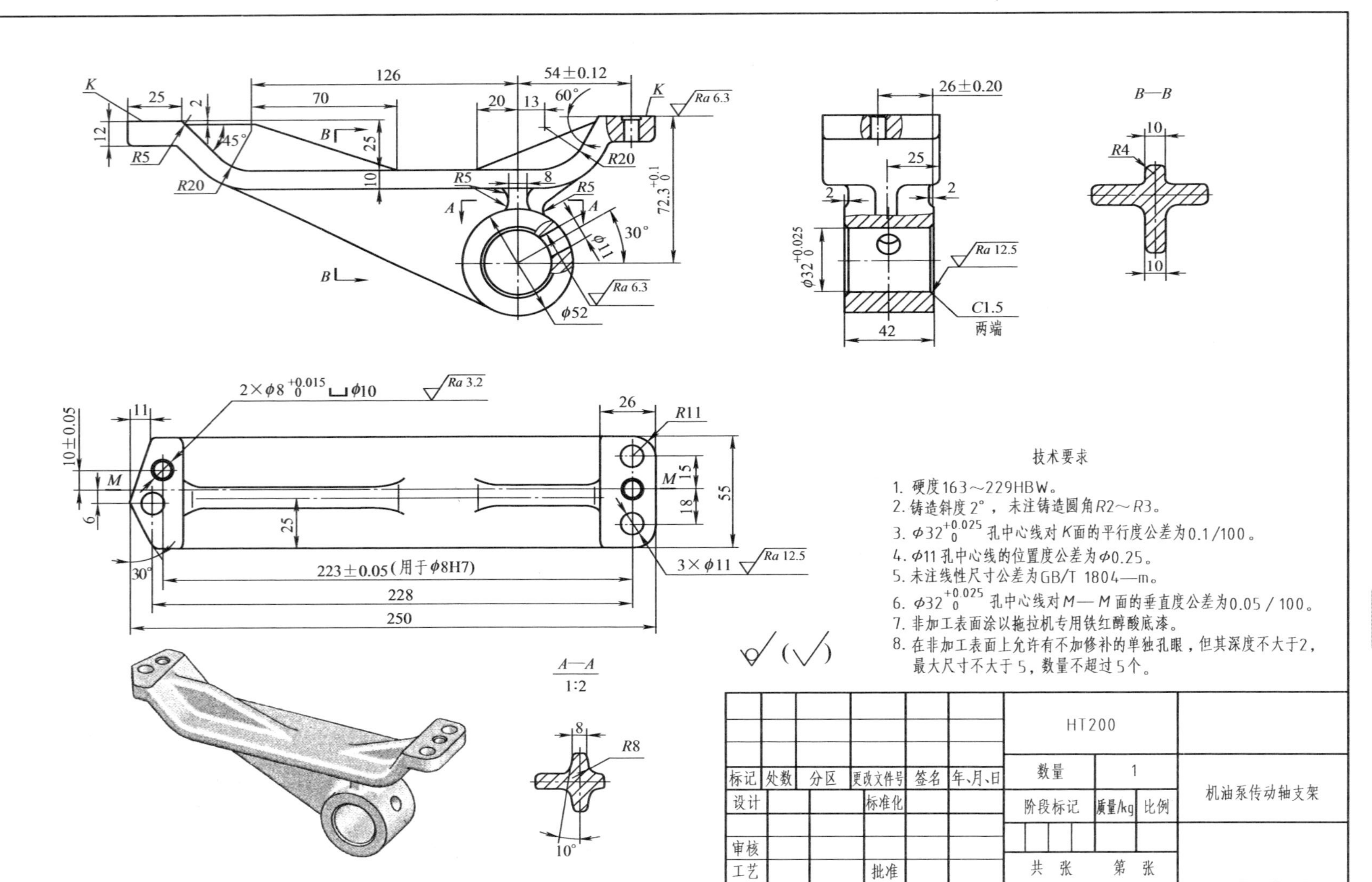

图 4-15 机油泵传动轴支架

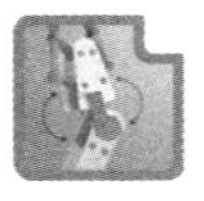

机械加工工艺过程卡片

产品型号		零件图号			
产品名称		零件名称	机油泵传动轴支架	共 1 页	第 1 页

材料牌号	HT200	毛坯种类	铸件	毛坯外形尺寸		每毛坯件数	1	每台件数	1	备注	

工序号	工序名称	工序内容	车间	工段	设备	工艺装备	工时	
							准终	单件
05	铣	铣削 *K* 平面			铣床	铣刀，铣床夹具，游标卡尺		
10	钻	钻 3×ϕ11mm 孔，钻、铰 2×ϕ8mm 孔			钻床	钻头，铰刀，钻模，内径千分尺		
15	锪	2×ϕ8mm 孔倒角			钻床	锪刀，钻床夹具，游标卡尺		
20	铣	铣 ϕ52mm 圆柱两端面			铣床	铣刀，铣床夹具，游标卡尺		
25	铰	扩、铰 ϕ32mm 孔			钻床	扩刀，铰刀，钻模，内径千分尺		
30	钻	钻 ϕ11mm 润滑油孔			钻床	钻头，钻模，游标卡尺		
35	锪	ϕ32mm 孔两端倒角			钻床	锪刀，钻床夹具，游标卡尺		
40	清洗	去毛刺，清洗			清洗机			
45	终检	检验			检验台			

描 图

描 校

底图号

装订号

										设计（日期）	审核（日期）	标准化（日期）	会签（日期）
标记	处数	更改文件号	签字	日期	标记	处数	更改文件号	签字	日期				

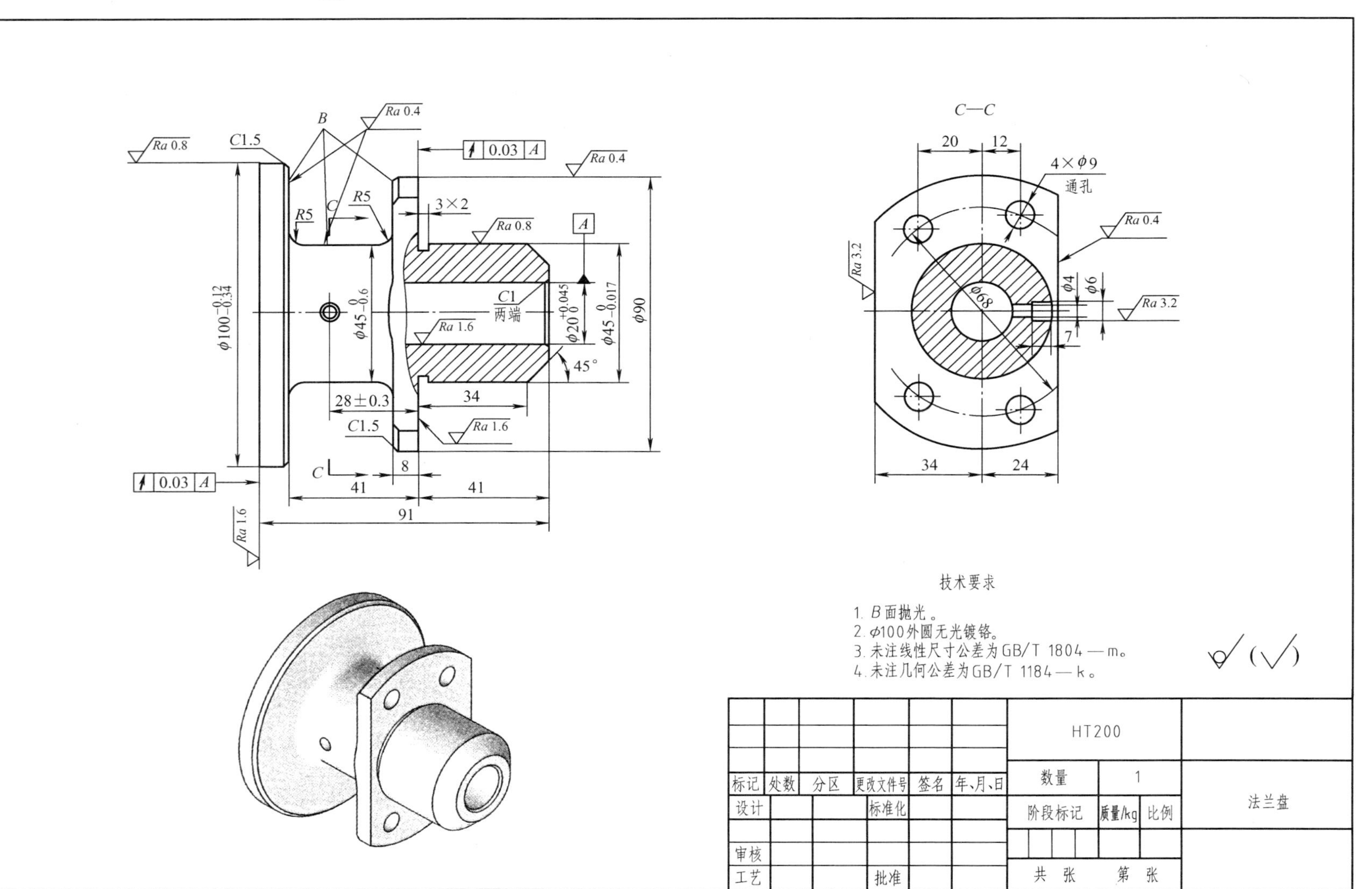
C—C
4×ϕ9
通孔
ϕ68
C1
两端
技术要求
1. B面抛光。
2. ϕ100外圆无光镀铬。
3. 未注线性尺寸公差为GB/T 1804—m。
4. 未注几何公差为GB/T 1184—k。
HT200
标记 处数 分区 更改文件号 签名 年、月、日
设计 标准化
审核
工艺 批准
数量 1
阶段标记 质量/kg 比例
共 张 第 张
法兰盘

图 4-16 法兰盘

机械加工工艺过程卡片

产品型号		零件图号			
产品名称		零件名称	法兰盘	共 1 页	第 1 页

材料牌号	HT200	毛坯种类	铸造	毛坯外形尺寸	ϕ110mm×100mm	每毛坯件数	1	每台件数	1	备注	

	工序号	工序名称	工序内容	车间	工段	设备	工艺装备	工时 准终	工时 单件
	05	车	粗车 ϕ100mm 及端面，ϕ45mm 及 B 面			车床	车刀、自定心卡盘，游标卡尺		
	10	钻	钻、扩、铰 ϕ20mm 孔			钻床	钻刀，扩刀，铰刀，钻模，内径千分尺		
	15	锪	ϕ20mm 孔两端倒角			钻床	锪刀，钻模，游标卡尺		
	20	车	粗车 ϕ45mm 及端面、倒角，ϕ90mm 及端面			车床	车刀，车床夹具，游标卡尺		
	25	车	半精车 ϕ100mm 及端面，ϕ45mm 及 B 面			车床	车刀，车床夹具，游标卡尺		
	30	车	半精车 ϕ45mm、ϕ90mm 及端面，倒角，切槽			车床	车刀，车床夹具，游标卡尺		
	35	车	精车 ϕ100mm 及端面，ϕ45 及 B 面			车床	车刀，车床夹具，千分尺		
	40	车	精车 ϕ45mm、ϕ90mm 及端面、倒角、切槽			车床	车刀，车床夹具，千分尺		
	45	铣	粗铣 ϕ90mm 法兰上两侧平面			铣床	铣刀，铣床夹具，游标卡尺		
	50	钻	钻 4×ϕ9mm 孔			钻床	钻头，钻模，游标卡尺		
	55	铣	精铣 ϕ90mm 法兰上两侧平面			铣床	铣刀，铣床夹具，游标卡尺		
描图	60	钻	钻 ϕ4mm、ϕ6mm 孔，铰 ϕ6mm 孔			钻床	钻头，钻模，游标卡尺		
	65	清洗	清洗，检验			清洗机			
描校	70	电镀	ϕ100mm 外圆无光镀铬			电镀槽			
	75	抛光	抛光 ϕ100mm、ϕ45mm 及 B 面			车床	砂布，车床夹具		
底图号	80	抛光	抛光 ϕ90mm 法兰上尺寸为 24mm 的侧平面			钳工台	砂轮机		
	85	清洗	去毛刺，清洗			清洗机			
装订号	90	终检	检验			检验台			

										设计（日期）	审核（日期）	标准化（日期）	会签（日期）	
标记	处数	更改文件号	签字	日期	标记	处数	更改文件号	签字	日期					

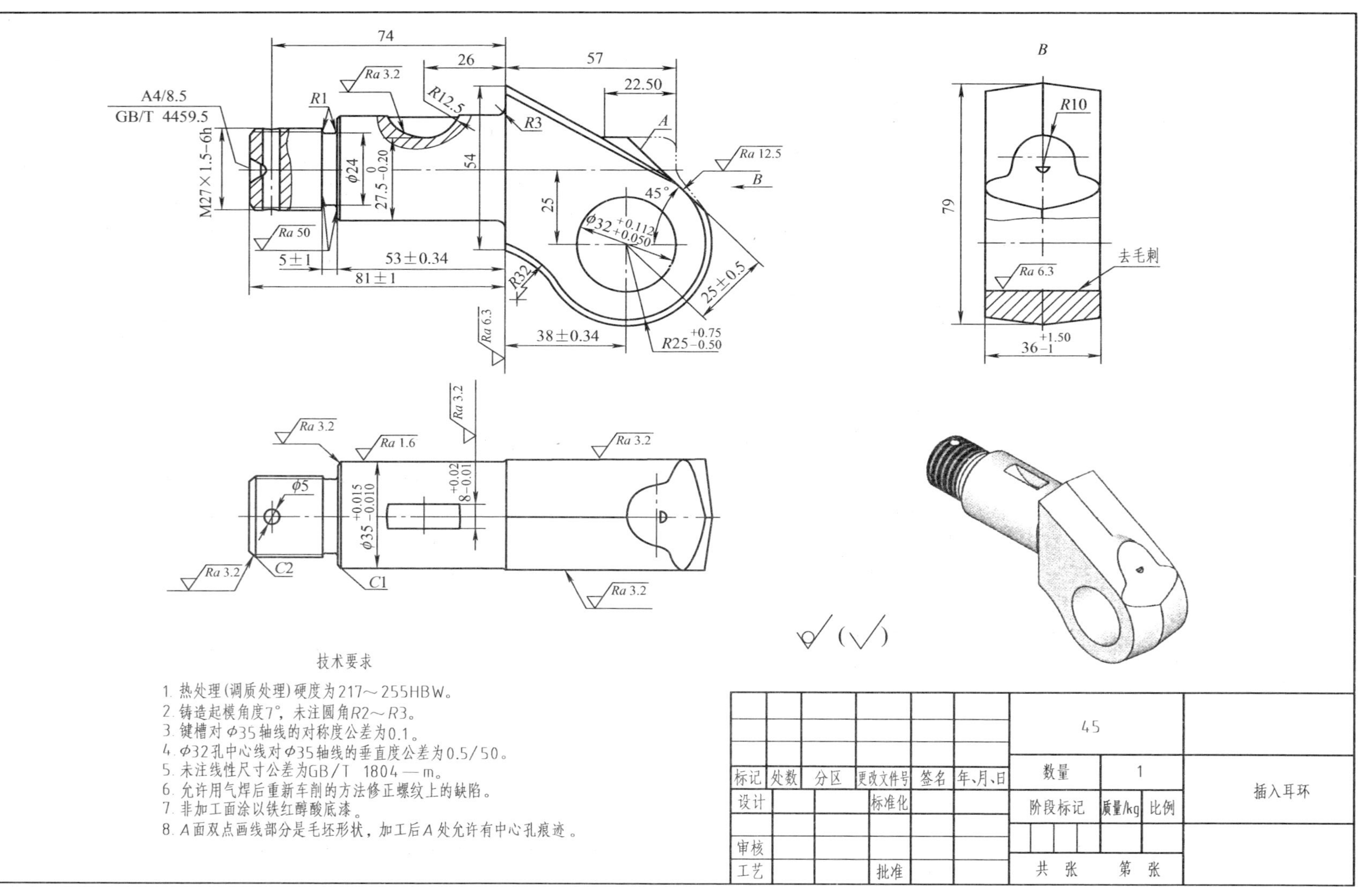

74
26
57
22.50
A4/8.5
GB/T 4459.5
R1
Ra 3.2
R12.5
R3
A
Ra 12.5
B
M27×1.5-6h
φ24
27.5-0.20
54
25
45°
φ32+0.112 +0.050
Ra 50
5±1
53±0.34
81±1
R32
25±0.5
Ra 6.3
38±0.34
R25+0.75 -0.50
B
R10
79
去毛刺
Ra 6.3
36+1.50 -1
Ra 3.2
Ra 1.6
Ra 3.2
Ra 3.2
φ5
φ35+0.015 -0.010
8+0.02 -0.01
Ra 3.2
C2
C1
Ra 3.2
技术要求
1. 热处理(调质处理)硬度为217～255HBW。
2. 铸造起模角度7°，未注圆角R2～R3。
3. 键槽对φ35轴线的对称度公差为0.1。
4. φ32孔中心线对φ35轴线的垂直度公差为0.5/50。
5. 未注线性尺寸公差为GB/T 1804—m。
6. 允许用气焊后重新车削的方法修正螺纹上的缺陷。
7. 非加工面涂以铁红醇酸底漆。
8. A面双点画线部分是毛坯形状，加工后A处允许有中心孔痕迹。
45
标记
处数
分区
更改文件号
签名
年、月、日
数量
1
插入耳环
设计
标准化
阶段标记
质量/kg
比例
审核
工艺
批准
共 张
第 张

图 4-17 插入耳环

机械加工工艺过程卡片

产品型号		零件图号			
产品名称		零件名称	插入耳环	共 1 页	第 1 页

材料牌号	45	毛坯种类	模锻件	毛坯外形尺寸		每毛坯件数	1	每台件数		备注	

工序号	工序名称	工序内容	车间	工段	设备	工艺装备	工时 准终	工时 单件
05	钻	在工件两端钻中心孔			钻床	中心钻，钻床夹具，游标卡尺		
10	车	粗车、半精车 ϕ27mm 和 ϕ35mm 外圆，切槽，倒角			车床	车刀，顶尖，游标卡尺		
15	钻	钻、扩 ϕ32mm 孔			钻床	钻头、扩刀，钻模，内径千分尺		
20	钻	钻 ϕ5mm 孔			钻床	钻头，钻模，游标卡尺		
25	车	精车 ϕ35mm 外圆			车床	车刀，顶尖，外径千分尺		
30	铣	铣键槽			铣床	铣刀，铣床夹具，对称度量仪		
35	车	车螺纹 M27			车床	螺纹车刀，顶尖，螺纹规		
40	铣	铣削去除工艺凸台			铣床	铣刀，铣床夹具，游标卡尺		
45	清洗	去毛刺，清洗			清洗机			
50	终检	检验			检验台			

描图

描校

底图号

装订号

标记	处数	更改文件号	签字	日期	标记	处数	更改文件号	签字	日期	设计（日期）	审核（日期）	标准化（日期）	会签（日期）

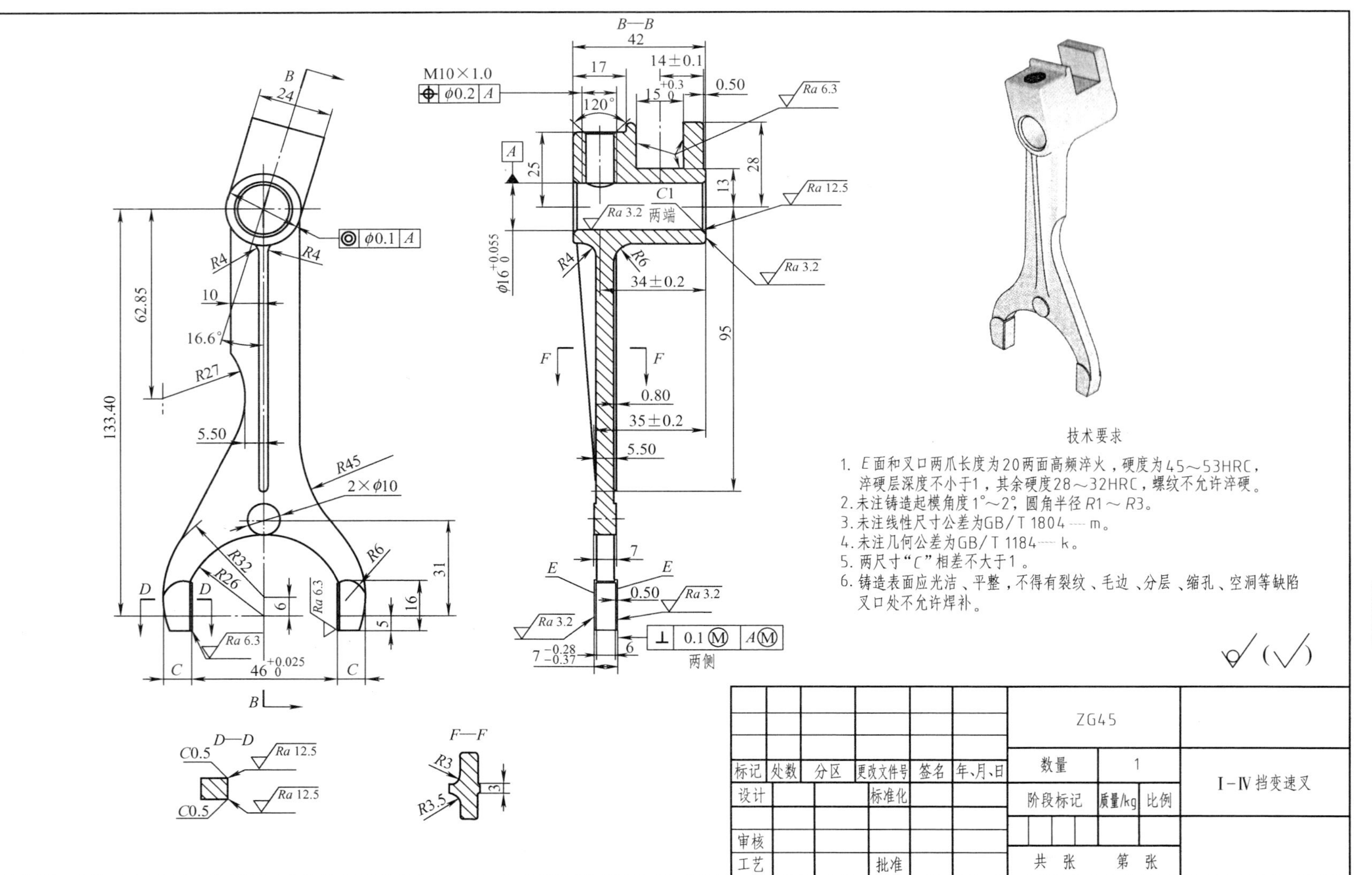

图 4-18 I-IV挡变速叉

机械加工工艺过程卡片

产品型号		零件图号			
产品名称		零件名称	Ⅰ-Ⅳ挡变速叉	共1页	第1页

材料牌号	ZG45	毛坯种类	精铸	毛坯外形尺寸	167mm×64mm×42mm	每毛坯件数	1	每台件数	1	备注	

	工序号	工序名称	工序内容	车间	工段	设备	工艺装备	工时 准终	工时 单件
	05	磨	磨 ϕ16mm 孔右端面			磨床	磨床夹具,游标卡尺		
	10	钻	钻、扩、铰 ϕ16mm 孔			钻床	钻头,扩刀,铰刀,钻模,内径千分尺		
	15	锪	ϕ16mm 孔两端倒角			钻床	锪刀,钻模,游标卡尺		
	20	磨	磨 46mm 叉口左端平面			磨床	磨床夹具,游标卡尺		
	25	磨	磨 46mm 叉口右端平面			磨床	磨床夹具,游标卡尺		
	30	铣	铣 46mm 叉口两内侧平面			铣床	铣刀,铣床夹具,游标卡尺		
	35	钻	钻 M10 底孔,倒角,攻螺纹			钻床	丝锥,钻模,螺纹量规		
	40	铣	铣 15mm 槽			铣床	铣刀,铣床夹具,游标卡尺		
	45	检验	清洗,检验			检验台			
	50	热处理	叉口和 E 面高频淬火			淬火机			
	55	矫正	对热处理变形进行矫正			钳工台			
描图	60	磨	磨 46mm 叉口左端平面			磨床	磨床夹具,游标卡尺		
	65	磨	磨 46mm 叉口右端平面			磨床	磨床夹具,游标卡尺		
描校	70	清洗	去毛刺,清洗			清洗机			
	75	终检	检验			检验台			
底图号									
装订号									

										设计(日期)	审核(日期)	标准化(日期)	会签(日期)		
标记	处数	更改文件号	签字	日期	标记	处数	更改文件号	签字	日期						

Chapter

常用工艺参考资料

表 5-1　铸件尺寸公差数值（GB/T 6414—2017 摘录）　　　　（单位：mm）

毛坯铸件公称尺寸		铸件尺寸公差等级 DCTG①及相应线性尺寸公差值															
大于	至	1	2	3	4	5	6	7	8	9	10	11	12	13②	14②	15②	16②,③
—	10	0.09	0.13	0.18	0.26	0.36	0.52	0.74	1	1.5	2	2.8	4.2	—	—	—	—
10	16	0.1	0.14	0.2	0.28	0.38	0.54	0.78	1.1	1.6	2.2	3.0	4.4	—	—	—	—
16	25	0.11	0.15	0.22	0.3	0.42	0.58	0.82	1.2	1.7	2.4	3.2	4.6	6	8	10	12
25	40	0.12	0.17	0.24	0.32	0.46	0.64	0.9	1.3	1.8	2.6	3.6	5	7	9	11	14
40	63	0.13	0.18	0.26	0.36	0.5	0.7	1	1.4	2	2.8	4	5.6	8	10	12	16
63	100	0.14	0.2	0.28	0.4	0.56	0.78	1.1	1.6	2.2	3.2	4.4	6	9	11	14	18
100	160	0.15	0.22	0.3	0.44	0.62	0.88	1.2	1.8	2.5	3.6	5	7	10	12	16	20
160	250	—	0.24	0.34	0.5	0.72	1	1.4	2	2.8	4	5.6	8	11	14	18	22
250	400	—	—	0.40	0.56	0.78	1.1	1.6	2.2	3.2	4.4	6.2	9	12	16	20	25
400	630	—	—	—	0.64	0.9	1.2	1.8	2.6	3.6	5	7	10	14	18	22	28
630	1000	—	—	—	0.72	1	1.4	2	2.8	4	6	8	11	16	20	25	32
1000	1600	—	—	—	0.8	1.1	1.6	2.2	3.2	4.6	7	9	13	18	23	29	37
1600	2500	—	—	—	—	—	—	2.6	3.8	5.4	8	10	15	21	26	33	42
2500	4000	—	—	—	—	—	—	—	4.4	6.2	9	12	17	24	30	38	49
4000	6300	—	—	—	—	—	—	—	—	7	10	14	20	28	35	44	56
6300	10000	—	—	—	—	—	—	—	—	—	11	16	23	32	40	50	64

① 在等级 DCTG1～DCTG15 中对壁厚采用粗一级公差。

② 对于不超过 16mm 的公称尺寸，不采用 DCTG13～DCTG16 的一般公差，对于这些尺寸应标注个别公差。

③ 等级 DCTG16 仅适用于一般公差规定为 DCTG15 的壁厚。

表 5-2 大批量生产的毛坯铸件的尺寸公差等级（GB/T 6414—2017 摘录）

方法		公差等级 DCTG								
		铸件材料								
		钢	灰铸铁	球墨铸铁	可锻铸铁	铜合金	锌合金	轻金属合金	镍基合金	钴基合金
砂型铸造手工造型		11~13	11~13	11~13	11~13	10~13	10~13	9~12	11~14	11~14
砂型铸造机器造型和壳型		8~12	8~12	8~12	8~12	8~10	8~10	7~9	8~12	8~12
金属型铸造（重力铸造或低压铸造）		—	8~10	8~10	8~10	8~10	7~9	7~9	—	—
压力铸造		—	—	—	—	6~8	4~6	4~7	—	—
熔模铸造	水玻璃	7~9	7~9	7~9	—	5~8	—	5~8	7~9	7~9
	硅溶胶	4~6	4~6	4~6	—	4~6	—	4~6	4~6	4~6

注：1. 表中所列出的公差等级是在大批量生产下，铸件通常能够达到的公差等级。
2. 本标准还适用于本表未列出的由铸造厂和采购方之间协议商定的工艺和材料。

表 5-3 铸件的机械加工余量等级（GB/T 6414—2017 摘录）

方法	要求的机械加工余量等级								
	铸件材料								
	钢	灰铸铁	球墨铸铁	可锻铸铁	铜合金	锌合金	轻金属合金	镍基合金	钴基合金
砂型铸造手工造型	G~K	F~H	F~H	F~H	F~H	F~H	F~H	G~K	G~K
砂型铸造机器造型和壳型	F~H	E~G	E~G	E~G	E~G	E~G	E~G	F~H	F~H
金属型（重力铸造和低压铸造）	—	D~F	D~F	D~F	D~F	D~F	D~F	—	—
压力铸造	—	—	—	—	B~D	B~D	B~D		
熔模铸造	E	E	E	—	E	—	E	E	E

注：本表也适用于经供需双方商定的本表未列出的其他铸造工艺和铸件材料。

表 5-4 机械加工余量（GB/T 6414—2017 摘录） （单位：mm）

铸件公称尺寸		铸件的机械加工余量等级 RMAG 及对应的机械加工余量 RMA									
大于	至	A	B	C	D	E	F	G	H	J	K
—	40	0.1	0.1	0.2	0.3	0.4	0.5	0.5	0.7	1	1.4
40	63	0.1	0.2	0.3	0.3	0.4	0.5	0.7	1	1.4	2
63	100	0.2	0.3	0.4	0.5	0.7	1	1.4	2	2.8	4
100	160	0.3	0.4	0.5	0.8	1.1	1.5	2.2	3	4	6
160	250	0.3	0.5	0.7	1	1.4	2	2.8	4	5.5	8
250	400	0.4	0.7	0.9	1.3	1.4	2.5	3.5	5	7	10
400	630	0.5	0.8	1.1	1.5	2.2	3	4	6	9	12
630	1000	0.6	0.9	1.2	1.8	2.5	3.5	5	7	10	14
1000	1600	0.7	1	1.4	2	2.8	4	5.5	8	11	16
1600	2500	0.8	1.1	1.6	2.2	3.2	4.5	6	9	14	18
2500	4000	0.9	1.3	1.8	2.5	3.5	5	7	10	14	20
4000	6300	1	1.4	2	2.8	4	5.5	8	11	16	22
6300	10000	1.1	1.5	2.2	3	4.5	6	9	12	17	24

注：等级 A 和 B 仅用于特殊场合，如带有工装定位面、夹紧面和基准面的铸件。

表 5-5 定位及夹紧符号（JB/T 5061—2006 摘录）

定位支承类型	符号			
	独立定位		联合定位	
	标注在视图轮廓线上	标注在视图正面①	标注在视图轮廓线上	标注在视图正面①
固定式				
活动式				
辅助支承				

夹紧动力源类型	符号			
	独立夹紧		联合夹紧	
	标注在视图轮廓线上	标注在视图正面	标注在视图轮廓线上	标注在视图正面
手动夹紧				
液压夹紧	Y	Y	Y	Y
气动夹紧	Q	Q	Q	Q
电磁夹紧	D	D	D	D

① 视图正面是指观察者面对的投影面。

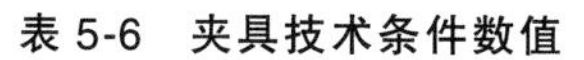

表 5-6 夹具技术条件数值

技术条件	参考数值/mm
同一平面上的支承钉或支承板的等高公差	不大于 0.02
定位元件工作表面对定位键槽侧面的平行度或垂直度	不大于 0.02 : 100
定位元件工作表面对夹具体底面的平行度或垂直度	不大于 0.02 : 100
钻套轴线对夹具体底面的垂直度	不大于 0.05 : 100
镗模前后镗套的同轴度	不大于 0.02
对刀块工作表面对定位元件工作表面的平行度或垂直度	不大于 0.03 : 100
对刀块工作表面对定位键槽侧面的平行度或垂直度	不大于 0.03 : 100
车、磨夹具的找正基面对其回转中心的径向圆跳动	不大于 0.02

表 5-7 钻模板结构形式及使用说明

结构形式	使用说明
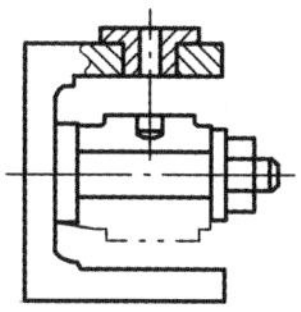	为整体式钻模板。它和钻模基体铸成(或焊接)一体。结构刚度好,加工孔的位置精度高。适用于简单钻模
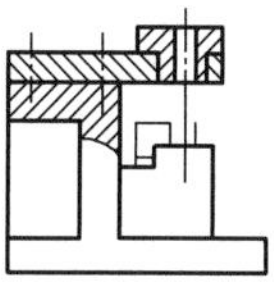	为固定式钻模板。它和钻模夹具体的连接采用销钉定位,用螺钉紧固成一整体。结构刚度好,加工孔的位置精度较高
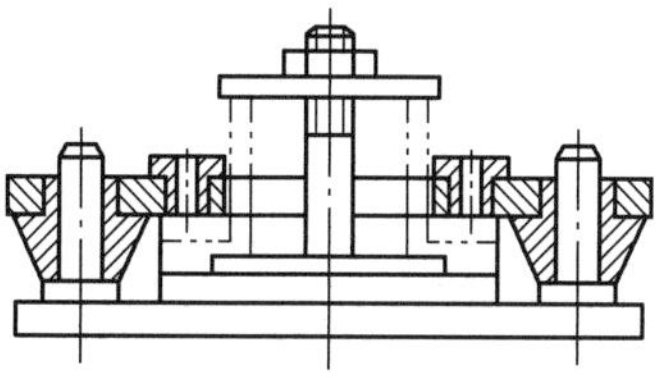	为可卸式钻模板。在夹具体上为钻模板设有定位装置,以保持钻模板具有准确的位置精度。钻孔精度较高,装卸工件费时
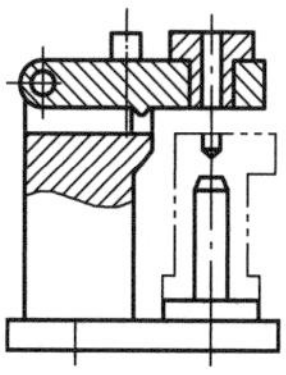	为铰链式钻模板。铰链孔和轴销的配合按 H7/f8。由于铰链存在间隙,它的加工精度不如固定式钻模板高,但装卸工件方便
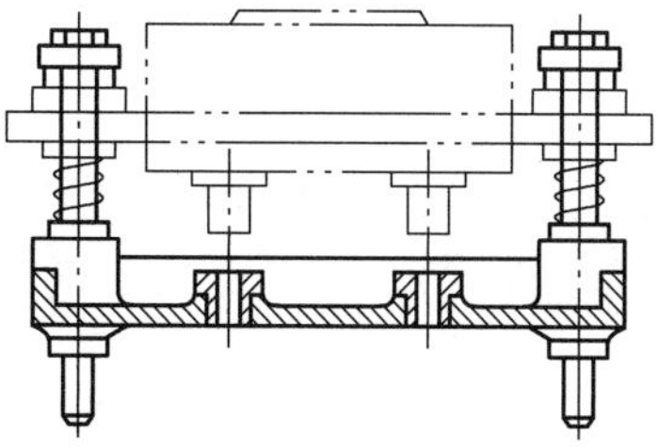	为悬挂式钻模板。它配合多轴传动头同时加工平行孔系,由导柱引导来保证钻模板的升降及工件的正确位置。适用于大批量生产中

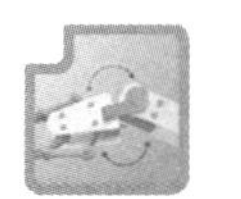

（续）

结构形式	使用说明
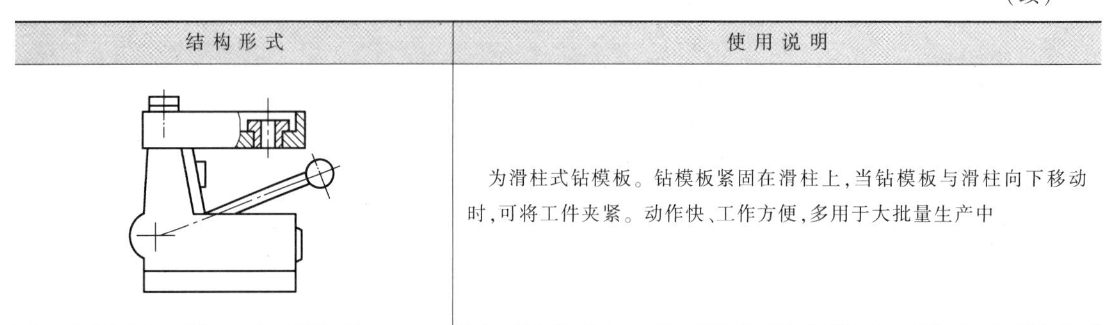	为滑柱式钻模板。钻模板紧固在滑柱上，当钻模板与滑柱向下移动时，可将工件夹紧。动作快、工作方便，多用于大批量生产中

表 5-8 各种生产类型的规范

生产类型	零件的年生产纲领（件/年）		
	重型机械	中型机械	轻型机械
单件生产	≤5	≤20	≤100
小批生产	>5～100	>20～200	>100～500
中批生产	>100～300	>200～500	>500～5000
大批生产	>300～1000	>500～5000	>5000～50000
大量生产	>1000	>5000	>50000

表 5-9 各种生产类型的工艺特点

项目 \ 特点 \ 类型	单件小批生产	中批生产	大批量生产
加工对象	经常变换	周期性变换	固定不变
毛坯的制造方法及加工余量	木模手工造型，自由锻。毛坯精度低，加工余量大	部分铸件用金属型，部分锻件用模锻。毛坯精度中等、加工余量中等	广泛采用金属型机器造型、压铸、精铸、模锻。毛坯精度高、加工余量小
机床设备及其布置形式	通用机床，按类别和规格大小，采用机群式排列布置	部分采用通用机床，部分采用专用机床，按零件分类，部分布置成流水线，部分布置成机群式	广泛采用专用机床，按流水线或自动线布置
夹具	通用夹具或组合夹具，必要时采用专用夹具	广泛使用专用夹具、可调夹具	广泛使用高效率的专用夹具
刀具和量具	通用刀具和量具	按零件产量和精度，部分采用通用刀具和量具，部分采用专用刀具和量具	广泛使用高效率专用刀具和量具
工件的装夹方法	划线找正装夹，必要时采用通用夹具或专用夹具装夹	部分采用划线找正，广泛采用通用或专用夹具装夹	广泛使用专用夹具装夹
装配方法	广泛采用配刮	少量采用配刮，多采用互换装配法	采用互换装配法
操作工人平均技术水平	高	一般	低

（续）

特点 项目 \ 类型	单件小批生产	中批生产	大批量生产
生产率	低	一般	高
成本	高	一般	低
工艺文件	用简单的工艺过程卡管理生产	有较详细的工艺规程，用工艺卡管理生产	详细制订工艺规程，用工序卡、操作卡及调整卡管理生产

表 5-10　一般工程用铸钢的特性和应用

牌号	主要特性	应用举例
ZG 200-400	低碳铸钢，韧性及塑性均好，但强度和硬度较低，低温冲击韧性好，脆性转变温度低，导磁、导电性能良好，焊接性好，但铸造性差	机座、电气吸盘、变速器箱体等受力不大，但要求具有一定韧性的零件
ZG 230-450		用于负荷不大、韧性较好的零件，如轴承盖、底板、阀体、机座、轧钢机架、箱体、砧座等
ZG 270-500	中碳铸钢，有一定的韧性及塑性，强度和硬度较高，切削性能良好，焊接性尚可，铸造性能比低碳钢好	应用广泛，用于制作飞轮、车辆车钩、水压机工作缸、机架、蒸气锤气缸、轴承座、连杆、箱体、曲轴等
ZG 310-570		用于重负荷零件，如联轴器、大齿轮、缸体、气缸、机架、制动轮、轴及辊子等
ZG 340-640	高碳铸钢，具有高强度、高硬度及高耐磨性，塑性、韧性差，铸造、焊接性均差，裂纹敏感性较大	起重运输机齿轮、联轴器、齿轮、车轮、阀轮、叉头等

表 5-11　线性尺寸的极限偏差数值（GB/T 1804—2000 摘录）　（单位：mm）

公差等级	尺寸分段							
	0.5~3	>3~6	>6~30	>30~120	>120~400	>400~1000	>1000~2000	>2000~4000
精密 f	±0.05	±0.05	±0.1	±0.15	±0.2	±0.3	±0.5	—
中等 m	±0.1	±0.1	±0.2	±0.3	±0.5	±0.8	±1.2	±2
粗糙 c	±0.2	±0.3	±0.5	±0.8	±1.2	±2	±3	±4
最粗 v	—	±0.5	±1	±1.5	±2.5	±4	±6	±8

表 5-12　不同加工方法达到的孔径精度与表面粗糙度

加工方法	孔径精度	表面粗糙度 $Ra/\mu m$
钻	IT12~IT13	12.5
钻、扩	IT10~IT12	3.2~6.3
钻、铰	IT8~IT11	1.6~3.2
钻、扩、铰	IT6~IT8	0.8~3.2
钻、扩、粗铰、精铰	IT6~IT8	0.8~1.6
挤光	IT5~IT6	0.025~0.4
滚压	IT6~IT8	0.05~0.4

表 5-13 XA6132 型万能铣床和 XA5032 型立式铣床技术参数

工作台最大纵向行程 680mm
工作台工作面积，长（1250mm）×宽（320mm）
进给机构允许的最大抗力 15000N
主电动机功率 7.5kW
进给电动机功率 1.7kW
机床效率 $\eta=0.75$

主轴转速 n/(r/min)	30,37.5,47.5,60,75,95,118,150,190,235,300,375,475,600,750,950,1180,1500
纵向进给量 v_f/(mm/min)	23.5,30,37.5,47.5,60,75,95,118,150,190,235,300,375,475,600,750,950,1180

注：原 X62W 型万能铣床和 X52K 型立铣主要参数与此表相近。

表 5-14 摇臂钻床主要技术参数（JB/T 6335.3—2006 摘录）

技术规格	型号					
	Z3025	Z33S—1	Z35	Z37	Z32K	Z35K
最大钻孔直径/mm	25	35	50	75	25	50
主轴中心线至立柱表面距离/mm	280~900	350~1200	450~1600	500~2000	315~815	730~1500
主轴端面至工作台面的距离/mm	0~550	0~880	0~1000	—	—	—
主轴端面至底座工作面的距离/mm	250~1000	380~1380	470~1500	600~1750	25~870	—
主轴最大行程/mm	250	300	350	450	130	350
主轴孔莫氏锥度	3号	4号	5号	6号	3号	5号
主轴转速/(r/min)	50~2500	50~1600	34~1700	11.2~1400	175~980	20~900
主轴进给量/(mm/r)	0.05~1.6	0.06~1.2	0.03~1.2	0.037~2	—	0.1~0.8
主轴最大转矩/(N·m)	196.2	—	735.75	1177.2	95.157	—
主轴最大进给力/N	7848	12262.5	19620	33354	—	12262.5(垂直位置) 19620(水平位置)
主轴箱水平移动距离/mm	630	850	1150	1500	500	—
横臂升降距离/mm	525	730	680	700	845	1500
横臂回转角度/(°)	360°	360°	360°	360°	360°	360°
主电动机功率/kW	2.2	2.8	4.5	7	1.7	4.5

注：Z32K、Z35K 为万向摇臂钻床，主轴在三个方向都能回转 360°。

表 5-15 铣刀种类及应用范围

铣刀名称		种类	应用范围
圆柱形铣刀		粗齿圆柱形铣刀	粗、半精加工各种平面 粗铣 $a_e=3\sim8$mm，半精铣 $a_e=1\sim2$mm（用于粗加工后不换铣刀），半精铣 $a_e=3\sim4$mm（不经预先粗加工）
		细齿圆柱形铣刀	粗铣刚度差的零件 $a_e=3\sim5$mm，半精铣 $a_e=1\sim2$mm，不经预先粗加工的半精铣 $a_e=3\sim4$mm
		组合圆柱形铣刀	在刚度强、功率大的专用机床上一次行程粗铣宽平面（150～200mm），$a_e=5\sim12$mm
端铣刀或面铣刀	整体套式面铣刀	粗齿	粗、半精、精加工各种平面 粗铣 $a_p=3\sim8$mm，半精铣 $a_p=1\sim2$mm，用于粗加工后不换铣刀，不经预先粗加工的半精铣 $a_p=3\sim4$mm
		细齿	粗铣低刚度零件 $a_p=3\sim5$mm，半精铣 $a_p=1\sim2$mm，不经预先粗加工的半精铣 $a_p=3\sim4$mm
	镶齿套式面铣刀	高速工具钢	粗铣 $a_p=3\sim8$mm，半精铣 $a_p=1\sim2$mm，不经预先粗加工的半精铣 $a_p=3\sim4$mm
		硬质合金	粗、精铣钢及铸铁
立铣刀		粗齿立铣刀、中齿立铣刀、细齿立铣刀、套式立铣刀、模具立铣刀	粗铣、半精铣平面，加工沟槽表面，台阶表面，按靠模铣曲线表面
三面刃、两面刃铣刀		整体的直齿三面刃铣刀、错齿三面刃铣刀	粗、半精、精加工沟槽表面 铣槽 $a_p=6\sim16$mm，$a_e\leqslant18$mm，铣侧面及凸台 $a_e\leqslant20$mm
		镶齿三面刃铣刀	铣槽 $a_p=12\sim40$mm，$a_e\leqslant40$mm 铣侧面及凸台 $a_e\leqslant60$mm
锯片铣刀		粗齿、中齿、细齿锯片铣刀	加工窄槽表面、切断，细齿加工钢及铸铁，粗齿加工轻合金及非铁金属
		螺钉槽铣刀	加工窄槽、螺钉槽表面
		镶片圆锯	切断
键槽铣刀		平键槽铣刀、半圆键槽铣刀	加工平键键槽，半圆键键槽
		T 形槽铣刀	加工 T 形槽表面
		燕尾槽铣刀	加工燕尾槽表面
角度铣刀		单角铣刀、对称及不对称双角铣刀	加工各种角度沟槽表面（角度为 18°～90°）
成形铣刀		铲齿成形铣刀、尖齿成形铣刀、凸半圆铣刀、凹半圆铣刀、圆角铣刀	加工凸凹半圆曲面、圆角及各种成形表面
		花键铣刀	铣花键及槽，粗齿 $a_e\leqslant15$mm，细齿 $a_e\leqslant5$mm

表 5-16 铣刀直径的选择 （单位：mm）

圆柱形铣刀							
铣削深度	5		8		10		
铣削宽度	70		90		100		
铣刀直径	60～75		90～110		110～130		
镶齿套式面铣刀、整体套式面铣刀							
铣削深度	4	4	5	6	6	8	10
铣削宽度	40	60	90	120	180	260	350
铣刀直径	50～75	75～90	110～130	150～175	200～250	300～350	400～500
三面刃铣刀							
铣削深度	8	12		20		40	
铣削宽度	20	25		35		50	
铣刀直径	60～75	90～110		110～150		175～200	
花键铣刀、槽铣刀及锯片铣刀							
铣削深度	5	10		12		25	
铣削宽度	4	4		5		10	
铣刀直径	40～60	60～75		75		110	

表 5-17 镶齿套式面铣刀（GB/T 20337—2006 摘录） （单位：mm）

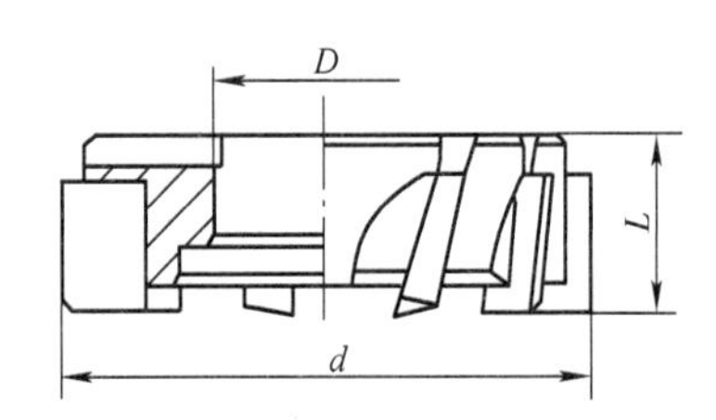

d	D	L	z	d	D	L	z	d	D	L	z
80	27	36	10	125	40	40	14	200	50	45	20
100	30	40		160	50	45	16	250			26

表 5-18 锯片铣刀（GB/T 6120—2012 摘录） （单位：mm）

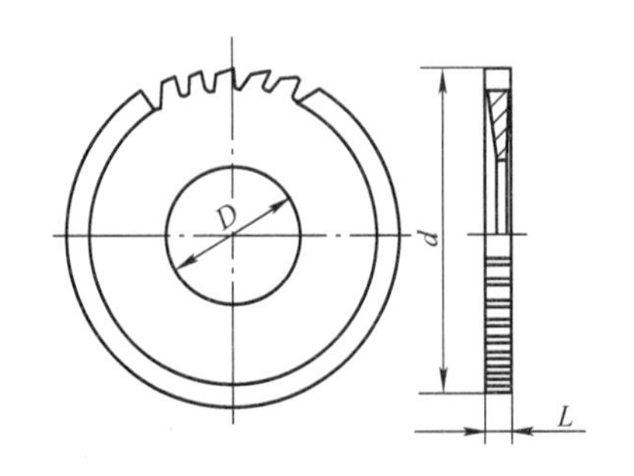

（续）

d	D	L	z			d	D	L	z		
			粗齿	中齿	细齿				粗齿	中齿	细齿
20	5	0.2 0.25,0.3,0.4 0.5,0.6,0.8 1,1.2,1.62	— — — —	— — — —	80 64 48 42 32	63	16	0.3,0.4,0.5 0.6,0.8,1 1.2,1.6,2 2.5,3,4 5,6	— 32 24 20 16	64 48 40 32 24	128 100 80 60 48
25	8	0.2,0.25,0.3 0.4,0.5,0.6 0.8,1,1.2 1.6,2,2.5	— — — —	— — — —	80 64 48 40	80	22	0.5,0.6,0.8 1,1.2,1.6 2,2.5,3 4,5,6	40 32 24 20	64 48 40 32	128 100 80 64
32	8	0.2,0.25 0.3,0.4,0.5 0.6,0.8,1 1.2,1.6,2 2.5,3	— — — — —	— 40 32 24 20	100 80 64 48 40	100	22 (27)	0.6 0.8,1,1.2 1.6,2,2.5 3,4,5 6	— 40 32 24 20	— 64 48 40 32	160 128 100 80 64
40	10 (13)	0.2 0.25,0.3,0.4 0.5,0.6,0.8 1,1.2,1.6 2,2.5,3 4	— — — — — —	— 48 40 32 24 20	128 100 80 64 48 40	125	22 (27)	0.8,1 1.2,1.6,2 2.5,3,4 5,6	48 40 32 24	80 64 48 40	160 128 100 80
						160	32	1.2,1.6 2,2.5,3 4,5,6	48 40 32	80 64 48	160 138 100
50	13	0.25,0.3 0.4,0.5,0.6 0.8,1,1.2 1.6,2,2.5 3,4,5	— — 24 20 16	64 48 40 32 24	128 100 80 64 48	200	32	1.6,2,2.5 3,4,5 6	48 40 32	80 64 48	160 128 100
						250	32	2 2.5,3,4 5,6	64 48 40	100 80 64	100 260 128
						315	40	2.5,3 4,5,6	64 48	100 80	200 160

表 5-19 锥柄麻花钻（GB/T 1438.1—2008 摘录）

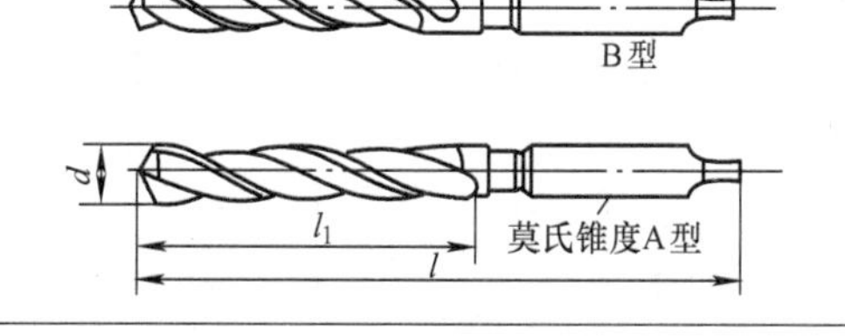

（续）

d	l	l_1	莫氏圆锥
3 3.2 3.5	114 117 120	33 36 39	1号
3.8 4 4.2	124	43	1号
4.5	128	47	1号
4.8 5 5.2	133	52	
5.5 5.8 6	138	57	1号
6.2 6.5	144	63	
6.8 7 7.2 7.5	150	69	1号
7.8 8 8.2 8.5	156	75	1号
8.8 9 9.2 9.5	162	81	1号
9.8 10 10.2 10.5	168	87	1号
10.8 11 11.2 11.5 11.8	175	94	1号

d	l	l_1	莫氏圆锥
12 12.2 12.5 12.8 13 13.2	182 (199)	101	1号 (2号)
13.5 13.8 14	189 (206)	108	1号 (2号)
14.25 14.5 14.75 15	212	114	2号
15.25 15.4 15.5 15.75 16	218	120	2号
16.25 16.5 16.75 17	223	125	2号
17.25 17.4 17.5 17.75 18	228	130	2号
18.25 18.5 18.75 19	233 (256)	135	2号 (3号)
19.25 19.4 19.5 19.75 20	238 (261)	140	2号 (3号)
20.25 20.5 20.75 21	243 (266)	145	2号 (3号)
21.25 21.5 21.75 22 22.25	248 (271)	150	2号 (3号)

d	l	l_1	莫氏圆锥
22.5 22.75 23	253 (276)	155	2号 (3号)
23.25 23.5	276	155	3号
23.75 24 24.25 24.5 24.75 25	281	160	3号
25.25 25.5 25.75 26 26.25 26.5	286	165	3号
26.75 27 27.25 27.5 27.75 28	291 (319)	170	3号 (4号)
28.25 28.5 28.75 29 29.25 29.5 29.75 30	296 (324)	175	3号 (4号)
30.25 30.5 30.75 31 31.25 31.5	301 (329)	180	3号 (4号)
31.75	306 (334)	185	3号 (4号)
32 32.5 33 33.5	334	185	4号

（续）

d	l	l_1	莫氏圆锥
34 34.5 35 35.5	339	190	4号
36 36.5 37 37.5	344	195	4号
38 38.5 39 39.5 40	349	200	4号
40.5 41 41.5 42 42.5	354 (392)	205	4号 (5号)
43 43.5 44 44.5 45	359 (397)	210	4号 (5号)
45.5 46 46.5 47 47.5	364 (402)	215	4号 (5号)

d	l	l_1	莫氏圆锥
48 48.5 49 49.5 50	369 (407)	220	4号 (5号)
50.5	374 (412)	225	4号 (5号)
51 52 53	412	225	5号
54 55 56	417	230	5号
57 58 59 60	422	235	5号
61 62 63	427	240	5号
64 65 66 67	432 (499)	245	5号 (6号)
68 69 70 71	437 (504)	250	5号 (6号)

d	l	l_1	莫氏圆锥
72 73 74 75	442 (509)	255	5号 (6号)
76	447(514)	260	5号 (6号)
77 78 79 80	514	260	6号
81 82 83 84 85	519	265	6号
86 87 88 89 90	524	270	6号
91 92 93 94 95	529	275	6号
96 97 98 99 100	534	280	6号

注：括号内的数字为粗柄麻花钻尺寸。

表5-20　攻螺纹前钻孔用麻花钻直径（GB/T 20330—2006 摘录）

（单位：mm）

螺纹代号	麻花钻直径		螺纹代号	麻花钻直径		螺纹代号	麻花钻直径		螺纹代号	麻花钻直径	
	脆性材料	韧性材料		脆性材料	韧性材料		脆性材料	韧性材料		脆性材料	韧性材料
M3×0.5	2.5	2.5	M8×1	6.9	7.0	M14×1.5	12.4	12.5	M20×2	17.8	18.0
M3×0.35	2.65	2.65	M8×0.75	7.1	7.2	M14×1.25	12.7	12.8	M20×1.5	18.4	18.5
M3.5×0.35	3.15	3.15	M10×1.5	8.4	8.5	M14×1	12.9	13.0	M20×1	18.9	19.0
M4×0.7	3.3	3.3	M10×1.25	8.6	8.7	M16×2	13.8	14.0	M22×2.5	19.3	19.5
M4×0.5	3.5	3.5	M10×1	8.9	9.0	M16×1.5	14.4	14.5	M22×2	19.8	20.0
M4.5×0.5	4.0	4.0	M10×0.75	9.2	9.3	M16×1	14.9	15.0	M22×1.5	20.4	20.5
M5×0.8	4.1	4.2	M12×1.75	10.1	10.2	M18×2.5	15.3	15.5	M22×1	20.9	21.0
M5×0.5	4.5	4.5	M12×1.5	10.4	10.5	M18×2	15.8	15.9	M24×3	20.8	21.0
M6×1	4.9	5.0	M12×1.25	10.6	10.7	M18×1.5	16.4	16.5	M24×2	21.8	22.0
M6×0.75	5.2	5.2	M12×1	10.9	11.0	M18×1	16.9	17.0	M24×1.5	22.4	22.5
M8×1.25	6.6	6.7	M14×2	11.8	12.0	M20×2.5	17.3	17.5	M24×1	22.0	23.0

表 5-21 细柄机用和手用丝锥（GB/T 3464.1—2007 摘录） （单位：mm）

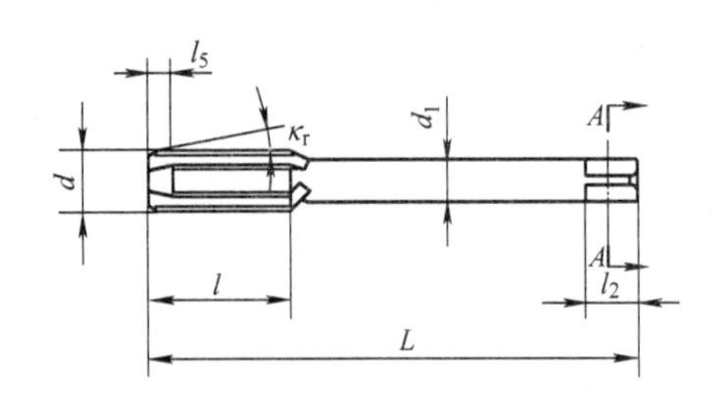

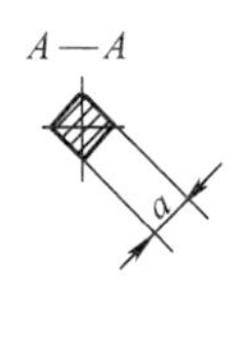

代　号	公称直径 d	螺　距 P	d_1	l	L	方　头	
						a	l_2
M3	3.0	0.50	2.24	11.0	48	1.80	4
M3.5	3.5	(0.60)	2.50	13.0	50	2.00	
M4	4.0	0.70	3.15		53	2.50	5
M4.5	4.5	(0.75)	3.55			2.80	
M5	5.0	0.80	4.00	16.0	58	3.15	6
M6	6.0	1.00	4.50	19.0	66	3.55	
M7	(7.0)		5.60			4.50	7
M8	8.0	1.25	6.30	22.0	72	5.00	8
M9	(9.0)		7.10			5.60	
M10	10.0	1.50	8.00	24.0	80	6.30	9
M11	(11.0)			25.0	85		
M12	12.0	1.75	9.00	29.0	89	7.10	10
M14	14.0	2.00	11.20	30.0	95	9.00	12
M16	16.0		12.50	32.0	102	10.00	13
M18	18.0	2.50	14.00	37.0	112	11.20	14
M20	20.0						
M22	22.0		16.00	38.0	118	12.50	16
M24	24.0	3.00	18.00	45.0	130	14.00	18
M27	27.0		20.00		135	16.00	20
M30	30.0	3.5		48.0	138		
M3×0.35	3.0	0.35	2.24	11.0	48	1.80	4
M3.5×0.35	3.5		2.50	13.0	50	2.00	
M4×0.5	4.0	0.50	3.15		53	2.50	5
M4.5×0.5	4.5		3.55			2.80	
M5×0.5	5.0		4.00	16.0	58	3.15	6
M5.5×0.5	(5.5)			17.0	62		
M6×0.75	6.0	0.75	4.50	19.0	66	3.55	
M7×0.75	(7.0)		5.60			4.50	7

（续）

代号	公称直径 d	螺距 P	d_1	l	L	方头	
						a	l_2
M8×0.75	8.0	0.75	6.30	19.0	66	5.00	8
M8×1		1.00		22.0	72		
M9×0.75	(9.0)	0.75	7.10	19.0	66	5.60	
M9×1		1.00		22.0	72		
M10×0.75	10.0	0.75	8.00	20.0	80	6.30	9
M10×1		1.00		24			
M10×1.25		1.25					
M11×0.75	(11.0)	0.75		22.0			
M11×1		1.00					
M12×1	12.0		9.00			7.10	10
M12×1.25		1.25		29.0	89		
M12×1.5		1.50					
M14×1	14.0	1.00	11.20	22.0	87	9.00	12
M14×1.25		1.25		30.0	95		
M14×1.5		1.50					
M15×1.5	(15.0)						
M16×1	16.0	1.00	12.50	22.0	92	10.00	13
M16×1.5		1.50		32.0	102		
M17×1.5	(17.0)						
M18×1	18.0	1.00	14.00	22.0	97	11.20	14
M18×1.5		1.50		37.0	112		
M18×2		2.00					
M20×1	20.0	1.00		22.0	102		
M20×1.5		1.50		37.0	112		
M20×2		2.00					
M22×1	22.0	1.0	16.0	24.0	109	12.5	16
M22×1.5		1.5		38.0	118		
M22×2		2.0					
M24×1	24.0	1.0	18.0	24.0	114	14.0	18
M24×1.5		1.5		45.0	130		
M24×2		2.0					
M25×1.5	25.0	1.5					
M25×2		2.0					
M26×1.5	26	1.5		35.0	120		
M27×1	27	1.0	20.0	25.0		16.0	20
M27×1.5		1.5		37.0	127		
M27×2		2.0					
M28×1	(28)	1.0		25.0	120		
M28×1.5		1.5		37.0	127		
M28×2		2.0					
M30×1	30	1.0		25.0	120		
M30×1.5		1.5		37.0	127		
M30×2		2.0					
M30×3		3.0		48.0	138		

注：1. 以下规格的丝锥，尺寸 L、l 也可按下列值制造：

M18×1.5、M18×2、M20×1.5、M20×2 } $L=108$，$l=33$，M22×1.5、M22×2 } $L=115$，$l=35$。

2. 括号内尺寸尽可能不用。

3. M14×1.25 仅用于火花塞。

表 5-22 精度系数 K 的确定

公差等级	IT5	IT6	IT7	IT8	IT9	IT10	IT11～IT16
K(%)	32.5	30	27.5	25	20	15	10

表 5-23 常用测量工具和测量方法的极限误差 Δ_{lim}

量具及量仪名称	相对测量法用量块		被测尺寸分段/mm							
			1～10	10～50	50～80	80～120	120～180	180～260	260～360	360～500
	等	级	测量的极限误差/μm							
分度值为 0.001mm 的各式比较仪及测微表	3	0	0.5	0.7	0.8	0.9	1.0	1.2	1.5	1.8
	4	1	0.6	0.8	1.0	1.2	1.4	2.0	2.5	3.0
	5	2	0.7	1.0	1.4	1.8	2.0	2.5	3.0	3.5
		3	0.8	1.5	2.0	2.5	3.0	4.5	6.0	8.0
分度值为 0.002mm 的各式比较仪及测微表	4	1	1.0	1.2	1.4	1.5	1.6	2.2	3.0	3.5
	5	2	1.2	1.5	1.8	2.0	2.8	3.0	4.0	5.0
		3	1.4	1.8	2.5	3.0	3.5	5.0	6.5	8.0
分度值为 0.005mm 的各式比较仪	5	2	2.0	2.2	2.5	2.5	3.0	3.5	4.0	5.0
		3	2.2	2.5	3.0	3.5	4.0	5.0	6.5	8.0
分度值为 0.001mm 的千分表(标准段内使用)	4	1	1.0	1.2	1.4	1.5	1.6	2.2	3.0	3.5
	5	2	1.2	1.5	1.8	2.0	2.8	3.0	4.0	5.0
		3	1.4	1.8	2.5	3.0	3.5	5.0	6.5	8.0
分度值为 0.002mm 的千分表(标准段内使用)	5	2	2.0	2.2	2.5		3.0	3.5	4.0	5.0
		3	2.2	2.5	3.0	3.5	4.0	5.0	6.5	8.5
分度值为 0.001mm 的千分表(在 0.1mm 内使用)		3	3.0	3.0	3.5	4.0	5.0	6.0	7.0	8.5
一级杠杆式百分表(在 0.1mm 内使用)		3	8	8	9	9	9	10	10	11
二级杠杆式百分表(在 0.1mm 内使用)		3	10	10	10	11	11	12	12	13
一级钟表式百分表(在 0.1mm 内使用)		3	15	15	15	15	15	16	16	16
二级钟表式百分表(在任一转内使用)		3	20	20	20	20	22	22	22	22
一级内径百分表(在指针转动范围内使用)		3	16	16	17	17	18	19	19	20
二级内径百分表(在指针转动范围内使用)		3	22	22	26	26	28	28	32	36

（续）

量具及量仪名称	相对测量法用量块		被测尺寸分段/mm							
			1~10	10~50	50~80	80~120	120~180	180~260	260~360	360~500
	等	级	测量的极限误差/μm							
杠杆千分尺	绝对测量法		3	4	—	—	—	—	—	—
0级百分尺			4.5	5.6	6	7	8	10	12	15
1级百分尺			7	8	9	10	12	15	20	25
2级百分尺			12	13	14	15	18	20	25	30
1级测深百分尺			14	16	18	22	—	—	—	—
1级内测百分尺			22	25	30	35	—	—	—	—
2级内测百分尺			16	18	—	—	—	—	—	—
8级内测百分尺			24	30	—	—	—	—	—	—
内径百分尺			—	16	18	20	22	25	30	35
分度值为0.02mm游标卡尺量外尺寸、量内尺寸			40 —	40 50	45 60	45 60	50 70	50 70	60 80	70 90
分度值为0.05mm游标卡尺量外尺寸、量内尺寸			80 —	80 100	90 130	100 130	100 150	100 150	110 150	110 150
分度值为0.10mm游标卡尺量外尺寸、量内尺寸			150 —	150 200	160 230	170 260	190 280	200 300	210 300	230 300
分度值为0.02mm的游标深度尺及高度尺			60	60	60	60	60	60	70	80
分度值为0.05mm的游标深度尺及高度尺			100	100	150	150	150	150	150	150
分度值为0.10mm的游标深度尺及高度尺			200	250	300	300	300	300	300	300

表 5-24　卧式铣镗床切削用量

镗削工序	刀具材料	刀具类型	铸　铁		钢、铸钢		铜、铝、铜铝合金		a_p（直径上）/mm
			v_c/(m/min)	f/(mm/r)	v_c/(m/min)	f/(mm/r)	v_c/(m/min)	f/(mm/r)	
粗镗	高速工具钢	刀头	20~35	0.3~1.0	20~40	0.3~1.0	100~150	0.4~1.5	5~8
		镗刀块	25~40	0.3~0.8	—	—	120~150	0.4~1.5	
	硬质合金	刀头	40~80	0.3~1.0	40~60	0.3~1.0	200~250	0.4~1.5	
		镗刀块	35~60	0.3~0.8	—	—	200~250	0.4~1.0	
半精镗	高速工具钢	刀头	25~40	0.2~0.8	30~50	0.2~0.8	150~200	0.2~1.0	1.5~3
		镗刀块	30~40	0.2~0.6	—	—	150~200	0.2~1.0	
		粗铰刀	15~25	2.0~5.0	10~20	0.5~3.0	30~50	2.0~5.0	0.3~0.8
	硬质合金	刀头	60~100	0.2~0.8	80~120	0.2~0.8	250~300	0.2~0.8	1.5~3
		镗刀块	50~80	0.2~0.6	—	—	250~300	0.2~0.6	
		粗铰刀	30~50	3.0~5.0	—	—	80~120	3.0~5.0	0.3~0.8
精镗	高速工具钢	刀头	15~30	0.15~0.5	20~35	0.1~0.6	150~200	0.2~1.0	0.6~1.2
		镗刀块	8~15	1.0~4.0	6.0~12	1.0~4.0	20~30	1.0~4.0	
		精铰刀	10~20	2.0~5.0	10~20	0.5~3.0	30~50	2.0~5.0	0.1~0.4
	硬质合金	刀头	50~80	0.15~0.50	60~100	0.15~0.5	200~250	0.15~0.5	0.6~1.2
		镗刀块	20~40	1.0~4.0	8.0~20	1.0~4.0	30~50	1.0~4.0	
		精铰刀	30~50	2.5~5.0	—	—	50~100	2.0~5.0	0.1~0.4

表 5-25　卧式铣镗床加工精度

镗削工序	加工精度/mm		表面粗糙度 Ra/μm		
	孔径公差级	孔距公差	铸　铁	钢、铸钢	铜、铝、铜铝合金
粗镗	H10~H12	±0.5~1.0	25~12.5	25	25~12.5
半精镗	H8~H9	±0.1~0.3	12.5~6.3	25~12.5	12.5~6.3
精镗	H6~H8	±0.02~0.05	3.2~1.6	6.3~1.6	3.2~0.8
铰孔	H7~H9	±0.02~0.05	3.2~1.6	3.2~1.6	3.2~0.8

注：当加工精度为 H6 及表面粗糙度 Ra<0.8μm 时，须对机床、刀具和工件装夹等采取相应措施。

表 5-26 高速工具钢铣刀角度 （单位：°）

（1）前角 γ_o

加工材料		端铣刀 圆柱铣刀 盘铣刀 立铣刀	切槽铣刀、切断铣刀		成形铣刀、角度铣刀		备注
			≤3mm	>3mm	粗铣	精铣	
碳钢及合金钢，R_m/MPa	≤600	20	5	10	15	10	1）用圆柱铣刀铣削 R_m<600MPa 钢料，当刀齿螺旋角 β>30°时，取 γ_o=15° 2）用 γ_o>0°的成形铣刀铣削精密轮廓时，铣刀外形需要修正 3）用端铣刀铣削耐热钢时，前角取表中较大值；用圆柱形铣刀铣削时，则取较小值
	600~1000	15				5	
	>1000	10			10		
耐热钢		10~15	—	10~15	5	—	
铸铁，硬度HBW	≤150	15	5	10	15	5	
	150~220	10			10		
	>220	5					
铜合金		10	5	10	10	5	
铝合金		25	25	25	—	—	
塑料		6~10	8	10	—	—	

（2）后角、偏角及过渡刃长度

铣刀类型		α_o	α'_o	κ_r	κ'_r	$\kappa_{r\varepsilon}$	b_e/mm	备注
端铣刀	细齿	16	8	90	1~2	45	1~2	1）端铣刀 κ_r 主要按工艺系统刚度选取。系统刚度较好、铣削余量较小时，取 κ_r=30°~45°；中等刚度而余量较大时，取 κ_r=60°~75°；铣削相互垂直表面的端铣刀，取 κ_r=90° 2）用端铣刀铣削耐热钢时，取 κ_r=30°~60° 3）刃磨铣刀时，在后刀面上可沿切削刃留一刃带，其宽度不得超过 0.1mm，但切槽铣刀和切断铣刀（圆锯）不留刃带
	粗齿	12		30~90		15~45		
圆柱铣刀	整体细齿	16	8	—	—	—	—	
	粗齿及镶齿	12						
两面刃及三面刃铣刀	整体	20	6	—	1~2	45	1~2	
	镶齿	16						
切槽铣刀		20	—	—	1~2	—	—	
切断铣刀（L>3mm）		20	—	—	0.25~1.00	45	0.5	
立铣刀		14	18	—	3	45	0.5~1.0	
成形铣刀及角度铣刀	夹齿	16	8	—	—	—	—	
	铲齿	12						
键槽铣刀	d_0≤16mm	20	8	—	1.5~2.0	—	—	
	d_0>16mm	16						

（3）螺旋角

铣刀类型		β
端铣刀	整体	25~40
	镶齿	10
圆柱铣刀	细齿	30~45
	粗齿	40
	镶齿	20~45
立铣刀		30~45
键槽铣刀		15~25

铣刀类型			β
盘铣刀	两面刃		15
	三面刃		8~15
	错齿三面刃		10~15
	镶齿三面刃	L>15mm	12~15
		L<15mm	8~10
	组合齿三面刃		15

表 5-27 高速工具钢端铣刀、圆柱铣刀和盘铣刀铣削时的进给量

(1) 粗铣时每齿进给量 a_f/(mm/z)

铣床(铣头)功率/kW	工艺系统刚度	粗齿和镶齿铣刀				细齿铣刀			
		端铣刀与盘铣刀		圆柱铣刀		端铣刀与盘铣刀		圆柱铣刀	
		钢	铸铁及铜合金	钢	铸铁及铜合金	钢	铸铁及铜合金	钢	铸铁及铜合金
>10	大	0.20~0.30	0.30~0.45	0.25~0.35	0.35~0.50	—	—	—	—
	中	0.15~0.25	0.25~0.40	0.20~0.30	0.30~0.40				
	小	0.10~0.15	0.20~0.25	0.15~0.20	0.25~0.30				
5~10	大	0.12~0.20	0.25~0.35	0.15~0.25	0.25~0.35	0.08~0.12	0.20~0.35	0.10~0.15	0.12~0.20
	中	0.08~0.15	0.20~0.30	0.12~0.20	0.20~0.30	0.06~0.10	0.15~0.30	0.06~0.10	0.10~0.15
	小	0.06~0.10	0.15~0.25	0.10~0.15	0.12~0.20	0.04~0.08	0.10~0.20	0.06~0.08	0.08~0.12
<5	中	0.04~0.06	0.15~0.30	0.10~0.15	0.12~0.20	0.04~0.06	0.12~0.20	0.05~0.08	0.06~0.12
	小	0.04~0.06	0.10~0.20	0.06~0.10	0.10~0.15	0.04~0.06	0.08~0.15	0.03~0.06	0.05~0.10

(2) 半精铣时每转进给量 f/(mm/r)

要求的表面粗糙度 Ra/μm	镶齿端铣刀和盘铣刀	圆柱铣刀					
		铣刀直径 d_0/mm					
		40~80	100~125	160~250	40~80	100~125	160~250
		钢及铸钢			铸铁、铜及铝合金		
6.3	1.2~2.7	—					
3.2	0.5~1.2	1.0~2.7	1.7~3.8	2.3~5.0	1.0~2.3	1.4~3.0	1.9~3.7
1.6	0.23~0.5	0.6~1.5	1.0~2.1	1.3~2.8	0.6~1.3	0.8~1.7	1.1~2.1

注：1. 表中大进给量用于小的铣削深度和切削层公称宽度；小进给量用于大的铣削深度和切削层公称宽度。

2. 铣削耐热钢时，进给量与铣削钢时相同，但不大于 0.3mm/z。

表 5-28 高速工具钢铣刀磨钝标准

(单位：mm)

铣刀类型		后刀面最大磨损限度					
		钢、铸钢		耐热合金钢		铸铁	
		粗加工	精加工	粗加工	精加工	粗加工	精加工
圆柱铣刀和盘铣刀		0.40~0.60	0.15~0.25	0.50	0.20	0.50~0.80	0.20~0.30
端铣刀		1.20~1.80	0.30~0.50	0.70	0.50	1.50~2.00	0.30~0.50
立铣刀	$d_0 \leqslant 15$	0.15~0.20	0.10~0.50	0.50	0.40	0.15~0.20	0.10~0.15
	$d_0 > 15$	0.30~0.50	0.20~0.25	—	—	0.30~0.50	0.20~0.25
切槽铣刀和切断铣刀		0.15~0.20	—	—	—	0.15~0.20	—
成形铣刀	尖齿	0.60~0.70	0.20~0.30	—	—	0.60~0.70	0.20~0.30
	铲齿	0.30~0.40	0.20	—	—	0.30~0.40	0.20

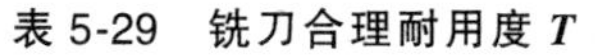

表 5-29 铣刀合理耐用度 *T* （单位：min）

刀具材料	铣刀名称	铣刀直径								
		20	50	75	100	150	200	300	400	500
高速工具钢	端铣刀		100	120	130	170	250	300	400	500
	立铣刀	60	80	100						
	三面刃盘铣刀、锯片铣刀		100	120	130	170	250			
	键槽铣刀		80	90	100	110	120			
	圆柱铣刀	100	170	280	400					
	角度铣刀		100	150	170					
	燕尾铣刀		120	180	200					
硬质合金	端铣刀		90	100	120	200	300	500	600	800
	立铣刀	75	90							
	三面刃盘铣刀、锯片铣刀			130	160	200	300	400		
	键槽铣刀			120	150	180				
	圆柱铣刀				150	180	200			
	角度铣刀			150	180					
	燕尾铣刀			150	180					

注：对装刀、调刀比较复杂的组合铣刀，耐用度应是表中推荐值的 4~8 倍；用机夹可转位硬质合金刀片时，换刀和调刀方便，耐用度可为表中值的 1/4~1/2。

表 5-30 铣削速度 *v*

工件材料	硬度 HBW	铣削速度/(m/min)	
		硬质合金铣刀	高速工具钢铣刀
低、中碳钢	<220 225~290 300~425	60~150 55~115 35~75	20~40 15~35 10~15
高碳钢	<220 225~325 325~375 375~425	60~130 50~105 35~50 35~45	20~35 15~25 10~12 5~10
合金钢	<220 225~325 325~425	55~120 35~80 30~60	15~35 10~25 5~10
工具钢	200~250	45~80	12~25
灰铸铁	100~140	110~115	25~35

工件材料	硬度 HBW	铣削速度/(m/min)	
		硬质合金铣刀	高速工具钢铣刀
灰铸铁	150~225 230~290 300~320	60~110 45~90 20~30	15~20 10~18 5~10
可锻铸铁	110~160 160~200 200~240 240~280	100~200 80~120 70~110 40~60	40~50 25~35 15~25 10~20
铝镁合金	95~100	360~600	180~300
不锈钢		70~90	20~35
铸钢		45~75	15~25
黄铜		180~300	60~90
青铜		180~300	30~50

注：精加工时的铣削速度可比表中值增加 30%左右。

表 5-31 铣削时切削力、扭矩和功率的计算公式

<table>
<tr><td colspan="8">计算公式</td></tr>
<tr><td colspan="3">切削力/N</td><td colspan="3">扭矩/N·m</td><td colspan="2">功率/kW</td></tr>
<tr><td colspan="3">$F_c=\dfrac{C_F a_p^{x_F} f_z^{y_F} a_e^{u_F} z}{d_0^{q_F} n^{w_F}} k_{F_c}$
式中 k_{F_c}——切削条件改变时的切削力修正系数</td><td colspan="3">$M=\dfrac{F_c d_0}{2\times10^3}$</td><td colspan="2">$P_c=\dfrac{F_c v_c}{1000}$</td></tr>
<tr><td colspan="8">公式中的系数及指数</td></tr>
<tr><td rowspan="2">铣刀类型</td><td rowspan="2">刀具材料</td><td colspan="6">公式中的系数及指数</td></tr>
<tr><td>C_F</td><td>x_F</td><td>y_F</td><td>u_F</td><td>w_F</td><td>q_F</td></tr>
<tr><td colspan="8">加工碳素结构钢，$R_m=650\text{MPa}$</td></tr>
<tr><td rowspan="2">端铣刀</td><td>硬质合金</td><td>7900</td><td>1.0</td><td>0.75</td><td>1.1</td><td>0.2</td><td>1.3</td></tr>
<tr><td>高速工具钢</td><td>788</td><td>0.95</td><td>0.8</td><td>1.1</td><td>0</td><td>1.1</td></tr>
<tr><td rowspan="2">圆柱铣刀</td><td>硬质合金</td><td>967</td><td>1.0</td><td>0.75</td><td>0.88</td><td>0</td><td>0.87</td></tr>
<tr><td>高速工具钢</td><td>650</td><td>1.0</td><td>0.72</td><td>0.86</td><td>0</td><td>0.86</td></tr>
<tr><td rowspan="2">立铣刀</td><td>硬质合金</td><td>119</td><td>1.0</td><td>0.75</td><td>0.85</td><td>-0.13</td><td>0.73</td></tr>
<tr><td>高速工具钢</td><td>650</td><td>1.0</td><td>0.72</td><td>0.86</td><td>0</td><td>0.86</td></tr>
<tr><td rowspan="2">盘铣刀、切槽及切断铣刀</td><td>硬质合金</td><td>2500</td><td>1.1</td><td>0.8</td><td>0.9</td><td>0.1</td><td>1.1</td></tr>
<tr><td>高速工具钢</td><td>650</td><td>1.0</td><td>0.72</td><td>0.86</td><td>0</td><td>0.86</td></tr>
<tr><td>凹、凸半圆铣刀及角铣刀</td><td>高速工具钢</td><td>450</td><td>1.0</td><td>0.72</td><td>0.86</td><td>0</td><td>0.86</td></tr>
<tr><td colspan="8">加工不锈钢 06Cr18Ni10Ti，硬度 141HBW</td></tr>
<tr><td>端铣刀</td><td>硬质合金</td><td>218</td><td>0.92</td><td>0.78</td><td>1.0</td><td>0</td><td>1.15</td></tr>
<tr><td>立铣刀</td><td>高速工具钢</td><td>82</td><td>1.0</td><td>0.6</td><td>0.75</td><td>0</td><td>0.86</td></tr>
<tr><td colspan="8">加工灰铸铁，硬度，190HBW</td></tr>
<tr><td>端铣刀</td><td rowspan="2">硬质合金</td><td>54.5</td><td>0.9</td><td>0.74</td><td>1.0</td><td>0</td><td>1.0</td></tr>
<tr><td>圆柱铣刀</td><td>58</td><td>1.0</td><td>0.8</td><td>0.9</td><td>0</td><td>0.9</td></tr>
<tr><td>圆柱铣刀、立铣刀、盘铣刀、切槽及切断铣刀</td><td>高速工具钢</td><td>30</td><td>1.0</td><td>0.65</td><td>0.83</td><td>0</td><td>0.83</td></tr>
<tr><td colspan="8">加工可锻铸铁，硬度，150HBW</td></tr>
<tr><td>端铣刀</td><td>硬质合金</td><td>491</td><td>1.0</td><td>0.75</td><td>1.1</td><td>0.2</td><td>1.3</td></tr>
<tr><td>圆柱铣刀、立铣刀、盘铣刀、切槽及切断铣刀</td><td>高速工具钢</td><td>30</td><td>1.0</td><td>0.72</td><td>0.86</td><td>0</td><td>0.86</td></tr>
<tr><td colspan="8">加工中等硬度非均质铜合金，硬度，100~140HBW</td></tr>
<tr><td>圆柱铣刀、立铣刀、盘铣刀、切槽及切断铣刀</td><td>高速钢</td><td>22.6</td><td>1.0</td><td>0.72</td><td>0.86</td><td>0</td><td>0.86</td></tr>
</table>

注：1. 铣削铝合金时，切削力 F_c 按加工碳钢的公式计算并乘系数 0.25。

2. 表中所列数据按铣刀求得。当铣刀的磨损量达到规定的数值时，F_c 将增大。加工软钢时，增加 75%~90%；加工中硬钢、硬钢及铸铁时，增加 30%~40%。

3. 加工材料强度和硬度改变时，切削力的修正系数 k_{MF_c} 见表 5-32。

表 5-32 车削条件改变时的修正系数

(1)与车刀耐用度有关												
刀具材料	工件材料	车刀类型	工作条件	耐用度指数 m	系数	使用寿命 T/min						
						30	60	90	120	150	240	360
						修正系数						
硬质合金	结构碳钢及合金钢	$\kappa_r>0°$的外圆车刀、端面车刀、镗刀	不加切削液	0.20	k_{T_v}	1.15	1.0	0.92	0.87	0.83	0.76	0.70
					k_{TF_z}	0.98	1.0	1.02	1.03	1.04	1.05	1.07
					k_{TP_m}	1.13	1.0	0.94	0.89	0.86	0.80	0.75
		$\kappa_r=0°$的外圆车刀		0.18	k_{T_v}	1.13	1.0	0.93	0.88	0.85	0.78	0.73
					k_{TF_z}	0.98	1.0	1.02	1.03	1.04	1.05	1.07
					k_{TP_m}	1.11	1.0	0.95	0.91	0.88	0.82	0.78
		切断刀		0.20	$k_{T_v}=k_{TP_m}$	1.15	1.0	0.92	0.87	0.83	0.76	0.70
	耐热钢 06Cr18Ni10Ti	外圆车刀、端面车刀、镗刀		0.15	$k_{T_v}=k_{TP_m}$	1.11	1.0	0.94	0.90	0.87	0.81	0.76
	铸铁、青铜	$\kappa_r>0°$的外圆车刀、端面车刀、切断刀		0.20	$k_{T_v}=k_{TP_m}$	1.15	1.0	0.92	0.87	0.83	0.76	0.70
		$\kappa_r=0°$的外圆车刀		0.28	$k_{T_v}=k_{TP_m}$	1.21	1.0	0.89	0.82	0.77	0.68	0.61
高速工具钢	钢、可锻铸铁	外圆车刀、端面车刀、镗刀	加切削液	0.125	$k_{T_v}=k_{TP_m}$	1.09	1.0	0.95	0.92	0.90	0.85	0.80
		车槽刀、切断刀		0.25	$k_{T_v}=k_{TP_m}$	1.19	1.0	0.90	0.83	0.79	0.71	0.64
		样板刀		0.30	$k_{T_v}=k_{TP_m}$	—	—	1.09	1.0	0.93	0.81	0.72
	灰铸铁	外圆车刀、端面车刀、镗刀	不加切削液	0.1	$k_{T_v}=k_{TP_m}$	1.07	1.0	0.96	0.93	0.91	0.87	0.84
		车槽刀、切断刀		0.15	$k_{T_v}=k_{TP_m}$	1.11	1.0	0.94	0.90	0.87	0.81	0.76
	铜合金	所有车刀		0.23	$k_{T_v}=k_{TP_m}$	1.16	1.0	0.91	0.84	0.80	0.73	0.66
	铝合金及镁合金	除样板刀外的所有车刀		0.30	$k_{T_v}=k_{TP_m}$	1.23	1.0	0.88	0.81	0.75	0.66	0.58

(2) 与工件材料有关							
类别	工件材料	力学性能			修正系数		
		布氏硬度的压坑直径/mm	布氏硬度 HBW	抗拉强度 R_m/MPa	车削速度 k_{M_v}	主车削力 k_{MF_z}	功率 k_{MP_m}
1) 高速工具钢车刀							
1	易切削钢 Y12、Y20、Y30、Y40Mn	5.70~5.08	107~138	400~500	2.64	—	—
		<5.08~4.62	>138~169	>500~600	2.04	—	—
		<4.62~4.26	>169~200	>600~700	1.56	—	—
		<4.26~3.98	>200~230	>700~800	1.20	—	—
		<3.98~3.75	>230~262	>800~900	0.96	—	—

（续）

类别	工件材料	力学性能			修正系数		
		布氏硬度的压坑直径/mm	布氏硬度 HBW	抗拉强度 R_m/MPa	车削速度 k_{M_v}	主车削力 k_{MF_z}	功率 k_{MP_m}
（2）与工件材料有关							
1）高速钢车刀							
2	结构碳钢[$w(C)\leqslant0.6\%$] 08、10、15、20、25、30、35、40、45、50、55、60、0号钢、1号钢、2号钢、3号钢、4号钢、5号钢、6号钢	6.60～5.70	77～107	300～400	1.39	0.78	1.08
		<5.70～5.08	>107～138	>400～500	1.70	0.86	1.46
		<5.08～4.62	>138～169	>500～600	1.31	0.92	1.21
		<4.62～4.26	>169～200	>600～700	1.0	1.0	1.0
		<4.26～3.98	>200～230	>700～800	0.77	1.13	0.87
		<3.98～3.75	>230～262	>800～900	0.63	1.23	0.78
3	工具钢、碳钢、铬钼钢、镍铬钼钢等[$w(C)>0.6\%$] 65、70、T7、T8、T9、T10、T12、T13、35CrMoA、32CrNiMo、35CrNiMo、40CrNiMoA、35CrMoAlA、38CrMoAlA、35CrAlA、18CrNiWA、18CrNiMoA、18Cr2Ni4MoA、15CrMnNiMoA、20CrNiVA、45CrNiMoVA、25CrNiWA	4.56～4.23	169～203	600～700	0.73	1.0	0.73
		<4.23～3.99	>203～230	>700～800	0.62	1.13	0.70
		<3.99～3.76	>230～262	>800～900	0.53	1.23	0.66
		<3.76～3.58	>262～288	>900～1000	0.45	1.32	0.60
		<3.58～3.42	>288～317	>1000～1100	0.40	1.44	0.58
		<3.42～3.28	>317～345	>1100～1200	0.31	1.53	0.47
4	锰钢 15Mn、20Mn、30Mn、40Mn、50Mn、60Mn、65Mn、70Mn、30Mn2、35Mn2、40Mn2、45Mn2、50Mn2	4.70～4.27	160～200	400～500	1.30	0.86	1.11
		<4.27～4.10	>200～233	>500～600	0.97	0.92	0.89
		<4.10～3.80	>233～260	>600～700	0.74	1.0	0.74
		<3.80～3.65	>260～275	>700～800	0.62	1.13	0.70
		<3.65～3.58	>275～286	>800～900	0.50	1.23	0.62
		<3.58～3.55	>286～292	>900～1000	0.44	1.32	0.58
		<3.55～3.40	>292～317	>1000～1100	0.37	1.44	0.53
		<3.40～3.25	>317～345	>1100～1200	0.31	1.53	0.48
5	铬钢、镍铬钢及镍钢 15Cr、20Cr、30Cr、35Cr、40Cr、45Cr、50Cr、20CrNi、40CrNi、45CrNi、50CrNi、12CrNi2、12CrNi2A、12CrNi3、12CrNi3A、20CrNi3A、30CrNi3、37CrNi3A、12Cr2Ni4、12Cr2Ni4A、20Cr2Ni4、20Cr2Ni4A、25Ni、30Ni、40Ni、25Ni3	5.54～4.95	116～146	400～500	1.55	0.86	1.33
		<4.95～4.56	>146～174	>500～600	1.16	0.92	1.06
		<4.56～4.23	>174～203	>600～700	0.88	1.0	0.88
		<4.23～3.99	>203～230	>700～800	0.74	1.13	0.84
		<3.99～3.76	>230～260	>800～900	0.54	1.23	0.67
		<3.76～3.58	>260～288	>900～1000	0.51	1.32	0.67
		<3.58～3.42	>288～317	>1000～1100	0.44	1.44	0.63
		<3.42～3.28	>317～345	>1100～1200	0.37	1.53	0.57
6	铬锰钢、铬硅钢、硅锰钢及铬硅锰钢 15CrMn、20CrMn、40CrMn、35CrMn2、38CrSi、27SiMn、35SiMn、42SiMn、20CrMnSi、25CrMnSi、30CrMnSi、35CrMnSiA	4.95～4.56	146～174	500～600	0.85	0.92	0.78
		<4.56～4.23	>174～203	>600～700	0.65	1.0	0.65
		<4.23～3.99	>203～230	>700～800	0.54	1.13	0.61
		<3.99～3.76	>230～260	>800～900	0.44	1.23	0.54
		<3.76～3.58	>260～288	>900～1000	0.38	1.32	0.50
		<3.58～3.42	>288～317	>1000～1100	0.33	1.44	0.48
		<3.42～3.28	>317～345	>1100～1200	0.27	1.53	0.41

（续）

（2）与工件材料有关							
类别	工件材料	力学性能			修正系数		
		布氏硬度的压坑直径/mm	布氏硬度 HBW	抗拉强度 R_m/MPa	车削速度 k_{M_v}	主车削力 k_{MF_z}	功率 k_{MP_m}
1）高速工具钢车刀							
7	高速工具钢 W18Cr4V	4.56~4.23	174~203	600~700	0.55	1.0	0.55
		<4.23~3.99	>203~230	>700~800	0.47	1.13	0.53
		<3.99~3.76	>230~260	>800~900	0.40	1.23	0.49
		<3.76~3.58	>260~288	>900~1000	0.34	1.32	0.45
		<3.58~3.42	>288~317	>1000~1100	0.30	1.44	0.43
		<3.42~3.28	>317~345	>1100~1200	0.23	1.53	0.35
8	灰铸铁 HT150、HT200、HT250、HT300、HT350	5.05~4.74	140~160	—	1.51	0.88	1.33
		<4.74~4.48	>160~180	—	1.21	0.94	1.14
		<4.48~4.26	>180~200	—	1.00	1.00	1.00
		<4.26~4.08	>200~220	—	0.85	1.06	0.90
		<4.08~3.91	>220~240	—	0.72	1.11	0.80
		<3.91~3.76	>240~260	—	0.63	1.16	0.73
9	可锻铸铁 KTH300-06、KTH330-08、KTH350-10、KTH370-12	5.87~5.42	100~120	—	1.76	0.84	1.48
		<5.42~5.06	>120~140	—	1.28	0.92	1.18
		<5.06~4.74	>140~160	—	1.00	1.00	1.00
		<4.74~4.48	>160~180	—	0.80	1.07	0.86
		<4.48~4.26	>180~200	—	0.66	1.14	0.75
10	铜合金 非均质 高硬度	—	150~200	—	0.70	0.75	0.53
	铜合金 非均质 中等硬度	—	100~140	—	1.0	1.0	1.0
	铜合金 非均质含铅合金	—	70~90	—	1.70	0.65~0.70	1.1~1.19
	铜合金 均质合金	—	60~90	—	2.0	1.8~2.2	3.6~4.4
	铜合金 含铅不足10%（质量分数）的均质合金	—	60~80	—	4.0	0.65~0.70	2.6~2.8
	铜合金 铜	—	70~80	—	8.0	1.7~2.1	13.6~16.8
	铜合金 含铅超过15%（质量分数）的合金	—	35~45	—	12.0	0.25~0.45	3.0~5.4
11	铝合金 铝硅合金及铸造合金	—	>65（淬火的）	200~300	0.8	1.0	0.8
	铝合金 硬铝	—	>100（淬火的）	400~500		2.75	2.2
	铝合金 铝硅合金及铸造合金	—	≤65	100~200	1.0	1.0	1.0
	铝合金 硬铝	—	≤100	300~400		2.0	2.0
	铝合金 硬铝	—	—	200~300	1.2	1.5	1.8

（续）

类别	工件材料	力学性能			修正系数		
		布氏硬度的压坑直径/mm	布氏硬度HBW	抗拉强度 R_m/MPa	车削速度 k_{M_v}	主车削力 k_{MF_z}	功率 k_{MP_m}
（2）与工件材料有关							
2）硬质合金车刀							
1	碳钢及合金钢（铬钢、镍铬钢及铸钢）	≤5.10	≤137	400～500	1.44	0.83	1.20
		5.00～4.56	143～174	>500～600	1.18	0.92	1.09
		<4.56～4.23	>174～207	>600～700	1.0	1.0	1.0
		<4.23～4.00	>207～229	>700～800	0.87	1.07	0.93
		<4.00～3.70	>229～267	>800～900	0.77	1.14	0.88
		<3.70～3.50	>267～302	>900～1000	0.69	1.20	0.83
		<3.50～3.40	>302～320	>1000～1100	0.62	1.26	0.78
		<3.40～3.30	>320～350	>1100～1200	0.57	1.32	0.75
2	灰铸铁 HT150、HT200、HT250、HT300、HT350	5.05～4.74	140～160	—	1.35	0.91	1.23
		<4.74～4.48	>160～180	—	1.15	0.96	1.10
		<4.48～4.26	>180～200	—	1.0	1.0	1.0
		<4.26～4.08	>200～220	—	0.89	1.04	0.93
		<4.08～3.91	>220～240	—	0.79	1.08	0.85
		<3.91～3.76	>240～260	—	0.71	1.11	0.79
3	铜合金 非均质 高硬度	—	200～240	—	1.0	1.0	1.0
	铜合金 非均质 中等硬度	—	100～140	—	1.43	1.33	1.90
	铜合金 非均质含铅合金	—	70～90	—	2.43	0.83	2.02
	铜合金 均质合金	—	60～90	—	2.86	2.7	7.7
	铜合金 含铅不足10%（质量分数）的均质合金	—	60～80	—	5.72	0.90	5.15

4 耐热钢及耐热合金

牌号	R_m/MPa	k_{M_v}	牌号	R_m/MPa	k_{M_v}
06Cr18Ni10Ti	550	1.0	Cr15Ni9Al	1300	0.75
14Cr12Ni2WMoVNb	1100～1460	0.8～0.3	Cr20Ni78	780	0.75
20Cr15Ni3MoA	1100～1460	0.7～0.3	Cr20Ni75Mo2NbTiAl	—	0.53
25Cr2MoVA	750～900	0.75	Cr24Ni60W	750	0.48
30CrNi2MoVA	1100～1450	0.4～0.15	Cr20Ni77Ti2Al	850～1000	0.40
14Cr17Ni2	80～130	1.0～0.75	Cr20Ni77Ti2AlB	850～1000	0.26
1Cr12WNi	650	1.1	Cr15Ni35W3Ti3	950	0.50
13Cr14NiWVBA	700～1200	0.5～0.4	GH37	1000～1250	0.25
20Cr3MoWV	—	1.5～1.1	Cr15Ni70W5Mo4Al2Ti	—	0.23
4Cr12Ni8Mn8MoVNb	—	0.95～0.72	Cr10Ni55Co15MoTiAl	1000～1250	0.25
45Cr14Ni14W2Mo	700	1.06	CrNi58WMoCoAlB	900～1000	0.20
Cr12Ni20Ti3B	720～800	0.85	Cr15Ni35W3Ti3Al	900～950	0.22
12Cr21Ni5Ti	820～1000	0.65	Cr20Ni40W8	500～600	0.30
Cr23Ni18	600～620	0.80	TC6	950～1200	0.40
3Cr19Ni9MoWNbTi	600～620	0.40	TA6、TC2	750～950	0.70
1Cr18Ni12Si4TiAl	730	0.50	TC4、TC8	900～1200	0.35
0Cr14Ni28W3Ti3AlB	900	0.20	12Cr13、20Cr13	600～1100	1.5～1.2
GH130	900	0.35	30Cr13、40Cr13	850～1100	1.3～0.9
Cr17Ni5Mo3	1300	1.30			

（续）

(3)与毛坯表面状态有关					
无 外 皮	有 外 皮				
	棒 料	锻 件	铸钢及铸铁		铜及铝合金
			一 般	带砂外皮	
修 正 系 数 $k_{sv}=k_{sP_m}$					
1.0	0.9	0.8	0.80～0.85	0.5～0.6	0.9

(4)与刀具材料有关

加工材料	修 正 系 数 $k_{tv}=k_{tP_m}$					
结构钢及铸钢	YT5	YT14	YT15	YT30	YG8	—
	0.65	0.8	1.0	1.4	0.4	
耐热钢及合金	YG8	YT5	YT15	W18Cr4V W6Mo5Cr4V2	—	
	1.0	1.4	1.9	0.3		
淬 硬 钢	35～50HRC				—	
	YT15	YT30	YG6	YG8		
	1.0	1.25	0.85	0.83		
灰铸铁及可锻铸铁	YG8	YG6	—	YG3		
	0.83	1.0		1.15		
铜及铝合金	W18Cr4V W6Mo5Cr4V2	—	YG6	9SiCr、CrWMn	T12A	
	1.0		2.7	0.6	0.5	

(5)与车削方式有关

车削方式	外圆纵车	横 车 d/D			切 断	切 槽 d/D		说 明
		0～0.4	0.5～0.7	0.8～1.0		0.5～0.7	0.80～0.95	
系数 $k_{kv}=k_{kP_m}$	1.0	1.24	1.18	1.04	1.0	0.96	0.84	d 为加工后的直径，D 为加工前的直径

(6)镗孔时相对于外圆纵车的修正系数

镗 孔 直 径/mm			75	150	250	>250
修正系数	用硬质合金车刀加工未淬火钢	k_{gv}	0.8	0.9	0.95	1.0
		k_{gF_z}	1.03	1.01	1.01	1.0
		k_{gP_m}	0.82	0.91	0.96	1.0
	加工其他金属	$k_{gv}=k_{gP_m}$	0.8	0.9	0.95	1.0

(7)与车刀主偏角有关

主 偏 角 κ_r		30°	45°	60°	75°	90°
系数 $k_{\kappa_{rv}}$ ①	加工结构钢、可锻铸铁	1.13	1.0	0.92	0.86	0.81
	加工耐热钢	—	1.0	0.87	0.78	0.70
	加工灰铸铁、铜合金	1.20	1.0	0.88	0.83	0.73
系数 $k_{\kappa_r F_z}$ ①	硬质合金刀具	1.08	1.0	0.94	0.92	0.89
	高速工具钢刀具	1.08	1.0	0.98	1.03	1.08

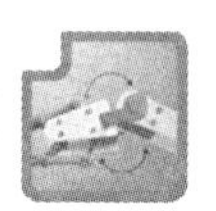

（续）

(8)与车刀的前角有关											
刀具材料	工件材料		前角 γ_o								
			+30°	+25°	+20°	+12°	+10°	+8°	0°	-10°	-20°
			系数 $k_{\gamma_o F_z}=k_{\gamma_o P_m}$								
高速工具钢	钢 R_m/MPa	<500	0.94	1.0	1.06	—	—	—	—	—	—
		>500~800	—	0.94	1.0	1.10	—	—	—	—	—
		>800~1000	—	—	0.91	1.0	1.03	1.06	—	—	—
		>1000~1200	—	—	—	0.94	0.97	1.0	—	—	—
	铸铁及铜合金 HBW	<150	—	—	1.0	1.10	—	—	—	—	—
		150~200	—	—	0.91	1.0	1.03	1.06	—	—	—
		200~260	—	—	—	0.94	0.97	1.0	—	—	—
硬质合金	钢 R_m/MPa	≤800	—	—	0.94	1.0	1.04	1.07	1.15	1.25	1.35
		>800	—	—	0.9	0.96	1.0	1.03	1.10	1.20	1.30
	灰铸铁、可锻铸铁及青铜 HBW	<220	—	—	—	1.0	1.02	1.04	1.12	1.22	1.33
	灰铸铁 HBW	>220	—	—	—	0.96	0.98	1.0	1.08	1.18	1.28

(9)与车刀其他参数有关(仅用于高速工具钢刀具)

副偏角 κ'_r	10°	15°	20°	30°	45°
系数 $k'_{\kappa_r v}=k_{\kappa'_r P_m}$	1.0	0.97	0.94	0.91	0.87

刀尖圆弧半径 r_ε/mm		1	2	3	5
系数	$k_{r_\varepsilon v}$	0.94	1.0	1.03	1.13
	$k_{r_\varepsilon F_z}$	0.93	1.0	1.04	1.1
	$k_{r_\varepsilon P_m}$	0.87	1.0	1.07	1.24

刀杆尺寸 $B\times H$ /mm	12×20 16×16	16×25 20×20	20×30 25×25	25×40 30×30	30×45 40×40	40×60
系数 $k_{Bv}=k_{BP_m}$	0.93	0.97	1.0	1.04	1.08	1.12

① 根据不同刀具材料加工不同工件材料 $k_{\kappa_r P_m}=\kappa_{\kappa_r v}k_{\kappa_r F_z}$。

表 5-33 铣削计算公式

铣削类型	切入行程计算公式	切削时间计算公式
两端开口的槽 d_0 l_1 l_w l_2 L	$l_1=0.5d_0+(0.5\sim1)$ $l_2=1\sim2$	一次进给铣削 $t_m=\dfrac{l_w+l_1+l_2}{v_f}$ 多次进给铣削 $t_m=\dfrac{l_w+l_1+l_2}{v_f}i$

（续）

铣　削　类　型	切入行程计算公式	切削时间计算公式
一端开口的槽 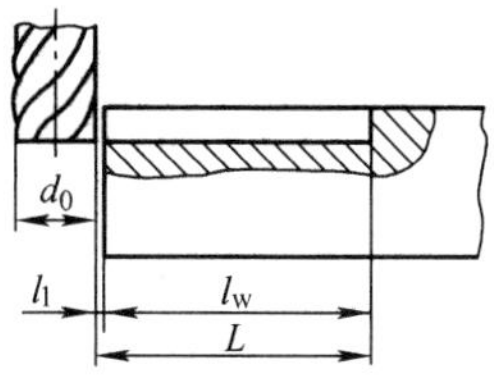	$l_1=0.5\sim1.0$	一次进给铣削 $t_m=\frac{l_w+l_1}{v_f}$ 多次进给铣削 $t_m=\frac{l_w+l_1}{v_f}i$
两端闭口的槽 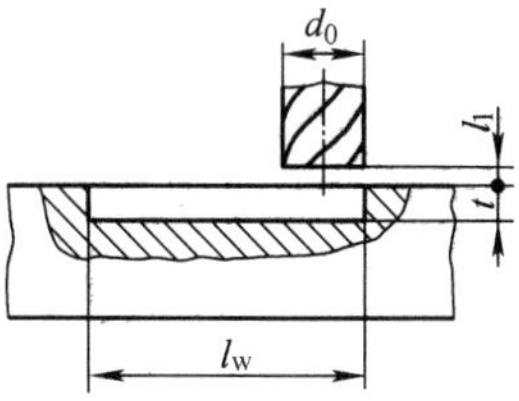	$l_1=0.5\sim1.0$	一次进给铣削 $t_m=\frac{t+l_1}{v_{f2}}+\frac{l_w-d_0}{v_f}$ 多次进给铣削 $t_m=\frac{l_w-d_0}{v_f}i$
半圆键槽 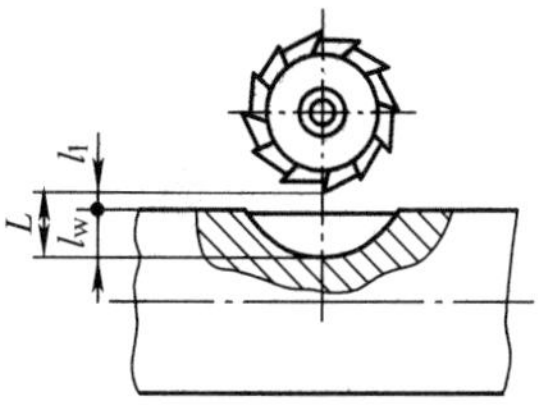	$l_w=t$ $l_1=0.5\sim1.0$	$t_m=\frac{l_w+l_1}{v_{f2}}$
圆柱上铣平面 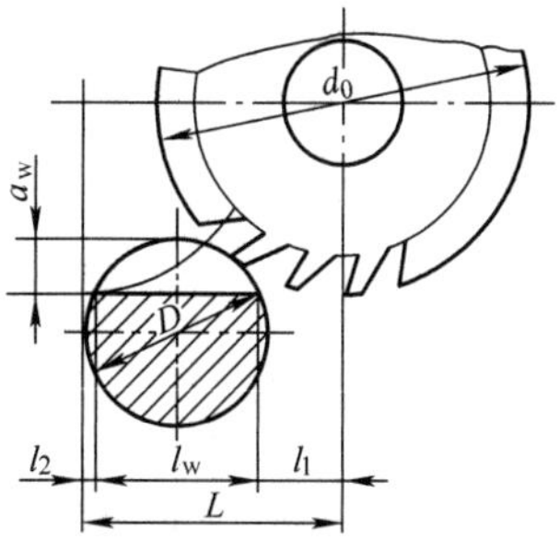	$l_1=\sqrt{a_w(D-a_w)+d_0a_w}-\sqrt{a_w(d_0-a_w)}$	$t_m=\frac{l_w+l_1+l_2}{v_f}$
圆柱形铣刀铣平面 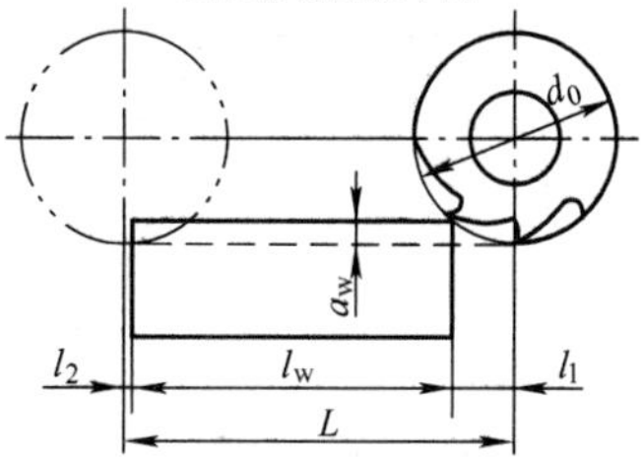	$l_1=\sqrt{a_w(d_0-a_w)}$	$t_m=\frac{l_w+l_1+l_2}{v_f}$

（续）

铣 削 类 型	切入行程计算公式	切削时间计算公式
端铣刀不对称铣削	$l_1=\sqrt{a_w(d_0-a_w-2c_0)}$	$t_m=\dfrac{l_w+l_1+l_2}{v_f}$
端铣刀对称铣削 $\kappa_r=90°$	$l_1=0.5(d_0-\sqrt{d_0^2-a_w^2})$	$t_m=\dfrac{l_w+l_1+l_2}{v_f}$
端铣刀对称铣削 $\kappa_r<90°$	$l_1=0.5(d_0-\sqrt{d_0^2-a_w^2})+\dfrac{a_p}{\tan\kappa_r}$	$t_m=\dfrac{l_w+l_1+l_2}{v_f}$

注：t_m—切削时间；v_f—进给速度；v_{f2}—垂直进给速度；a_p—铣削深度；a_w—铣削切削层公称宽度；t——键槽深度；i—铣削行程次数；l_w—工件铣削部分长度；l_1—切入行程长度；l_2—切出行程长度；L—工作台行程长度。

表 5-34 端铣刀铣平面的切入和切出行程 （单位：mm）

（1）对称铣削 $a_w>0.6d_0$										
铣削切削层公称宽度 a_w	铣刀直径 d_0									
	63	80	100	125	160	200	250	315	400	500
	切入和切出行程长度 l_1+l_2									
10	3	4	—	—	—	—	—	—	—	—
15	3	4	—	—	—	—	—	—	—	—
20	4	5	—	—	—	—	—	—	—	—
25	5	6	—	—	—	—	—	—	—	—
30	6	8	—	—	—	—	—	—	—	—

（续）

铣削切削层公称宽度 a_w	(1)对称铣削 $a_w>0.6d_0$									
	铣刀直径 d_0									
	63	80	100	125	160	200	250	315	400	500
	切入和切出行程长度 l_1+l_2									
40	10	12	7	7	7	6	—	—	—	—
50	—	18	9	9	9	9	8	—	—	—
60	—	—	12	11	11	9	8	—	—	—
80	—	—	20	17	15	13	11	10	—	—
100	—	—	—	27	23	18	15	13	11	—
120	—	—	—	44	34	24	20	16	14	13
140	—	—	—	—	50	33	26	22	18	15
160	—	—	—	—	—	44	33	27	21	19
180	—	—	—	—	—	60	42	33	26	22
200	—	—	—	—	—	—	54	40	32	26
220	—	—	—	—	—	—	71	47	38	31
240	—	—	—	—	—	—	94	59	45	36
260	—	—	—	—	—	—	—	72	53	42
280	—	—	—	—	—	—	—	88	61	48
300	—	—	—	—	—	—	—	110	72	55
320	—	—	—	—	—	—	—	—	84	63
340	—	—	—	—	—	—	—	—	100	72
360	—	—	—	—	—	—	—	—	—	82
380	—	—	—	—	—	—	—	—	—	93
400	—	—	—	—	—	—	—	—	—	105
420	—	—	—	—	—	—	—	—	—	120
440	—	—	—	—	—	—	—	—	—	127
(2)不对称铣削 $a_w>0.6d_0$										
c_0	铣刀直径									
	63	80	100	125	160	200	250	315	400	500
	切入和切出行程长度 l_1+l_2									
$0.03d_0$	23	29	36	47	53	70	87	110	137	165
$0.05d_0$	20	25	31	40	46	60	74	95	117	148

注：c_0 的含义参考表 5-33。

表 5-35 硬质合金车刀主偏角参考值

加工条件	主偏角 κ_r/(°)
在工艺系统刚度很好的条件下，以小切削深度车削冷硬铸铁及淬硬钢	10~30

（续）

加工条件	主偏角 κ_r/(°)
在工艺系统刚度好的条件下车削	45
在工艺系统刚度不足的条件下，车削钢件的内孔	60
在工艺系统刚度较差的条件下，车削铸铁件的内孔	70~75
细长轴或薄壁工件的车削，台阶轴及台阶孔	90~93

表 5-36　硬质合金车刀前角参考值

工件材料	前角 γ_o/(°)	
	粗车	精车
低碳钢 Q235	18~20	20~25
45 钢(正火)	15~18	18~20
45 钢(调质)	10~15	13~18
45 钢、40Cr 铸钢件或锻件断续切削	10~15	5~10
灰铸铁 HT150、HT200，青铜 ZCuSn10Pb1、黄铜 HPb59-1	10~15	5~10
铝 1050A 及铝合金 2A12	30~35	35~40
纯铜 T1~T4	25~30	30~35
奥氏体型不锈钢(185HBW 以下)	15~25	
马氏体型不锈钢(250HBW 以下)	15~25	
马氏体型不锈钢(250HBW 以上)	-5	
40Cr 钢(正火)	13~18	15~20
40Cr 钢(调质)	10~15	13~18
40 钢、40Cr 钢锻件	10~15	
淬硬钢(380~512HBW)	-15~-5	
灰铸铁断续切削	5~10	0~5
高强度钢(R_m<1800MPa)	-5	
高强度钢(R_m>1800MPa)	-10	
锻造高温合金	5~10	
铸造高温合金	0~5	
钛及钛合金	5~10	
铸造碳化钨	-10~-15	

表 5-37 硬质合金车刀刃倾角参考值

加工条件及工件材料		刃倾角 λ_s/(°)
精车孔	钢件	0~5
	铝及铝合金	5~10
	纯铜	5~10
粗车、余量均匀	钢件、灰铸铁	-5~0
	铝及铝合金	5~10
	纯铜	5~10
车削淬硬钢		-5~-12
断续切削钢件、灰铸铁		-10~-15
断续切削余量不均匀的铸铁、锻件		-10~-45
微量精车、精车孔		45~75

表 5-38 刀尖圆弧半径参考值 (单位：mm)

切削深度	刀尖圆弧半径 r_ε	
	钢、铜	铸铁、非金属
3	0.6	0.8
4~9	0.8	1.6
10~19	1.6	2.4
20~30	2.4	3.2

表 5-39 机夹单刃镗刀系列尺寸 (单位：mm)

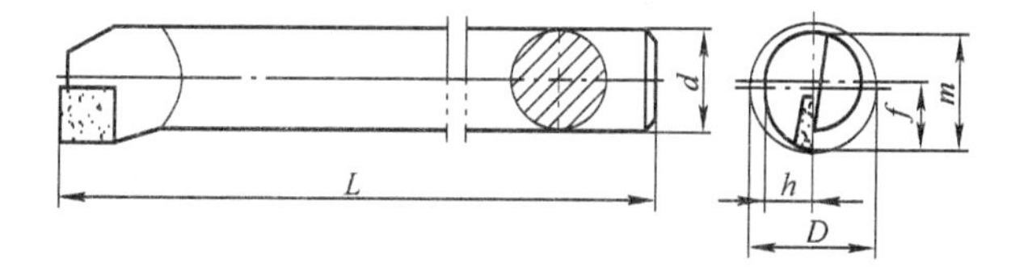

$$h=\frac{d}{2}$$

$$m=f+\frac{d}{2}$$

杆部直径 d(g7)		8	10	12	16	20	25	32	40	50	60
总长 L	优选系列	80	100	125	150	180	200	250	300	350	400
	第二系列	100	125	150	200	250	300	350	400	450	500
尺寸 $f_{-0.25}^{0}$		6	7	9	11	13	17	22	27	35	43
最小镗孔直径 D		11	13	16	20	25	32	40	50	63	80

注：杆部须制出 1~2 个小平面，数量和部位由制造厂自行决定。

表 5-40 车刀的磨钝标准及耐用度

	车刀类型	刀具材料	加工材料	加工性质	后刀面最大磨损极限/mm
磨钝标准	外圆车刀、端面车刀、内孔车刀	高速工具钢	碳钢、合金钢、铸钢、非铁金属	粗车	1.5~2.0
				精车	1.0
			灰铸铁、可锻铸铁	粗车	2.0~3.0
				半精车	1.5~2.0
			耐热钢、不锈钢	粗、精车	1.0
		硬质合金	碳钢、合金钢	粗车	1.0~1.4
				精车	0.4~0.6
			铸铁	粗车	0.8~1.0
				精车	0.6~0.8
			耐热钢、不锈钢	粗、精车	0.8~1.0
			钛合金	精、半精车	0.4~0.5
			淬硬钢	精车	0.8~1.0
	切槽及切断刀	高速工具钢	钢、铸钢	—	0.8~1.0
			灰铸铁		1.5~2.0
		硬质合金	钢、铸钢		0.4~0.6
			灰铸铁		0.6~0.8
	成形车刀	高速工具钢	碳钢	—	0.4~0.5
车刀使用寿命	刀具材料		硬质合金	高速工具钢	
	耐用度 T/min		普通车刀	普通车刀	成形车刀
			60	60	120

注：1. 以上为焊接车刀的耐用度，机夹可转位车刀的耐用度可适当降低，一般选为 30min。

2. 表中耐用度为单刀加工及单机床管理时采用，如为多刀加工及多机床管理，则表中耐用度还需分别乘修正系数 K_{Td} 及 K_{Tg}。刀具载荷均匀性中等时，K_{Td} 和 K_{Tg} 的数值见下表。如为均匀载荷（加工孔径之差 1~2 倍，倒角及端面车刀的数量小于刀具总数量的 20%），则 K_{Td} 应增加一倍；如刀具载荷很不均匀（加工孔径之差大于 2 倍，倒角及其他小载荷车刀的数量大于 50%），则 K_{Tg} 应减小 25%~30%。

刀具数量	1	3	5	8	10	15
耐用度修正系数 K_{Td}	1.0	1.7	2.0	2.5	3.0	4.0

同时管理机床数	1	2	3	4	5	6	≥7
耐用度修正系数 K_{Tg}	1.0	1.4	1.9	2.2	2.6	2.8	3.1

表 5-41 硬质合金及高速工具钢镗刀粗镗孔时的进给量

镗刀或镗杆		加工材料											
圆形镗刀直径或方形镗杆尺寸/mm	镗刀或镗杆伸出长度/mm	碳素结构钢、合金结构钢、耐热钢						铸铁、铜合金					
		切削深度 a_p/mm											
		2	3	5	8	12	20	2	3	5	8	12	20
		进给量 f/(mm/r)											
10	50	0.08	—	—	—	—	—	0.12~0.16	—	—	—	—	—

（续）

镗刀或镗杆		加工材料											
圆形镗刀直径或方形镗杆尺寸/mm	镗刀或镗杆伸出长度/mm	碳素结构钢、合金结构钢、耐热钢						铸铁、铜合金					
		切削深度 a_p/mm											
		2	3	5	8	12	20	2	3	5	8	12	20
		进给量 f/(mm/r)											
12	60	0.10	0.08	—	—	—	—	0.12~0.20	0.12~0.18	—	—	—	—
16	80	0.10~0.20	0.15	0.10	—	—	—	0.20~0.30	0.15~0.25	0.10~0.18	—	—	—
20	100	0.15~0.30	0.15~0.25	0.12	—	—	—	0.30~0.40	0.25~0.35	0.12~0.25	—	—	—
25	125	0.25~0.50	0.15~0.40	0.12~0.20	—	—	—	0.40~0.60	0.30~0.50	0.25~0.35	—	—	—
30	150	0.40~0.70	0.20~0.50	0.12~0.30	—	—	—	0.50~0.80	0.40~0.60	0.25~0.45	—	—	—
40	200	—	0.25~0.60	0.15~0.40	—	—	—	—	0.60~0.80	0.30~0.60	—	—	—
40×40	150	—	0.60~1.00	0.50~0.70	—	—	—	—	0.70~1.2	0.50~0.90	0.40~0.50	—	—
	300	—	0.40~0.70	0.30~0.60	—	—	—	—	0.60~0.90	0.40~0.70	0.30~0.40	—	—
60×60	150	—	0.90~1.20	0.80~1.00	0.60~0.80	—	—	—	1.00~1.50	0.80~1.20	0.60~0.90	—	—
	300	—	0.70~1.00	0.50~0.80	0.40~0.70	—	—	—	0.90~1.20	0.70~0.90	0.50~0.70	—	—
75×75	300	—	0.90~1.30	0.80~1.10	0.70~0.90	—	—	—	1.10~1.60	0.90~1.30	0.70~1.00	—	—
	500	—	0.70~1.00	0.60~0.90	0.50~0.70	—	—	—	—	0.70~1.10	0.60~0.80	—	—
	800	—	—	0.40~0.70	—	—	—	—	—	0.60~0.80	—	—	—

注：1. 切削深度较小、加工材料强度较低时，进给量取较大值；切削深度较大、加工材料强度较高时，进给量取较小值。

2. 加工耐热钢及合金钢时，不采用大于1mm/r的进给量。

3. 加工断续表面及加工中有冲击时，表内进给量应乘系数0.75~0.85。

4. 加工淬硬钢时，表内进给量应乘系数 $k=0.8$（材料硬度为415~615HBW时）或 $k=0.5$（材料硬度为635~745HBW时）。

5. 可转位刀片的允许最大进给量不应超过其刀尖圆弧半径值的80%。

表5-42 卧式车床刀架进给量

型号	进给量/(mm/r)
CM6125	纵向:0.02、0.04、0.08、0.10、0.20、0.40
	横向:0.01、0.02、0.04、0.05、0.10、0.20
C617	纵向:0.027、0.05、0.072、0.082、0.089、0.096、0.105、0.115、0.121、0.128、0.144、0.164、0.177、0.192、0.209、0.230、0.242、0.256、0.288、0.329、0.354、0.394、0.418、0.460、0.485、0.571、0.658、0.767、1.150
	横向:0.018、0.032、0.047、0.053、0.057、0.062、0.068、0.074、0.078、0.083、0.093、0.106、0.115、0.124、0.135、0.149、0.157、0.165、0.186、0.203、0.229、0.248、0.271、0.298、0.313、0.331、0.372、0.452、0.476、0.740
C6132	纵向:0.06、0.07、0.08、0.09、0.10、0.11、0.12、0.13、0.15、0.16、0.17、0.18、0.20、0.23、0.25、0.27、0.29、0.32、0.34、0.36、0.40、0.46、0.49、0.53、0.58、0.64、0.67、0.71、0.80、0.91、0.98、1.07、1.16、1.28、1.35、1.42、1.60、1.71
	横向:0.03、0.04、0.05、0.06、0.07、0.08、0.09、0.10、0.11、0.12、0.13、0.15、0.16、0.17、0.18、0.20、0.23、0.25、0.27、0.29、0.32、0.34、0.36、0.40、0.46、0.49、0.53、0.58、0.64、0.67、0.71、0.80、0.85
C618K-1	纵向:0.14、0.17、0.19、0.20、0.21、0.22、0.23、0.25、0.26、0.29、0.30、0.33、0.35、0.37、0.38、0.39、0.42、0.44、0.45、0.47、0.50、0.52、0.58、0.60、0.66、0.70、0.75、0.76、0.78、0.83、0.84、0.88、0.91、0.93、0.99、1.0、1.2
	横向:0.09、0.11、0.12、0.13、0.14、0.15、0.16、0.17、0.19、0.20、0.21、0.23、0.24、0.25、0.27、0.29、0.30、0.32、0.34、0.37、0.39、0.43、0.45、0.48、0.49、0.51、0.54、0.57、0.59、0.60、0.64、0.68、0.77

（续）

型　号	进给量/(mm/r)
C620-1	纵向:0.08、0.09、0.10、0.11、0.12、0.13、0.14、0.15、0.16、0.18、0.20、0.22、0.24、0.26、0.28、0.30、0.33、0.35、0.40、0.45、0.48、0.50、0.55、0.60、0.65、0.71、0.81、0.91、0.96、1.01、1.11、1.21、1.28、1.46、1.59
	横向:0.027、0.029、0.033、0.038、0.04、0.042、0.046、0.05、0.054、0.058、0.067、0.075、0.078、0.084、0.092、0.10、0.11、0.12、0.13、0.15、0.16、0.17、0.18、0.20、0.22、0.23、0.27、0.30、0.32、0.33、0.37、0.40、0.41、0.48、0.52
C620-3	纵向:0.07、0.074、0.084、0.097、0.11、0.12、0.13、0.14、0.15、0.17、0.195、0.21、0.23、0.26、0.28、0.30、0.34、0.39、0.43、0.47、0.52、0.57、0.61、0.70、0.78、0.87、0.95、1.04、1.14、1.21、1.40、1.56、1.74、1.90、2.08、2.28、2.42、2.80、3.12、3.48、3.80、4.16
	横向:为纵向进给量的 1/2
CA6140	纵向:0.028、0.032、0.036、0.039、0.043、0.046、0.050、0.054、0.08、0.09、0.10、0.11、0.12、0.13、0.14、0.15、0.16、0.18、0.20、0.23、0.24、0.26、0.28、0.30、0.33、0.36、0.41、0.46、0.48、0.51、0.56、0.61、0.66、0.71、0.81、0.91、0.94、0.96、1.02、1.03、1.09、1.12、1.15、1.22、1.29、1.47、1.59、1.71、1.87、2.05、2.16、2.28、2.57、2.93、3.16、3.42、3.74、4.11、4.32、4.56、5.14、5.87、6.33
	横向:0.014、0.016、0.018、0.019、0.021、0.023、0.025、0.027、0.040、0.045、0.050、0.055、0.060、0.065、0.070、0.075、0.08、0.09、0.10、0.11、0.12、0.13、0.14、0.15、0.16、0.17、0.20、0.22、0.24、0.25、0.28、0.30、0.33、0.35、0.40、0.43、0.45、0.47、0.48、0.50、0.51、0.54、0.56、0.57、0.61、0.64、0.73、0.79、0.86、0.94、1.02、1.08、1.14、1.28、1.46、1.58、1.72、1.88、2.04、2.16、2.28、2.56、2.92、3.16
C630	纵向:0.15、0.17、0.19、0.21、0.24、0.27、0.30、0.33、0.38、0.42、0.48、0.54、0.60、0.65、0.75、0.84、0.96、1.07、1.2、1.33、1.5、1.7、1.9、2.15、2.4、2.65
	横向:0.05、0.06、0.065、0.07、0.08、0.09、0.10、0.11、0.12、0.14、0.16、0.18、0.20、0.22、0.25、0.28、0.32、0.36、0.40、0.45、0.50、0.56、0.64、0.72、0.81、0.9

表 5-43　车削速度计算公式

计算公式

$$v=\frac{C_v}{T^m a_p^{x_v} f^{y_v}}$$　式中　v——车削速度(m/min)

公式中的系数及指数							
加工材料	加工形式	刀具材料	进给量/(mm/r)	系数及指数			
				C_v	x_v	y_v	m
碳素结构钢 $R_m=650$MPa	外圆纵车 ($\kappa_r>0°$)	YT15(不用切削液)	$f\leqslant0.30$	291	0.15	0.20	0.20
			$f\leqslant0.70$	242		0.35	
			$f>0.70$	235		0.45	
		高速工具钢(用切削液)	$f\leqslant0.25$	67.2	0.25	0.33	0.125
			$f>0.25$	43		0.66	
	外圆纵车 ($\kappa_r=0°$)	YT15(不用切削液)	$f\geqslant a_p$	198	0.30	0.15	0.18
			$f<a_p$		0.15	0.30	
	切断及切槽	YT5(不用切削液)	—	38	—	0.80	0.20
		高速工具钢(用切削液)		21		0.66	0.25
	成形车削	高速工具钢(用切削液)	—	20.3	—	0.50	0.30

（续）

公式中的系数及指数							
加工材料	加工形式	刀具材料	进给量/(mm/r)	系数及指数			
				C_v	x_v	y_v	m
耐热钢 06Cr18Ni10Ti 141HBW	外圆纵车	YG8(不用切削液)	—	110	0.20	0.45	0.15
		高速工具钢(用切削液)		31		0.55	
淬硬钢 510HBW $R_m=1650MPa$	外圆纵车	YT15(不用切削液)	$f\leqslant0.3$	53.5	0.18	0.40	0.10
灰铸铁 190HBW	外圆纵车($\kappa_r>0°$)	YG6(不用切削液)	$f\leqslant0.40$	189.8	0.15	0.20	0.20
			$f>0.40$	158		0.40	
		高速工具钢(不用切削液)	$f\leqslant0.25$	24	0.15	0.30	0.1
			$f>0.25$	22.7		0.40	
	外圆纵车($\kappa_r=0°$)	YG6(用切削液)	$f\geqslant a_p$	208	0.40	0.20	0.28
			$f<a_p$		0.20	0.40	
	切断及切槽	YG6(不用切削液)	—	54.8	—	0.40	0.20
		高速工具钢(不用切削液)		18			0.15
可锻铸铁 150HBW	外圆纵车	YG8(不用切削液)	$f\leqslant0.40$	206	0.15	0.20	0.20
			$f>0.40$	140		0.45	
		高速工具钢(用切削液)	$f\leqslant0.25$	68.9	0.20	0.25	0.125
			$f>0.25$	48.8		0.50	
	切断及切槽	YG6(不用切削液)	—	68.8	—	0.40	0.20
		高速工具钢(用切削液)		37.6		0.50	0.25
中等硬度非均质铜合金 100~140HBW	外圆纵车	高速工具钢(不用切削液)	$f\leqslant0.20$	216	0.12	0.25	0.23
			$f>0.20$	145.6		0.50	
硬青铜 200~240HBW	外圆纵车	YG8(不用切削液)	$f\leqslant0.40$	734	0.13	0.20	0.20
			$f>0.40$	648	0.20	0.40	
铝硅合金及铸造铝合金 $R_m=100\sim200MPa$，$\leqslant65HBW$；硬铝 $R_m=300\sim400MPa$，$\leqslant100HBW$	外圆纵车	高速工具钢(不用切削液)	$f\leqslant0.20$	388	0.12	0.25	0.28
			$f>0.20$	262		0.50	

注：1. 加工内表面（镗孔、孔内切槽、内表面成形车削）时，用加工外圆时的车削速度乘以系数0.9。

2. 用高速工具钢车刀加工结构钢、不锈钢及铸钢，不用切削液时，车削速度乘以系数0.8。

3. 用YT5车刀对钢件切断及切槽且使用切削液时，车削速度乘以系数1.4。

4. 成形车削深轮廓及复杂轮廓工件时，切削速度乘以系数0.85。

5. 用高速工具钢车刀加工热处理钢件时，车削速度应减少，正火时乘以系数0.95，退火时乘以系数0.9，调质时乘以系数0.8。

6. 其他加工条件改变时，车削速度的修正系数见表5-32。

表 5-44 卧式车床主轴转速

型号	转速/(r/min)
CM6125	正转:25、63、125、160、320、400、500、630、800、1000、1250、2000、2500、3150
C6127	正反转:65、100、165、260、290、450、730、1150
C132	正转:22.4、31.5、45、65、90、125、180、250、350、500、700、1000
C618K-1	正转:40、52、72、101、131、183、260、381、447、660、860、1200
	反转:113、148、206、750、980、1370
C620-1	正转:12、15、19、24、30、38、46、58、76、90、120、150、185、230、305、370、380、460、480、600、610、760、955、1200
	反转:18、30、48、73、121、190、295、485、590、760、970、1520
C620-3	正转:12.5、16、20、25、31.5、40、50、63、80、100、125、160、200、250、315、400、500、630、800、1000、1250、1600、2000
	反转:19、30、48、75、121、190、302、475、755、950、1510、2420
CA6140	正转:10、12.5、16、20、25、32、40、50、63、80、100、125、160、200、250、320、400、450、500、560、710、900、1120、1400
	反转:14、22、36、56、90、141、226、362、565、633、1018、1580
C630	反转:14、18、24、30、37、47、57、72、95、119、149、188、229、288、380、478、595、750
	反转:22、39、60、91、149、234、361、597、945

表 5-45 车削力及车削功率计算公式

计算公式	
主车削力 F_z/N	$F_z = C_{F_z} a_p^{x_{F_z}} f^{y_{F_z}} v^{n_{F_z}} k_{F_z}$
径向车削力 F_y/N	$F_y = C_{F_y} a_p^{x_{F_y}} f^{y_{F_y}} v^{n_{F_y}} k_{F_y}$
轴向力 F_x/N	$F_x = C_{F_x} a_p^{x_{F_x}} f^{y_{F_x}} v^{n_{F_x}} k_{F_x}$
车削时消耗的功率 P_m/kW	$P_m = \dfrac{F_z v}{6\times10^4}$

公式中的系数及指数

加工材料	刀具材料	加工形式	公式中的系数及指数											
			主车削力 F_z				径向力 F_y				轴向力 F_x			
			C_{F_z}	x_{F_z}	y_{F_z}	n_{F_z}	C_{F_y}	x_{F_y}	y_{F_y}	n_{F_y}	C_{F_x}	x_{F_x}	y_{F_x}	n_{F_x}
结构钢及铸钢 $R_m=650\text{MPa}$	硬质合金	外圆纵车、横车及镗孔	2650	1.0	0.75	-0.15	1950	0.90	0.6	-0.3	2880	1.0	0.5	-0.4
		外圆纵车 ($\kappa_r=0°$)	3570	0.9	0.9	-0.15	2840	0.60	0.8	-0.3	2050	1.05	0.2	-0.4
		切槽及切断	3600	0.72	0.8	0	1390	0.73	0.67	0	—	—	—	—
	高速工具钢	外圆纵车、横车及镗孔	1770	1.0	0.75	0	920	0.9	0.75	0	530	1.2	0.65	0
		切槽及切断	2170	1.0	1.0	0	—	—	—	—	—	—	—	—
		成形车削	1870	1.0	0.75	0	—	—	—	—	—	—	—	—

（续）

公式中的系数及指数														
加工材料	刀具材料	加工形式	公式中的系数及指数											
			主车削力 F_z				径向力 F_y				轴向力 F_x			
			C_{F_z}	x_{F_z}	y_{F_z}	n_{F_z}	C_{F_y}	x_{F_y}	y_{F_y}	n_{F_y}	C_{F_x}	x_{F_x}	y_{F_x}	n_{F_x}
耐热钢 06Cr18Ni10Ti 141HBW	硬质合金	外圆纵车、横车及镗孔	2000	1.0	0.75	0	—	—	—	—	—	—	—	—
灰铸铁 190HBW	硬质合金	外圆纵车、横车及镗孔	900	1.0	0.75	0	530	0.9	0.75	0	450	1.0	0.4	0
		外圆纵车（$\kappa_r=0°$）	1200	1.0	0.85	0	600	0.6	0.5	0	235	1.05	0.2	0
	高速工具钢	外圆纵车、横车及镗孔	1120	1.0	0.75	0	1160	0.9	0.75	0	500	1.2	0.65	0
		切槽及切断	1550	1.0	1.0	0	—	—	—	—	—	—	—	—
可锻铸铁 150HBW	硬质合金	外圆纵车、横车及镗孔	790	1.0	0.75	0	420	0.9	0.75	0	370	1.0	0.4	0
	高速工具钢	外圆纵车、横车及镗孔	980	1.0	0.75	0	860	0.9	0.75	0	390	1.2	0.65	0
		切槽及切断	1360	1.0	1.0	0	—	—	—	—	—	—	—	—
中等硬度不均质铜合金 120HBW	高速工具钢	外圆纵车、横车及镗孔	540	1.0	0.66	0	—	—	—	—	—	—	—	—
		切槽及切断	735	1.0	1.0	0	—	—	—	—	—	—	—	—
高硬度青铜 200~240HBW	硬质合金	外圆纵车、横车及镗孔	405	1.0	0.66	0	—	—	—	—	—	—	—	—
铝及铝硅合金	高速工具钢	外圆纵车、横车及镗孔	390	1.0	0.75	0	—	—	—	—	—	—	—	—
		切槽及切断	490	1.0	1.0	0	—	—	—	—	—	—	—	—

注：1. 成形车削深度不大、形状不复杂的轮廓时，车削力减小 10%~15%。

2. 切削条件改变时，车削力及车削功率的修正系数见表 5-32。

表 5-46　卧式车床的主要技术参数（JB/T 2322.3—2011 摘录）　（单位：mm）

技术规格	型号							
	CM6125	C6127	C6132	C618K-1	C620-1	C620-3	CA6140	C630
加工最大直径/mm								
在床身上	250	270	320	360	400	400	400	615
在刀架上	140	150	160	220	210	220	210	345
棒料/mm	23	30	34	30	37	37	48	68
加工最大长度/mm	350	730	750	850	650 900 1300 1900	610 900 1300	750 1000 1500 2000	1210 2610

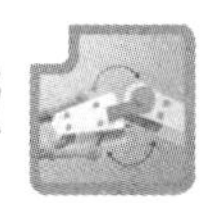

（续）

技术规格		型号							
		CM6125	C6127	C6132	C618K-1	C620-1	C620-3	CA6140	C630
中心距/mm		350	800	750	850	750 1000 1400 2000	710 1000 1400	750 1000 1500 2000	1400 2800
主轴孔径/mm		26	32	30	32	38	38	48	70
主轴锥度		莫氏 4 号	1 : 20	莫氏 5 号	莫氏 5 号	莫氏 5 号	莫氏 5 号	莫氏 6 号	公制 80 号
主轴转速/(r/min)（见表 5-44）	正转	25～3150	60～1150	22.4～1000	40～1200	12～1200	12.5～2000	10～1400	14～750
	反转	—	60～1150	—	113～1370	18～1520	19～2420	14～1580	22～945
刀架最大纵向行程/mm		350	820	750	850	650 900 1300 1900	900	650 900 1400 1900	1310 2810
刀架最大横向行程/mm		350	170	280	200	260	250	320	390
刀架最大回转角度		±60°	±90°	±60°	±45°	±45°	±90°	±90°	±60°
刀架进给量/(mm/r)（见表 5-42）	纵向	0.02～0.40	0.027～1.150	0.06～1.71	0.14～1.20	0.08～1.59	0.07～4.16	0.028～6.330	0.15～2.65
	横向	0.01～0.20	0.018～0.740	0.03～0.85	0.09～0.77	0.027～0.520	0.035～2.080	0.014～3.160	0.05～0.90
车削螺纹	米制/mm	0.2～6.0	0.35～6.0	0.25～6.00	0.5～6.0	1～192	1～192	1～192	1～224
	英制/in①	21～4	32～4	112～4	$48～3\frac{1}{2}$	24～2	24～2	24～2	28～2
尾座顶尖套最大移动量/mm		80	55	100	140	150	200	150	205
尾座横向最大移动量/mm		±10	±6	±6	±15	±15	±15	±15	±15
尾座顶尖套孔莫氏锥度		3 号	2 号	3 号	4 号	4 号	5 号	5 号	5 号
主电动机功率/kW		1.5	1.5	3	4.5	7	10	7.5	10

① 1in = 0.0254m。

表 5-47 车削和镗削机动时间计算公式

车削和镗削加工常用符号

T_j——机动时间(min)

L——刀具或工作台行程长度(mm)

l——切削加工长度(mm)

l_1——刀具切入长度(mm)

l_2——刀具切出长度(mm)

v——切削速度(m/min 或 m/s)

d——工件或刀具直径(mm)

n——机床主轴转速(r/min)

f——工件每转刀具进给量(mm/r)

a_p——切削深度(mm)

i——进给次数

加工示意图	计算公式	备注
1)车外圆和镗孔	$T_j=\frac{L}{fn}i=\frac{l+l_1+l_2+l_3}{fn}i$ $l_1=\frac{a_p}{\tan\kappa_r}+(2\sim3)$ $l_2=3\sim5$	1) 加工到台阶时 $l_2=0$ 2) 主偏角 $\kappa_r=90°$ 时，$l_1=$ 2~3mm 3) l_3 为单件小批生产时的试切附加长度
2)车端面、切断或车圆环端面、切槽 车圆环 车端面	$T_j=\frac{L}{fn}i$ $L=\frac{d-d_1}{2}+l_1+l_2+l_3$ l_1、l_2、l_3 同 1) 车外圆和镗孔	1) 车槽时 $l_2=l_3=0$，切断时 $l_3=0$ 2) d_1 为车圆环的内径或车槽后的底径，单位为 mm 3) 车实体端面和切断时 $d_1=0$

（续）

<table>
<tr><th>加工示意图</th><th colspan="2">计算公式</th><th>备注</th></tr>
<tr><td>3）成形车削</td><td colspan="2">$T_j = \frac{L}{fn}$
$L = \frac{d - d_1}{2} + l_1$
l_1 同 1）车外圆和镗孔</td><td>d_1 为车削后的最小直径，单位为 mm</td></tr>
<tr><td rowspan="2">4）多刀车削</td><td>每个台阶一把刀</td><td>$T_j = \frac{L}{fn}$
$L = l_{max} + l_1 + l_2$
$l_1 = a_p\left(\frac{1}{\tan\kappa_r} + \frac{1}{\tan\theta}\right) + (3 \sim 5)$
$l_2 = 1 \sim 3\text{mm}$</td><td>l_{max} 为最长台阶的切削加工长度，单位为 mm</td></tr>
<tr><td>最长台阶用 m 把刀切</td><td>$T_j = \frac{L}{fn}$
当 $\frac{l_{max}}{m}$ 大于其余各台阶的加工长度时
$L = l + l_1 + l_2 = \frac{l_{max}}{m} + l_1 + l_2$</td><td>1）$l_1$、$l_2$、$l_{max}$ 同上
2）m 为加工最长台阶的刀具数目</td></tr>
</table>

表 5-48 通用型麻花钻的主要几何参数的推荐值（GB/T 1438.1—2008 摘录）（单位：°）

d/mm	β	2ϕ	α_f	ψ	d/mm	β	2ϕ	α_f	ψ
0.1~0.28	19	118	28	40~60	3.40~4.70	27	118	16	40~60
0.29~0.35	20				4.80~6.70	28			
0.36~0.49			26		6.80~7.50	29			
0.50~0.70	22		24		7.60~8.50			14	
0.72~0.98	23				8.60~18.00	30		12	
1.00~1.95	24		22		18.25~23.00			10	
2.00~2.65	25		20		23.25~100			8	
2.70~3.30	26		18						

表 5-49　钻头、扩孔钻和铰刀的磨钝标准及耐用度

(1)后刀面最大磨损极限/mm

刀具材料	加工材料	钻头		扩孔钻		铰刀	
		直径 d_0					
		≤20	>20	≤20	>20	≤20	>20
高速工具钢	钢	0.4~0.8	0.8~1.0	0.5~0.8	0.8~1.2	0.3~0.5	0.5~0.7
	不锈钢及耐热钢	0.3~0.8		—		—	
	钛合金	0.4~0.5		—		—	
	铸铁	0.5~0.8	0.8~1.2	0.6~0.9	0.9~1.4	0.4~0.6	0.6~0.9
硬质合金	钢(扩钻)及铸铁	0.4~0.8	0.8~1.2	0.6~0.8	0.8~1.4	0.4~0.6	0.6~0.8
	淬硬钢	—		0.5~0.7		0.3~0.35	

(2)单刀加工刀具耐用度 T/min

刀具类型	加工材料	刀具材料	刀具直径 d_0/mm							
			<6	6~10	11~20	21~30	31~40	41~50	51~60	61~80
钻头(钻孔及扩钻)	结构钢及钢铸件	高速工具钢	15	25	45	50	70	90	110	—
	不锈钢及耐热钢	高速工具钢	6	8	15	25	—	—	—	—
	铸铁、铜合金及铝合金	高速工具钢 硬质合金	20	35	60	75	110	140	170	—
扩孔钻(扩孔)	结构钢及铸钢、铸铁、铜合金及铝合金	高速工具钢及硬质合金	—	—	30	40	50	60	80	100
铰刀(铰孔)	结构钢及铸钢	高速工具钢	—	—	40	80		120		
		硬质合金	—	20	30	50	70	90	110	140
	铸铁、铜合金及铝合金	高速工具钢	—	—	60	120		180		
		硬质合金	—	—	45	75	105	135	165	210

(3)多刀加工刀具耐用度 T/min

最大加工孔径/mm	刀具数量				
	3	5	8	10	≥15
10	50	80	100	120	140
15	80	110	140	150	170
20	100	130	170	180	200
30	120	160	200	220	250
50	150	200	240	260	300

注：在进行多刀加工时，如扩孔钻及刀头的直径大于 60mm，则随调整复杂程度不同，刀具耐用度取 T=150~300min。

表 5-50　高速工具钢钻头钻孔的进给量

钻头直径 d_0 /mm	钢，R_m/MPa			铸铁、铜及铝合金，HBW	
	<800	800~1000	>1000	≤200	>200
	进给量 f/(mm/r)				
≤2	0.05~0.06	0.04~0.05	0.03~0.04	0.09~0.11	0.05~0.07
>2~4	0.08~0.10	0.06~0.08	0.04~0.06	0.18~0.22	0.11~0.13
>4~6	0.14~0.18	0.10~0.12	0.08~0.10	0.27~0.33	0.18~0.22
>6~8	0.18~0.22	0.13~0.15	0.11~0.13	0.36~0.44	0.22~0.26
>8~10	0.22~0.28	0.17~0.21	0.13~0.17	0.47~0.57	0.28~0.34
>10~13	0.25~0.31	0.19~0.23	0.15~0.19	0.52~0.64	0.31~0.39
>13~16	0.31~0.37	0.22~0.28	0.18~0.22	0.61~0.75	0.37~0.45
>16~20	0.35~0.43	0.26~0.32	0.21~0.25	0.70~0.86	0.43~0.53
>20~25	0.39~0.47	0.29~0.35	0.23~0.29	0.78~0.96	0.47~0.57
>25~30	0.45~0.55	0.32~0.40	0.27~0.33	0.90~1.10	0.54~0.66
>30~60	0.60~0.70	0.40~0.50	0.30~0.40	1.00~1.20	0.70~0.80

注：1. 表列数据适用于在大刚度零件上钻孔，精度在 H12~H13 级以下（或自由公差），钻孔后还用钻头、扩孔钻或镗刀加工的情况。在下列条件下需乘修正系数：

1）在中等刚度零件上钻孔（箱体形状的薄壁零件、零件上薄的凸出部分钻孔）时，乘系数 0.75。

2）对于钻孔后要用铰刀加工的精确孔、在低刚度零件上钻孔、在斜面上钻孔，以及钻孔后用丝锥攻螺纹的孔，乘系数 0.5。

2. 钻孔深度大于 3 倍直径时应乘以下修正系数：

钻孔深度(孔深以直径的倍数表示)	$3d_0$	$5d_0$	$7d_0$	$10d_0$
修正系数 k_{lf}	1.0	0.9	0.8	0.75

3. 为避免钻头损坏，当刚要钻穿时应停止自动走刀而改用手动走刀。

表 5-51　摇臂钻床主轴进给量

型　号	进给量/(mm/r)
Z3025	0.05、0.08、0.12、0.16、0.2、0.25、0.3、0.4、0.5、0.63、1.00、1.60
Z33S-1	0.06、0.12、0.24、0.3、0.6、1.2
Z35	0.03、0.04、0.05、0.07、0.09、0.12、0.14、0.15、0.19、0.20、0.25、0.26、0.32、0.40、0.56、0.67、0.90、1.2
Z37	0.037、0.045、0.060、0.071、0.090、0.118、0.150、0.180、0.236、0.315、0.375、0.50、0.60、0.75、1.00、1.25、1.50、2.00
Z35K	0.1、0.2、0.3、0.4、0.6、0.8

表 5-52　钻、扩、铰孔时切削速度的计算公式

$$v=\frac{C_v d_0^{z_v}}{T^m a_p^{x_v} f^{y_v}}k_v$$　式中　v——切削速度/(m/min)

工件材料	加工类型	刀具材料	切削液用否	进给量 f /(mm/r)	公式中的系数和指数				
					C_v	z_v	x_v	y_v	m
碳素结构钢及合金结构钢，R_m=650MPa	钻孔	高速工具钢	用	≤0.2	4.4	0.4	0	0.7	0.2
				>0.2	6.1			0.5	

（续）

工件材料	加工类型	刀具材料	切削液用否	进给量 f /(mm/r)	公式中的系数和指数				
					C_v	z_v	x_v	y_v	m
碳素结构钢及合金结构钢，R_m = 650MPa	扩钻	高速工具钢	用	—	10.2	0.4	0.2	0.5	0.2
		YG8		—	8	0.6	0.2	0.3	0.25
	扩孔	高速工具钢		—	18.6	0.3	0.2	0.5	0.3
		YT15		—	16.5	0.6	0.2	0.3	0.25
	铰孔	高速工具钢		—	12.1	0.3	0.2	0.65	0.4
		YT15		—	115.7	0.3	0	0.65	0.7
淬硬钢，R_m = 1600 ~ 1800MPa，497~578HBW	扩孔	YT15	用	—	10	0.6	0.3	0.6	0.45
	铰孔			—	14	0.4	0.75	1.05	0.85
耐热钢 06Cr18Ni10Ti，141HBW	钻孔	高速工具钢	用	—	3.57	0.5	0	0.45	0.12
灰铸铁，190HBW	钻孔	高速工具钢	不用	≤0.3	8.1	0.25	0	0.55	0.125
				>0.3	9.4			0.4	
		YG8		—	22.2	0.45	0	0.3	0.2
	扩钻	高速工具钢		—	12.9	0.25	0.1	0.4	0.125
		YG8		—	37	0.5	0.15	0.45	0.4
	扩孔	高速工具钢		—	18.8	0.2	0.1	0.4	0.125
		YG8		—	68.2	0.4	0.15	0.45	0.4
	铰孔	高速工具钢		—	15.6	0.2	0.1	0.5	0.3
		YG8		—	109		0		0.45
可锻铸铁，150HBW	钻孔	高速工具钢	用	≤0.3	12	0.25	0	0.55	0.125
				>0.3	14			0.4	
		YG8	不用	—	26.2	0.45	0	0.3	0.2
	扩钻	高速工具钢	用	—	19	0.25	0.1	0.4	0.125
		YG8	不用	—	50.3	0.5	0.15	0.45	0.4
	扩孔	高速工具钢	用	—	27.9	0.2	0.1	0.4	0.125
		YG8	不用	—	93	0.4	0.15	0.45	0.4
	铰孔	高速工具钢	用	—	23.2	0.2	0.1	0.5	0.3
		YG8	不用	—	148		0		0.45
铜合金：中等硬度非均质铜合金，100~140HBW	钻孔	高速工具钢	不用	≤0.3	28.1	0.25	0	0.55	0.125
				>0.3	32.6			0.4	
铜合金：中等硬度青铜	扩孔			—	56	0.2	0.1	0.4	0.125
铜合金：高硬度青铜				—	28	0.2	0.1	0.4	0.125
铜合金：黄铜				—	48	0.3	0.2	0.5	0.3

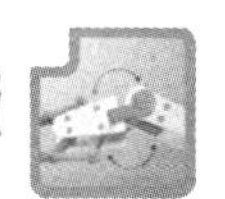

（续）

工件材料	加工类型	刀具材料	切削液用否	进给量 f /(mm/r)	公式中的系数和指数				
					C_v	z_v	x_v	y_v	m
铝硅合金及铸造铝合金，R_m = 100~200MPa，≤65HBW；硬铝，R_m = 300~400MPa，≤100HBW	钻孔	高速工具钢	不用	≤0.3	36.3	0.25	0	0.55	0.125
				>0.3	40.7			0.4	
	扩孔			—	80	0.3	0.2	0.5	0.3

注：1. 加工条件改变时切削速度的修正系数见表5-53。

2. 用YG8硬质合金钻头钻削未淬硬的结构碳钢、铬钢及镍铬钢（使用切削液）时，切削速度（m/min）可按以下公式计算：

当 f≤0.12mm/r 时，$v=\dfrac{5950d_0^{0.6}}{T^{0.25}f^{0.3}\sigma_b^{0.9}}$；$f$>0.12mm/r 时，$v=\dfrac{3890d_0^{0.6}}{T^{0.25}f^{0.5}\sigma_b^{0.9}}$

表5-53 钻、扩、铰孔条件改变时切削速度的修正系数

1. 用高速工具钢钻头及扩孔钻加工													
(1)与刀具耐用度有关的系数 k_{Tv}													
实际耐用度/标准耐用度			0.25	0.5	1	2	4	6	8	10	12	18	24
k_{Tv}	加工钢及铝合金	钻，扩钻	1.32	1.15	1.0	0.87	0.76	0.70	0.66	0.63	0.61	0.56	0.53
		扩孔	1.51	1.23	1.0	0.81	0.66	0.58	0.53	0.50	0.47	0.42	0.39
	加工铸铁及铜合金	钻、扩钻、扩孔	1.2	1.09	1.0	0.91	0.84	0.79	0.76	0.75	0.73	0.69	0.66

(2)与加工材料有关的系数 k_{Mv}

加工材料的名称	材料牌号	材料硬度 HBW											
		—	—	—	110~140	>140~170	>170~200	>200~230	>230~260	>260~290	>290~320	>320~350	>350~380
		材料强度 R_m/MPa											
		100~200	>200~300	>300~400	>400~500	>500~600	>600~700	>700~800	>800~900	>900~1000	>1000~1100	>1100~1200	>1200~1300
		k_{Mv}											
易切削钢	Y12、Y15、Y20、Y30、Y35	—	—	—	0.87	1.39	1.2	1.06	0.94	—	—	—	—
碳素结构钢 [w(C)≤0.6%]	08、10、15、20、25、30、35、40、45、50、55、60、0~6号钢	—	—	0.57	0.72	1.16	1.0	0.88	0.78	—	—	—	—

（续）

（2）与加工材料有关的系数 k_{Mv}													
加工材料的名称	材料牌号	材料硬度 HBW											
		—	—	—	110~140	>140~170	>170~200	>200~230	>230~260	>260~290	>290~320	>320~350	>350~380
		材料强度 R_m/MPa											
		100~200	>200~300	>300~400	>400~500	>500~600	>600~700	>700~800	>800~900	>900~1000	>1000~1100	>1100~1200	>1200~1300
		k_{Mv}											
铬钢 镍钢 镍铬钢	15Cr、20Cr、30Cr、35Cr、40Cr、45Cr、50Cr、12Cr2Ni4、20Cr2Ni4、20CrNi3A、37CrNi3A	—	—	—	—	1.04	0.9	0.79	0.70	0.64	0.58	0.54	0.49
碳素工具钢及碳素结构钢[w(C)>0.6%]	T8、T8A、T9、T9A、T10、T10A、T12、T12A、T13、T13A、T8Mn、T8MnA	—	—	—	—	—	0.8	0.7	0.62	0.57	0.52	0.48	—
镍铬钨钢及与它近似的钢	18CrNiWA、25CrNi- WA、18Cr2Ni4MoA、18CrNiMoA、20CrNiVA、45CrNiMoVA												
锰钢	15Mn、20Mn、30Mn、40Mn、50Mn、60Mn、65Mn、70Mn	—	—	—	—	0.82	0.7	0.62	0.55	0.5	0.46	0.42	0.39
铬钼钢及与它近似的钢	12CrMo、20CrMo、30CrMo、35CrMo、38CrMoAlA、35CrAlA、32CrNiMo、40CrNiMoA												
铬锰钢及与它近似的钢	15CrMn、20CrMn、40CrMn、40Cr2Mn、55CrMn2、33CrSi、37CrSi、35SiMn、30CrMnSi、35CrMnSi												
高速工具钢	W18Cr4V	—	—	—	—	—	0.6	0.53	0.47	0.43	0.39	0.36	0.33
铝硅合金及铸铝合金	—	1.0	0.8	—	—	—							
硬铝	—	—	1.2	1.0	0.8								

（续）

（2）与加工材料有关的系数 k_{mv}

材料名称	材料牌号	35~65	70~80	60~80	60~90	70~90	100~120	120~140	140~160	160~180	180~200	200~220	220~240	240~260
		材料硬度 HBW（k_{Mv}）												
灰铸铁	各种	—	—	—	—	—	—	—	1.36	1.16	1.0	0.88	0.78	0.70
黑心可锻铸铁	各种	—	—	—	—	—	1.5	1.2	1.0	0.85	0.74	—	—	—
铜合金 非均质合金 高硬度	ZCuAl8Mn13Fe3Ni2及其他牌号	—	—	—	—	—	—	—	0.70	0.70	0.70	—	—	—
铜合金 非均质合金 中等硬度	QAl9-4 HSi80-3 及其他牌号	—	—	—	—	—	1.0	1.0	—	—	—	—	—	—
铜合金 非均质铅合金	ZCuSn10Pb5、 ZCuZn38Mn2Pb2 及其他牌号	—	—	—	—	1.7	—	—	—	—	—	—	—	—
铜合金 均质合金	QAl7、 QSn6.5-0.1 及其他牌号	—	—	—	2	—	—	—	—	—	—	—	—	—
铜合金 含铅少于10%（质量分数）的均质合金	ZCuSn5Pb5Zn5、 QSn4-4-2.5 及其他牌号	—	—	4	—	—	—	—	—	—	—	—	—	—
铜合金 铜	Cu-4 Cu-5	—	8	—	—	—	—	—	—	—	—	—	—	—
铜合金 含铅多于10%（质量分数）的合金	ZCuPb17Sn4Zn4、 ZCuPb30 及其他牌号	12	—	—	—	—	—	—	—	—	—	—	—	—

（3）与钻孔时钢料状态有关的系数 k_{sv}

钢料状态	轧材及已加工的孔		热处理			铸件，冲压（扩孔用）	
	冷拉	热轧	正火	退火	调质	未经过酸蚀	经过酸蚀
k_{sv}	1.1	1.0	0.95	0.9	0.8	0.75	0.95

（4）与扩孔时加工表面的状态有关的系数 k_{wv}

加工表面状态	已加工的孔	铸孔 $\frac{实际切削深度\ a_{pr}}{标准切削深度\ a_{p}} \geqslant 3$
k_{wv}	1.0	0.75

（5）与刀具材料有关的系数 k_{tv}

刀具材料牌号	W18Cr4V W6Mo5Cr4V2	9SiCr
k_{tv}	1.0	0.6

（续）

(6)与钻头刃磨形状有关的系数 k_{xv}

刃磨形状		双　横	标　准
k_{xv}	加工钢及铝合金	1.0	0.87
	加工铸铁及铜合金	1.0	0.84

(7)与钻孔深度有关的系数 k_{lv}

孔深(以直径为单位)	$\leqslant 3d_0$	$4d_0$	$5d_0$	$6d_0$	$8d_0$	$10d_0$
k_{lv}	1.0	0.85	0.75	0.7	0.6	0.5

(8)与扩孔切削深度有关的系数 k_{apv}

$\frac{实际切削深度}{标准切削深度}=\frac{a_{pR}}{a_p}$		0.5	1.0	2.0
k_{apv}	加工钢及铝合金	1.15	1.0	0.87
	加工铸铁及铜合金	1.08	1.0	0.93

2. 用硬质合金钻头和扩孔钻加工

(1)与耐用度有关的系数 k_{Tv}

$\frac{实际耐用度}{标准耐用度}$		0.25	0.5	1	2	4	6	8	10	12	18	24
k_{Tv}	加工钢	1.41	1.19	1.0	0.84	0.71	0.64	0.60	0.56	0.54	0.49	0.45
	加工铸铁	1.74	1.32	1.0	0.76	0.57	0.49	0.43	0.40	0.37	0.31	0.28

(2)与加工材料有关的系数 k_{Mv}

加工材料	HBW	—	110~140	>140~170	>170~200	>200~230	>230~260	>260~290	>290~320	>320~350	>350~380
	R_m/MPa	300~400	400~500	>500~600	>600~700	>700~800	>800~900	>900~1000	>1000~1100	>1100~1200	>1200~1300
	易切削钢、碳钢、铬钢、镍铬钢	1.74	1.39	1.16	1.0	0.88	0.78	0.71	0.65	0.6	0.55
	碳素工具钢、锰钢、铬镍钨钢、铬钼钢、铬锰钢	1.3	1.04	0.87	0.75	0.66	0.58	0.53	0.49	0.45	0.41

加工材料	HBW	100~120	120~140	140~160	160~180	180~200	200~220	220~240	240~260
	灰铸铁	—	—	—	1.15	1.0	0.88	0.78	0.70
	黑心可锻铸铁	1.5	1.2	1.0	0.85	0.74	—	—	—

(3)与毛坯的表面状态有关的系数 k_{Wv}

表面状态	无　外　皮	铸造外皮
k_{Wv}	1.0	0.8

(4)与刀具材料有关的系数 k_{tv}

刀具材料	加工钢		加工铸铁		
	YT15	YT5	YG8	YG6	YG3
k_{tv}	1.0	0.65	1.0	1.2	1.3~1.4

（续）

（5）与使用切削液有关的系数 k_{ov}

工作条件	加工钢		加工铸铁	
	加切削液	不加切削液	不加切削液	加切削液
k_{ov}	1.0	0.7	1.0	1.2~1.3

（6）与钻孔深度有关的系数 k_{lv}

钻孔深度（以钻头直径为单位）	$\leqslant 3d_0$	$4d_0$	$5d_0$	$6d_0$	$10d_0$
k_{lv}	1.0	0.85	0.75	0.6	0.5

（7）与扩孔切削深度有关的系数 k_{apv}

	$\frac{实际切削深度}{标准切削深度}=\frac{a_{pR}}{a_p}$	0.5	1.0	2.0
k_{apv}	加工钢	1.15	1.0	0.87
	加工铸铁	1.11	1.0	0.93

3. 用高速工具钢铰刀加工

（1）与刀具耐用度有关的系数 k_{Tv}

	$\frac{实际耐用度}{标准耐用度}=\frac{T_R}{T}$	0.25	0.5	1.0	2	4	6	8	10	12	18	24
k_{Tv}	加工钢及铝合金	1.74	1.32	1.0	0.76	0.57	0.49	0.43	0.40	0.37	0.31	0.28
	加工铸铁及铜合金	1.51	1.23	1.0	0.81	0.66	0.58	0.53	0.50	0.47	0.42	0.39

（2）与加工材料有关的系数 k_{Mv}

加工材料	材料硬度 HBW										
	—	—	110~140	>140~170	>170~200	>200~230	>230~260	>260~290	>290~320	>320~350	>350~380
	材料强度 R_m/MPa										
	≤300	300~400	>400~500	>500~600	>600~700	>700~800	>800~900	>900~1000	>1000~1100	>1100~1200	>1200~1300
	k_{Mv}										
易切削钢、碳钢、铬钢、镍铬钢	—	—	0.9	1.0	1.0	0.88	0.78	0.71	0.65	0.6	0.55
碳素工具钢、锰钢、铬镍钨钢、铬钼钢及铬锰钢	—	—	—	0.75	0.75	0.66	0.58	0.53	0.49	0.45	0.41
硬铝合金	1.2	1.0	0.8	—	—	—	—	—	—	—	—

加工材料	材料硬度 HBW										
	60~80	60~90	70~90	100~120	120~140	140~160	160~180	180~200	200~220	220~240	240~260
	k_{Mv}										
灰铸铁	—	—	—	—	—	—	1.16	1.0	0.88	0.78	0.70
可锻铸铁	—	—	—	1.5	1.2	1.0	0.85	0.74	—	—	—
铜合金	4.0	2.0	1.7	1.0	1.0	0.70	0.70	—	—	—	—

（续）

(3)与刀具材料有关的系数 k_{tv}		
刀具材料牌号	W18Cr4V,W6Mo5Cr4V2	9SiCr
k_{tv}	1.0	0.85

(4)与铰孔切削深度有关的系数 k_{apv}				
$\frac{实际切削深度}{标准切削深度}=\frac{a_{pR}}{a_p}$		0.5	1.0	2.0
k_{apv}	加工钢和铝合金	1.15	1.0	0.87
	加工铸铁和铜合金	1.08	1.0	0.93

表 5-54　摇臂钻床的主轴转速

型号	转　速/(r/min)
Z3025	50、80、125、200、250、315、400、500、630、1000、1600、2500
Z33S-1	50、100、200、400、800、1600
Z35	34、42、53、67、85、105、132、170、265、335、420、530、670、850、1051、1320、1700
Z37	11.2、14、18、22.4、28、35.5、45、56、71、90、112、140、180、224、280、355、450、560、710、900、1120、1400
Z32K	175、432、693、980
Z35K	20、28、40、56、80、112、160、224、315、450、630、900

表 5-55　钻孔时轴向力、转矩及功率的计算公式

计算公式		
轴　向　力/N	转　矩/N·m	功　率/kW
$F=C_F d_0^{z_F} f^{y_F} k_F$	$T=C_T d_0^{z_T} f^{y_T} k_T$	$P_m=\frac{Tv}{30d_0}$

加工材料	刀具材料	系数和指数					
		轴向力			转矩		
		C_F	z_F	y_F	C_T	z_T	y_T
钢，R_m=650MPa	高速工具钢	600	1.0	0.7	0.305	2.0	0.8
耐热钢 06Cr18Ni10Ti	高速工具钢	1400	1.0	0.7	0.402	2.0	0.7
灰铸铁，190HBW	高速工具钢	420	1.0	0.8	0.206	2.0	0.8
	硬质合金	410	1.2	0.75	0.117	2.2	0.8
可锻铸铁，150HBW	高速工具钢	425	1.0	0.8	0.206	2.0	0.8
	硬质合金	320	1.2	0.75	0.098	2.2	0.8
中等硬度非均质铜合金，100~140HBW	高速工具钢	310	1.0	0.8	0.117	2.0	0.8

注：加工条件改变时，切削力及转矩的修正系数见表 5-56。

表 5-56　钻孔条件改变时切削力及转矩的修正系数

(1)与加工材料有关

钢	力学性能	HBW	110~140	>140~170	>170~200	>200~230	>230~260	>260~290	>290~320	>320~350	>350~380
		R_m/MPa	400~500	>500~600	>600~700	>700~800	>800~900	>900~1000	>1000~1100	>1100~1200	>1200~1300
	$k_{MF}=k_{MT}$		0.75	0.88	1.0	1.11	1.22	1.33	1.43	1.54	1.63
铸铁	力学性能 HBW		100~120	120~140	140~160	160~180	180~200	200~220	220~240	240~260	—
	系数 $k_{MF}=k_{MT}$	灰铸铁	—	—	—	0.94	1.0	1.06	1.12	1.18	—
		可锻铸铁	0.83	0.92	1.0	1.08	1.14	—	—	—	—

(2)与刃磨形状有关

刃磨形状		标准	双横、双横棱、横、横棱
系数	k_{xF}	1.33	1.0
	k_{xT}	1.0	1.0

(3)与刀具磨钝有关

切削面状态		尖锐的	磨钝的
系数	k_{VBF}	0.9	1.0
	k_{VBT}	0.87	1.0

表 5-57　钻、扩、铰孔时加工机动时间计算公式

加工简图	计算公式	说明
钻中心孔（图示 l_w、l_f）	$t_m=\dfrac{l_w+l_f}{fn}$	机动进给：　$l_f=\dfrac{d_0}{2}\cot\kappa_r+3$
扩钻(麻花钻)（图示 l_f、l_w、d_w、d_m）	$t_m=\dfrac{l_w+l_f+l_1}{fn}$	机动进给： $l_f=\dfrac{d_m-d_w}{2}\cot\kappa_r+3$，$l_1=2\sim4$mm 扩钻不通孔时：　$l_1=0$
锪倒角（图示 l_f、l_w）	$t_m=\dfrac{l_w+l_f}{fn}$	机动进给：　$l_f=1.5\sim3$mm

（续）

加工简图	计算公式	说明
锪凸台 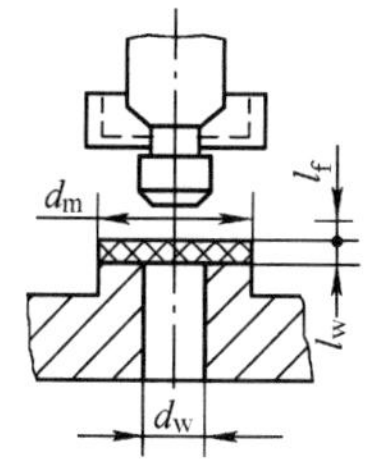	$t_m=\frac{l_w+l_f}{fn}$	机动进给：　$l_f=1.5\sim3mm$
钻孔 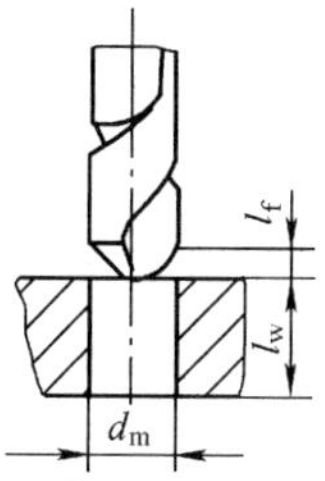	$t_m=\frac{l_w+l_f+l_1}{fn}$	机动进给： $l_f=\frac{d_m}{2}\cot\kappa_r+3, l_1=2\sim4mm$ 钻不通孔时：　$l_1=0$
扩孔(扩孔钻) 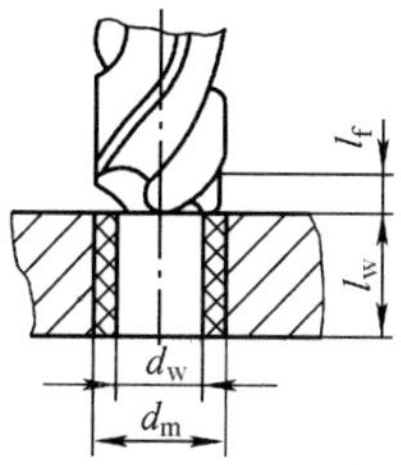	$t_m=\frac{l_w+l_f+l_1}{fn}$	机动进给： $l_f=\frac{d_m-d_w}{2}\cot\kappa_r+3, l_1=2\sim4mm$ 扩不通孔时：　$l_1=0$
锪沉孔 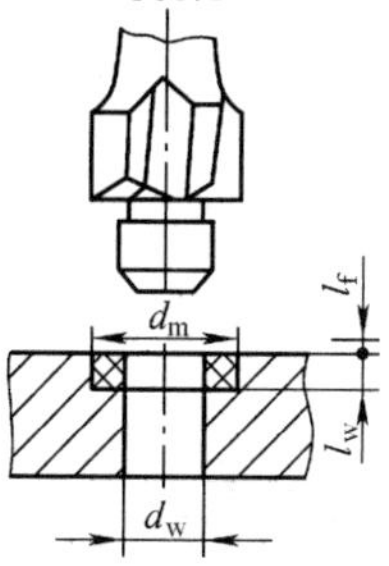	$t_m=\frac{l_w+l_f}{fn}$	机动进给：　$l_f=1.5\sim3mm$
铰圆柱孔 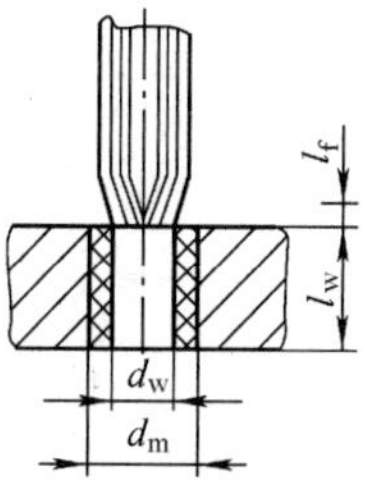	$t_m=\frac{l_w+l_f+l_1}{fn}$	机动进给： $l_f=\frac{d-d_m}{2}\cot\kappa_r+(3\sim10), l_1=10\sim45mm$ 铰不通孔时：　$l_1=0$

（续）

加工简图	计算公式	说明
扩、铰圆锥孔 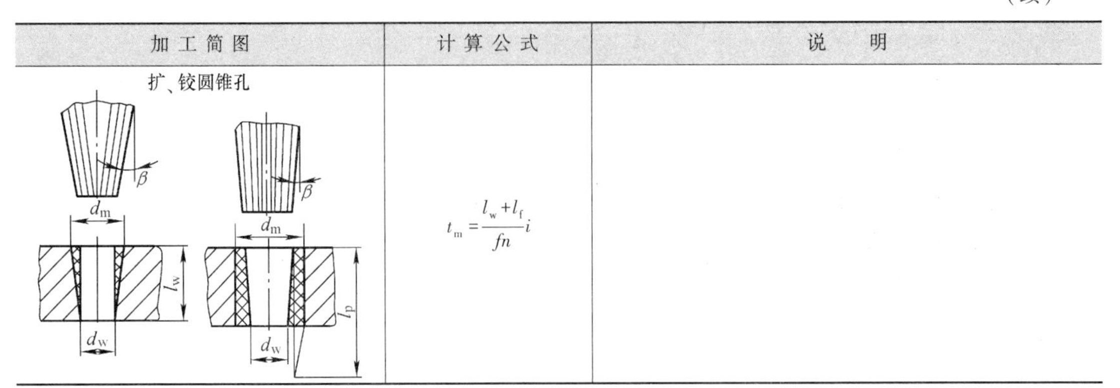	$t_m = \frac{l_w + l_f}{fn} i$	

注：t_m—机动时间（min/件）；l_w—工件切削部分长度（mm）；l_f—切入量（mm）；l_1—超出量（mm）；f—进给量（mm/r）；n—刀具或工件转速（r/min）；d_m—工件已加工表面直径（mm）；d_w—工件待加工表面直径（mm）；l_p—加工计算长度（mm）；i—行程次数。

表 5-58　60°、90°、120°莫氏锥柄锥面锪钻形式和尺寸（GB/T 1143—2004 摘录）

（单位：mm）

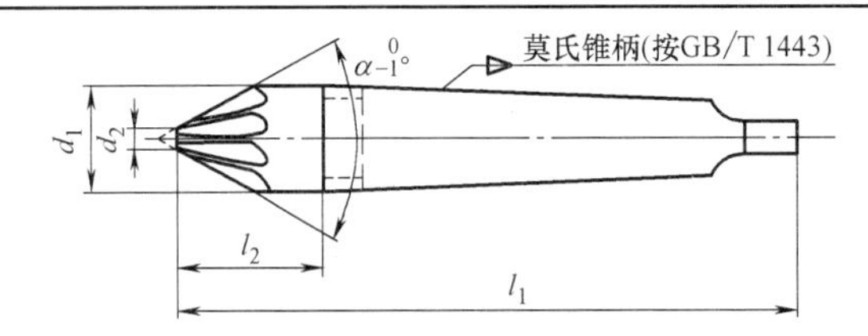

公称尺寸 d_1	小端直径 $d_2$①	总长 l_1		钻体长 l_2		莫氏锥柄号
		α=60°	α=90°或 120°	α=60°	α=90°或 120°	
16	3.2	97	93	24	20	1
20	4	120	116	28	24	2
25	7	125	121	33	29	2
31.5	9	132	124	40	32	2
40	12.5	160	150	45	35	3
50	16	165	153	50	38	3
63	20	200	185	58	43	4
80	25	215	196	73	54	4

① 前端部结构不做规定。

表 5-59　丝锥的几何参数值

工件材料	前角 γ_o	后角 α_o	工件材料	前角 γ_o	后角 α_o	工件材料	前角 γ_o	后角 α_o	工件材料	前角 γ_o	后角 α_o
低碳钢	10°~13°	8°~12°	铬、锰钢	10°~13°	8°~12°	铝合金	12°~14°	8°~12°	青铜	1°~3°	4°~6°
中碳钢	8°~10°	6°~8°	铸铁	2°~4°	4°~6°	铜	14°~16°	8°~12°			
高碳钢	5°~7°	4°~6°	铝	16°~20°	8°~12°	黄铜	3°~5°	4°~6°			

表 5-60　锪钻加工的切削用量

加工材料	高速工具钢锪钻		硬质合金锪钻	
	进给量 f/(mm/r)	切削速度 v/(m/min)	进给量 f/(mm/r)	切削速度 v/(m/min)
铝	0.13~0.38	120~245	0.15~0.30	150~245
黄铜	0.13~0.25	45~90	0.15~0.30	120~210
灰铸铁	0.13~0.18	37~43	0.15~0.30	90~107
低碳钢	0.08~0.13	23~26	0.10~0.20	75~90
合金钢及工具钢	0.08~0.13	12~24	0.10~0.20	55~60

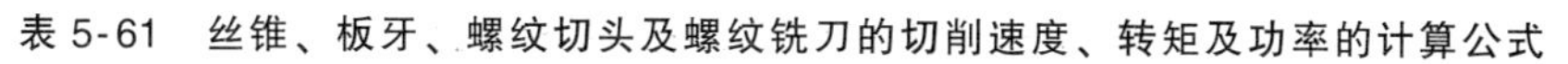

表 5-61 丝锥、板牙、螺纹切头及螺纹铣刀的切削速度、转矩及功率的计算公式

计算公式			
丝锥、板牙或螺纹切头			梳形螺纹铣刀
$v=\dfrac{c_v d_0^{z_v}}{T^m P^{y_v}}k_v$ 式中 v——切削速度(m/min)	$T=c_T d_0^{z_T} P^{y_T} k_T$ 式中 T——转矩(N·m)	$P_m=\dfrac{Tv}{30d_0}$ 式中 P_m——功率(kW)	$v=\dfrac{c_v}{T^m a_f^{x_v} P^{y_v}}k_v$ 式中 v——切削速度(m/min)

公式中的系数和指数

工件材料	刀具类型		刀具材料	切削液	刀具耐用度 T/min	切削速度 c_v	z_v	x_v	y_v	m	转矩 c_T	z_T	y_T
碳素结构钢 $R_m=750$ MPa	丝锥	机用丝锥	高速工具钢	硫化油	90	64.8	1.2	—	0.5	0.9	0.264	1.4	1.5
		螺母丝锥				53					0.04	1.7	
		自动机用螺母丝锥				41					0.024	2.0	
	板牙		9SiCr、T12A	乳化液	90	2.7	1.2	—	1.2	0.5	0.441	1.1	1.5
	带圆梳刀和切向梳刀的螺纹切头		高速工具钢	硫化油	120	7.4	1.2	—	1.2	0.5	0.451	1.1	1.5
	梳形螺纹铣刀		高速工具钢	硫化油	150~180	198	—	0.4	0.3	0.5	—	—	—
灰铸铁 190HBW	梳形螺纹铣刀		高速工具钢	不用	240~270	140	—	0.4	0.3	0.33	—	—	—
可锻铸铁 150HBW				乳化液		245	—	0.5	2.0	1.0			
硬铝	螺母丝锥		高速工具钢	乳化液	150	20	1.2	—	0.5	0.9	0.021	1.8	1.5

丝锥、板牙及螺纹切头切削速度和转矩的修正系数

工件材料		切削速度的修正系数：工件材料系数 k_{M_v}	刀具材料系数 k_{t_v}：W18Cr4V W6Mo5Cr4V2	刀具材料系数 k_{t_v}：9SiCr，T12A，T10A	螺纹精度等级系数 k_{a_v}：5	6	7	转矩的修正系数 k_{M_T}
碳钢 R_m/MPa	<500	0.7	1.0	0.7	0.8	1.0	1.25	1.3
	500~800	1.0						1.0
合金钢 R_m/MPa	<700	0.9						1.0
	700~800	0.8						0.85
灰铸铁 HBW	<140	1.0						1.0
	140~180	0.7						1.2
	>180	0.5						1.5
可锻铸铁		1.7						0.8
青铜及黄铜		2.0						—

注：1. 表中计算出的转矩是对应于新刀具（刚磨过）的数据，在刀具使用的后期，当磨损量达到极限值时，转矩要增大 1.5~2 倍（丝锥）或 0.5~1 倍（板牙）。

2. 公式中的修正系数 $k_v=k_{M_v}k_{t_v}k_{a_v}$。

表 5-62 螺纹加工机动时间计算公式

螺纹加工常用符号

d——螺纹大径(mm)

f——工件每转进给量(mm/r),等于工件螺纹的螺距 P

q——螺纹的线数

加工示意图	计算公式	备 注
在车床上车螺纹 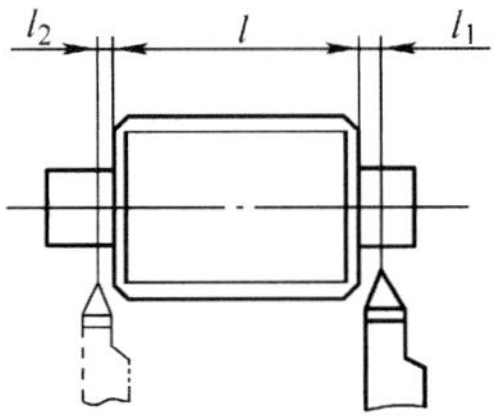	$T_j=\dfrac{L}{fn}iq=\dfrac{l+l_1+l_2}{fn}iq$ 通切螺纹 $l_1=(2\sim3)P$ 不通切螺纹 $l_1=(1\sim2)P$ $l_2=2\sim5\text{mm}$	
用板牙攻螺纹 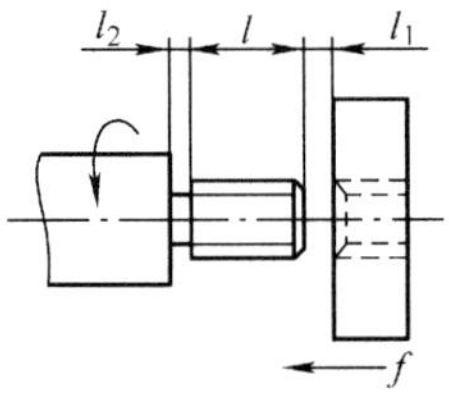	$T_j=\left(\dfrac{l+l_1+l_2}{fn}+\dfrac{l+l_1+l_2}{fn_0}\right)i$ $l_1=(1\sim3)P$ $l_2=(0.5\sim2)P$	n_0 为工件回程的转速(r/min);i 为使用板牙的次数
用丝锥攻螺纹 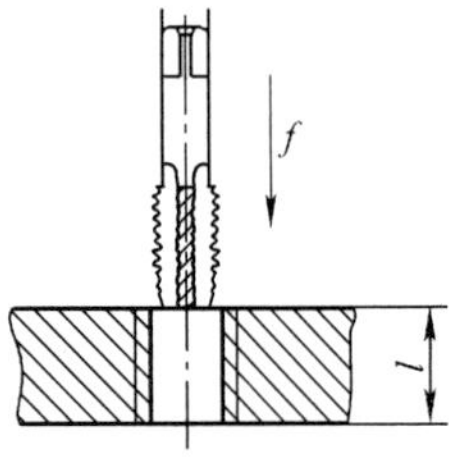	$T_j=\left(\dfrac{l+l_1+l_2}{fn}+\dfrac{l+l_1+l_2}{fn_0}\right)i$ $l_1=(1\sim3)P$ $l_2=(2\sim3)P$ 攻不通孔时 $l_2=0$	n_0 为丝锥或工件回程的转速(r/min);i 为使用丝锥的数量;n 为工件或丝锥的转速(r/min)
用自动张开的铰板切削螺纹 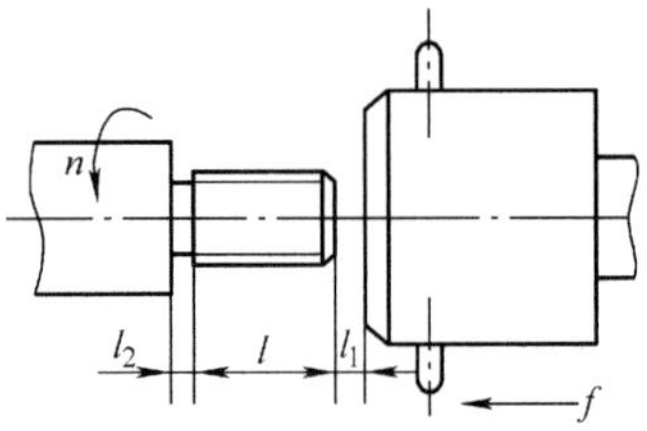	$T_j=\dfrac{l+l_1+l_2}{fn}$ $l_1=(1\sim3)P$ $l_2=(0.5\sim2)P$	

（续）

加工示意图	计算公式	备注
用螺纹铣刀铣螺纹	$T_j=\frac{l+l_1+l_2}{f}\frac{\pi d}{f_c\cos\beta}iq$ $l_1=(1\sim3)P$ $l_2=(0.5\sim2)P$ 用定位器时 $l_2=0$ $f_e=f_z z n_c$	f_e 为螺纹铣刀沿螺纹展开线的进给量(mm/min)；f_z 为螺纹铣刀每齿进给量(mm/z)；z 为螺纹铣刀齿数；n_c 为螺纹铣刀转速(r/min)；β 为螺纹的螺旋角(°)
用旋风切削头切削螺纹和用单线砂轮磨螺纹	$T_j=\frac{L}{fn}i=\frac{l+l_1+l_2}{fn}i$ $n=\frac{f_0 n_c z_c}{\pi d}$ $l_1=(2\sim3)P$ $l_2=(1\sim2)P$ 用定位器磨削时 $l_2=0$ 用单线砂轮磨螺纹时 $i=\frac{z_b}{a_p}+i_1$ 粗磨时 $i_1=0$；精磨时 $i_1=1\sim2$	f_0 为旋风切削头或工件在刀具的每转进给量(mm/r)；n_c 为刀具转速(r/min)；z_c 为旋风切削头的切刀数；z_b 为螺纹中径的单面磨削余量(mm)；a_p 为横向进给量(切深)(mm)；i_1 为停止横向进给后的行程次数

表 5-63 手拉式定位器的规格及主要尺寸（JB/T 8021.1—1999 摘录） （单位：mm）

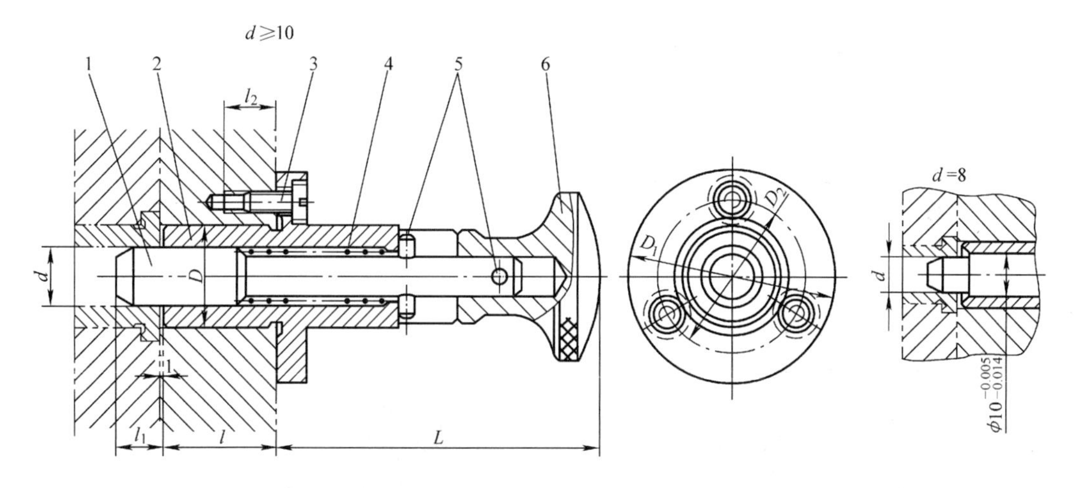

主要尺寸								件号	1	2	3	4	5	6
								名称	定位销	导套	螺钉	弹簧	销	把手
d	D	D_1	D_2	$L\approx$	l	$l_1\approx$	l_2	材料	T8	45	35	碳素弹簧钢丝Ⅱ	45	Q235
								数量	1	1	3	1	2	1
8	16	40	28	57	20	9	9	规格	8	10	M4×10	0.8×8×32	2n6×12	6
10									10					
12	18	45	32	63	24	11	10.5		12	12	M5×12	1×10×35	3n6×16	8
15	24	50	36	79	28	13			15	15		1.2×12×42	3n6×20	10

表 5-64　手拉式定位器中的定位销尺寸　　（单位：mm）

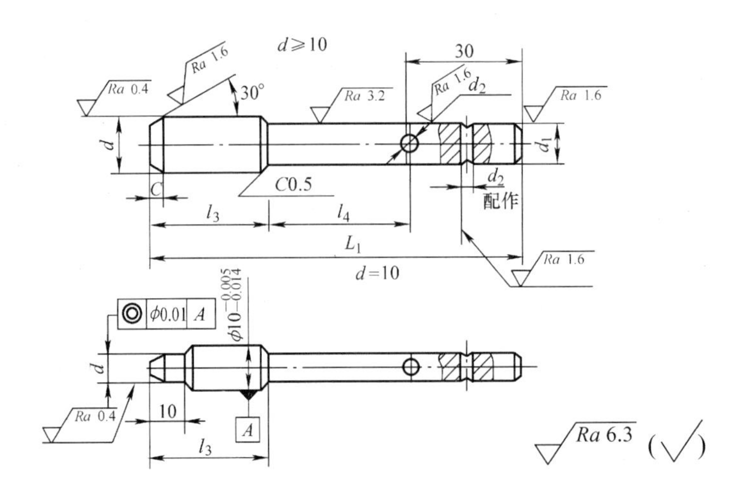

<table>
<tr><th colspan="2">d</th><th colspan="2">d1</th><th rowspan="2">L1</th><th rowspan="2">l3</th><th rowspan="2">l4</th><th colspan="2">d2</th><th rowspan="2">C</th></tr>
<tr><th>公称尺寸</th><th>极限偏差 g6</th><th>公称尺寸</th><th>极限偏差 h8</th><th>公称尺寸</th><th>极限偏差 H7</th></tr>
<tr><td>8</td><td rowspan="2">-0.005
-0.014</td><td rowspan="2">6</td><td rowspan="2">0
-0.018</td><td rowspan="2">75</td><td rowspan="2">24</td><td rowspan="2">28</td><td rowspan="2">2</td><td rowspan="4">+0.010
0</td><td rowspan="2">3</td></tr>
<tr><td>10</td></tr>
<tr><td>12</td><td rowspan="2">-0.006
-0.017</td><td>8</td><td rowspan="2">0
-0.022</td><td>85</td><td>26</td><td>31.5</td><td rowspan="2">3</td><td rowspan="2">4</td></tr>
<tr><td>15</td><td>10</td><td>100</td><td>32</td><td>38.5</td></tr>
</table>

表 5-65　手拉式定位器中的导套尺寸　　（单位：mm）

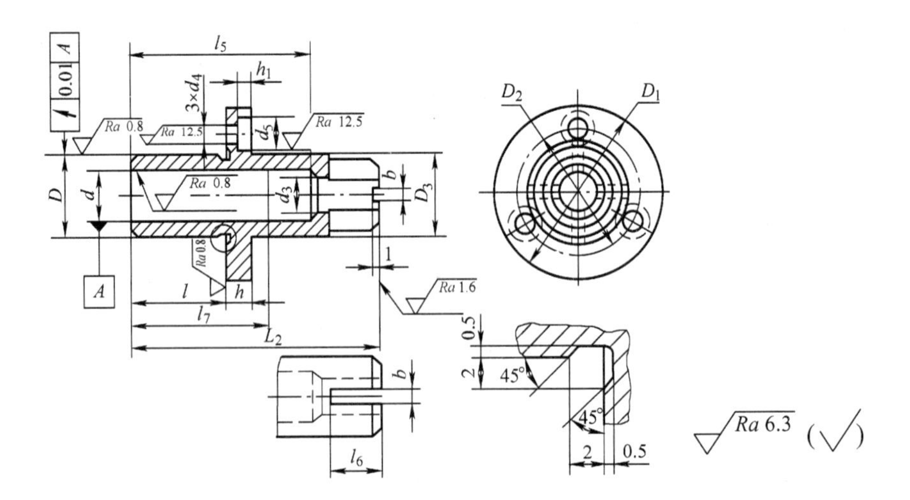

（续）

d 公称尺寸	d 极限偏差 H7	d_3	d_4	d_5	b	D 公称尺寸	D 极限偏差 n6	D_1	D_2 公称尺寸	D_2 极限偏差	D_3	L_2	l	l_5	l_6	l_7	h	h_1
10	+0.015 0	6.2	4.5	8.5	2.5	16	+0.023 +0.012	40	28	±0.200	16	52	20	38	10	30	6	3
12	+0.018 0	8.2	5.5	10	3.6	18		45	32		18	57	24	42	12	35	7	3.5
15		10.2				24	+0.028 +0.015	50	36		24	72	28	53	14	40		

表 5-66 可换钻套的规格及主要尺寸（JB/T 8045.2—1999 摘录） （单位：mm）

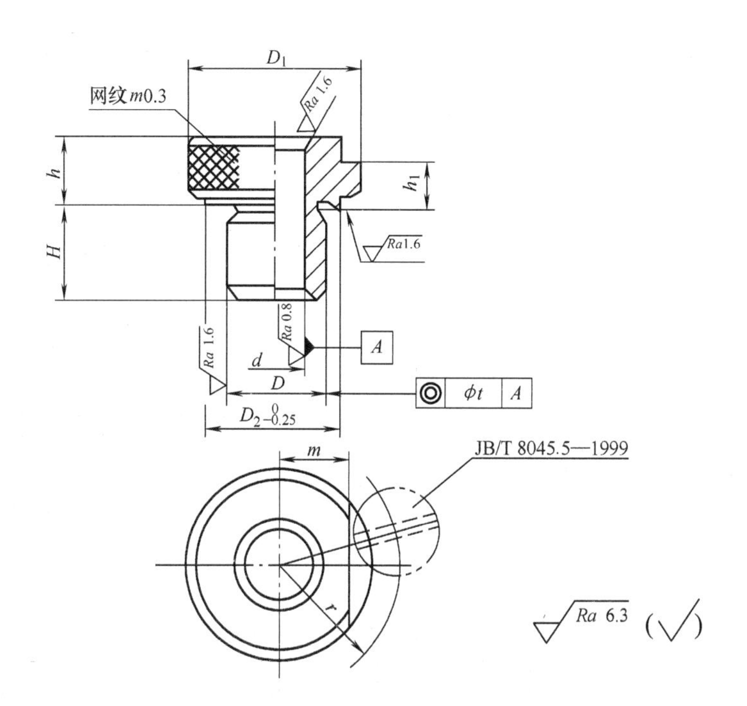

d 公称尺寸	d 极限偏差 F7	D 公称尺寸	D 极限偏差 m6	D 极限偏差 k6	滚花前 D_1	D_2	H			h	h_1	r	m	t	配用螺钉 JB/T 8045.5—1999
>0～3	+0.016 +0.006	8	+0.015 +0.006	+0.010 +0.001	15	12	10	16	—	8	3	11.5	4.2	0.008	M5
>3～4	+0.022 +0.010														
>4～6		10			18	15	12	20	25			13	5.5		

（续）

d 公称尺寸	d 极限偏差 F7	D 公称尺寸	D 极限偏差 m6	D 极限偏差 k6	滚花前 D_1	D_2	H			h	h_1	r	m	t	配用螺钉 JB/T 8045.5—1999
>6~8	+0.028 +0.013	12	+0.018 +0.007	+0.012 +0.001	22	18	12	20	25	10	4	16	7	0.008	M6
>8~10		15			26	22	16	28	36			18	9		
>10~12	+0.034 +0.016	18			30	26						20	11		
>12~15		22	+0.021 +0.008	+0.015 +0.002	34	30	20	36	45	12	5.5	23.5	12		M8
>15~18		26			39	35						26	14.5	0.012	
>18~22	+0.041 +0.020	30			46	42	25	45	56			29.5	18		
>22~26		35	+0.025 +0.009	+0.018 +0.002	52	46						32.5	21		
>26~30		42			59	53	30	56	67			36	24.5		
>30~35	+0.050 +0.025	48			66	60				16	7	41	27		M10
>35~42		55	+0.030 +0.011	+0.021 +0.002	74	68						45	31		
>42~48		62			82	76	35	67	78			49	35		
>48~50		70			90	84						53	39	0.040	
>50~55	+0.060 +0.030														
>55~62		78			100	94	40	78	105			58	44		
>62~70		85	+0.035 +0.013	+0.025 +0.003	110	104						63	49		
>70~78		95			120	114	45	89	112			68	54		
>78~80		105			130	124						73	59		
>80~85	+0.071 0.036														

注：1. 用作铰（扩）套时，d 的公差带推荐如下：采用 GB/T 1132—2017 铰刀铰 H7 孔时取 F7，铰 H9 孔时取 E7；铰（扩）其他精度孔时，公差带由设计选定。

2. 铰（扩）套的标记示例：d=12mm 公差带为 E7、D=18mm 公差带为 m6、H=16mm 的可换铰（扩）套；铰（扩）套 12E7×18m6×16 JB/T 8045.2—1999。

表 5-67 高速工具钢麻花钻直径公差 （单位：mm）

钻头直径 d	直径公差 上极限偏差	直径公差 下极限偏差	钻头直径 d	直径公差 上极限偏差	直径公差 下极限偏差
0.1~0.48	0	-0.01	>18~30.0	0	-0.033
0.5~3		-0.014	>30.0~50.0		-0.039
>3~6		-0.018	>50.0~80.0		-0.046
>6~10		-0.022	>80.0~100.0		-0.054
>10~18		-0.027			

表 5-68 钻套高度和钻套端部与工件表面的距离 （单位：mm）

简图	加工条件	钻套高度	加工材料	钻套与工件间的距离
	一般螺孔、销孔，孔距公差为±0.25	$H=(1.5\sim2)d$	铸铁	$h=(0.3\sim0.7)d$
	H7以上的孔，孔距公差为±0.1~±0.15	$H=(2.5\sim3.5)d$		
	H8以下的孔，孔距公差为±0.06~±0.10	$H=(1.25\sim1.5)(h+L)$	钢 青铜 铝合金	$h=(0.7\sim1.5)d$

注：孔的位置精度要求高时，允许 $h=0$；钻深孔 $\left(\frac{L}{D}>5\right)$ 时，h 一般取 $1.5d$；钻斜孔或在斜面上钻孔时，h 尽量取小一些。

表 5-69 钻套用衬套的规格及主要尺寸（JB/T 8045.4—1999 摘录） （单位：mm）

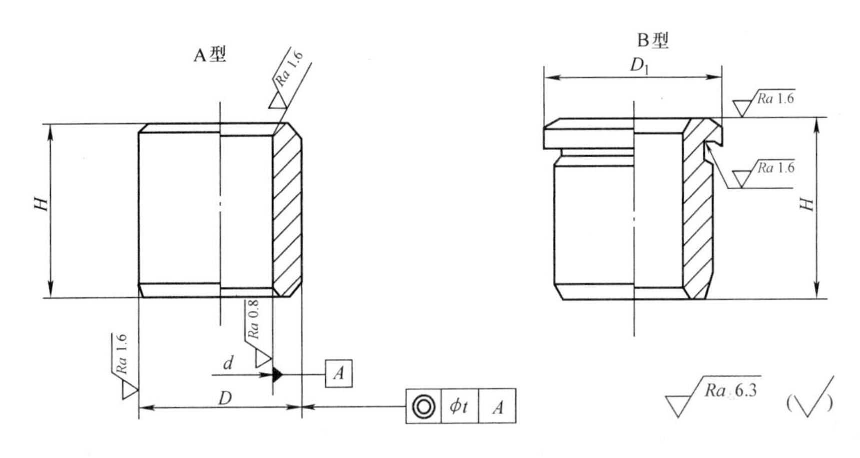

d		D		D_1	H			t
公称尺寸	极限偏差 F7	公称尺寸	极限偏差 n6					
8	+0.028 +0.013	12	+0.023 +0.012	15	10	16	—	0.008
10		15		18	12	20	25	
12	+0.034 +0.016	18		22				
(15)		22	+0.028 +0.015	26	16	28	36	
18		26		30				0.012
22	+0.041 +0.020	30		34	20	36	45	
(26)		35	+0.033 +0.017	39				
30		42		46	25	45	56	
35	+0.050 +0.025	48		52				
(42)		55	+0.039 +0.020	59	30	56	67	
(48)		62		66				

（续）

d 公称尺寸	d 极限偏差 F7	D 公称尺寸	D 极限偏差 n6	D_1	H			t
55	+0.060 +0.030	70	+0.039 +0.020	74	30	56	67	0.040
62		78		82	35	67	78	
70		85	+0.045 +0.023	90				
78		95		100	40	78	105	
(85)	+0.071 +0.036	105		110				
95		115		120	45	89	112	
105		125	+0.052 +0.027	130				

注：因 F7 为装配后公差带，零件加工尺寸须由工艺决定（需要预留收缩量时，推荐为 0.006~0.012mm）。

表 5-70 钻套螺钉的规格及主要尺寸（JB/T 8045.5—1999 摘录） （单位：mm）

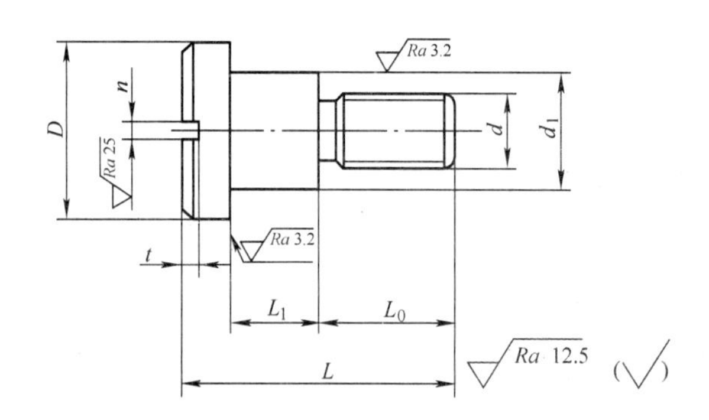

d	L_1 公称尺寸	L_1 极限偏差	d_1 公称尺寸	d_1 极限偏差 d11	D	L	L_0	n	t	钻套内径
M5	3	+0.200 +0.050	7.5	-0.040 -0.130	13	15	9	1.2	1.7	>0~6
	6					18				
M6	4		9.5		16	18	10	1.5	2	>6~12
	8					22				
M8	5.5		12	-0.050 -0.160	20	22	11.5	2	2.5	>12~30
	10.5					27				
M10	7		15		24	32	18.5	2.5	3	>30~85
	13					38				

表 5-71 夹具体结构尺寸的经验数据 （单位：mm）

夹具体结构部位	经验数据	
	铸造结构	焊接结构
夹具体壁厚 h	8~25	6~10
夹具体加强肋厚度	$(0.7\sim0.9)h$	

（续）

夹具体结构部位	经验数据	
	铸造结构	焊接结构
夹具体加强肋高度	不大于 5h	
夹具体上不加工的毛面与工件表面之间的间隙	夹具体是毛面、工件是毛面时，取 8~25 夹具体是毛面、工件是光面时，取 4~10	

表 5-72 摇壁钻床工作台底座及 T 形槽尺寸 （单位：mm）

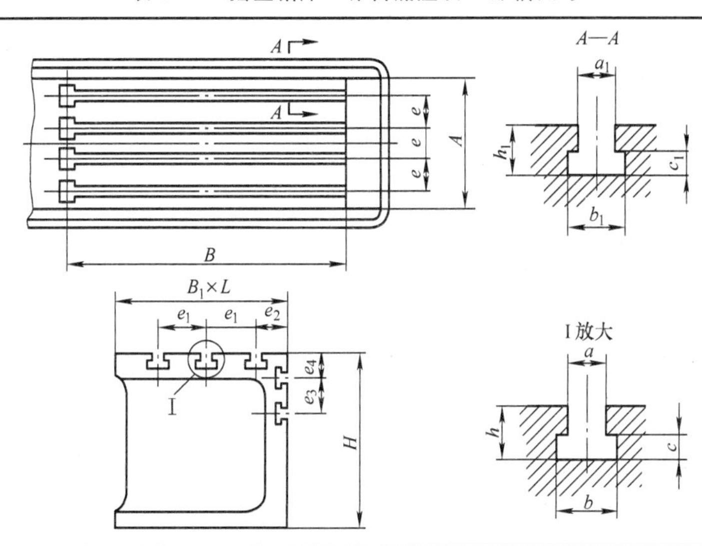

机床型号	Z3025	Z3025×10	Z33-1	Z3035B	Z3040×16	Z35	Z3063×20	Z37	Z3080	Z310
A	694	654	750	740	840	780	1080	1300	1200	1480
B	942	1057	1220	1270	1590	1545	1985	2000	2450	3255
e	200	200	180	190	200	180	250	300	279	300
B_1×L	450×450	450×450	500×500	500×600	500×630	550×630	630×800	590×750	590×750	1000×960
H	450	450	500	500	500	500	500	500	500	600
e_1	140 三槽	150 三槽	150 三槽	150 三槽	150 三槽	150 三槽	150 四槽	150 四槽	150 四槽	200 五槽
e_2	85	75	100	100	100	100	90	50	50	100
e_3	140 二槽	150 二槽	150 二槽	150 二槽	150 二槽	150 三槽	150 三槽	150 三槽	150 三槽	200 三槽
e_4	85	75	100	75	100	100	105	100	105	100
a	18	18	22	24	22	22	22	22	22	22
b	30	30	36	42	36	36	36	36	36	36
c	14	14	16	20	16	16	16	16	16	16
h	32	32	43	41	43	43	43	43	42	43
a_1	22	22	28	24	28	28	28	28	28	28
b_1	36	36	46	42	46	46	46	46	45	46
c_1	16	16	20	20	20	20	20	20	20	20
h_1	38	38	48	45	48	48	48	48	48	48

参考文献

[1] 王先逵．机械制造工艺学［M］.3版．北京：机械工业出版社，2013.

[2] 杨叔子．机械加工工艺师手册［M］．北京：机械工业出版社，2001.

[3] 李益民．机械制造工艺设计简明手册［M］.2版．北京：机械工业出版社，2016.

[4] 陈宏钧．实用机械加工工艺手册［M］.2版．北京：机械工业出版社，2003.

[5] 艾兴，肖诗纲．切削用量简明手册［M］.3版．北京：机械工业出版社，1994.

[6] 王先逵．机械加工工艺手册：单行本　机械加工工艺规程制定［M］.3版．北京：机械工业出版社，2008.

[7] 宾鸿赞，曾庆福．机械制造工艺学［M］.2版．北京：机械工业出版社，1991.

[8] 于骏一，夏卿，包善斐．机械制造工艺学［M］．长春：吉林教育出版社，1986.

[9] 曾志新，吕明．机械制造技术基础［M］．武汉：武汉理工大学出版社，2002.

[10] 陈明．机械制造工艺学［M］．北京：机械工业出版社，2005.

[11] 荆长生．机械制造工艺学［M］．西安：西北工业大学出版社，1997.

[12] 谢家瀛．机械制造技术概论［M］．北京：机械工业出版社，2001.

[13] 赵家齐．机械制造工艺学课程设计指导书［M］．北京：机械工业出版社，1989.

[14] 孙丽媛．机械制造工艺及专用夹具设计指导［M］．北京：冶金工业出版社，2007.

[15] 李旦，王广林，李益民．机械制造工艺学［M］．哈尔滨：哈尔滨工业大学出版社，1997.

[16] 兰建设．机械制造工艺与夹具［M］．北京：机械工业出版社，2005.

[17] 郑修本，冯冠大．机械制造工艺学［M］．北京：机械工业出版社，1993.

[18] 程耀东．机械制造学［M］．北京：中央广播电视大学出版社，2000.

[19] 东北重型机械学院，洛阳工学院，第一汽车制造厂职工大学．机床夹具设计手册［M］.2版．上海：上海科学技术出版社，1994.

[20] 王光斗，王春福．机床夹具设计手册［M］.3版．上海：上海科学技术出版社，2000.

[21] 哈尔滨工业大学，上海工业大学．机床夹具设计［M］．上海：上海科学技术出版社，1980.

[22] 李庆寿．机床夹具设计［M］．北京：机械工业出版社，1984.

[23] 王启平．机床夹具设计［M］.2版．哈尔滨：哈尔滨工业大学出版社，1996.

[24] 李大磊，王曙光．在SolidWorks平台进行机床夹具定位元件二次开发［J］．制造技术与机床，2008(8)：47-49.

[25] 李大磊，李慧平．利用SolidWorks建立专用夹具元件库和辅助定位误差计算［J］．机床与液压，2010，38(3)：117-120.

[26] 李大磊，李瑞珍，陈松涛．基于SolidWorks配置功能的工序图自动生成研究［J］．机床与液压，2010，38(12)：13-14.